“十二五”职业教育国家规划教材
经全国职业教育教材审定委员会审定

修订版

传感器应用技术

第2版

主　编　刘伦富　周　未　周志文
参　编　张道平　杨玉秀　刘静华
　　　　马廷花　蔡继红　阮　鹏
　　　　余小英　林亚军

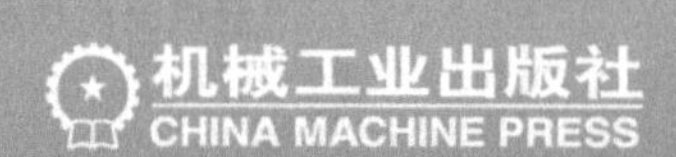

本书是“十二五”职业教育国家规划教材修订版，是根据《中等职业学校机电技术应用专业教学标准》，同时参考机电设备安装、调试与维修职业资格标准编写的。本书介绍了工业生产现场常用传感器的原理与应用技术，以传感器的检测对象为主线构建模块，选取工业生产中的实际检测任务，采用适合于项目教学的形式编写，力求让学生在“做中学”的学习情境中总结、理解传感器的工作原理、特性，学会传感器的选用、安装、使用，锻炼操作技能。全书共分为八个模块，包括认识传感器、温度测量、气体成分和湿度的测量、物位检测、力和压力的检测、位移检测、新型传感器、传感器抗干扰技术。

本书可作为中等职业学校机电类、电子信息类及电气类专业教材，也可作为相关行业的岗位培训用书。

为便于教学，本书配套有动画演示、实操视频等丰富的教学资源，并以二维码的形式呈现于书中。另外，本书还配套有助教课件等教学资源，选择本书作为授课教材的教师可登录 www.cmpedu.com 网站，注册并免费下载。

图书在版编目（CIP）数据

传感器应用技术/刘伦富，周未，周志文主编．—2版．—北京：机械工业出版社，2021.4（2022.6重印）
“十二五”职业教育国家规划教材：修订版
ISBN 978-7-111-67871-7

Ⅰ.①传… Ⅱ.①刘… ②周… ③周… Ⅲ.①传感器-中等专业学校-教材 Ⅳ.①TP212

中国版本图书馆 CIP 数据核字（2021）第 054899 号

机械工业出版社（北京市百万庄大街 22 号　邮政编码 100037）
策划编辑：赵红梅　责任编辑：赵红梅
责任校对：张　薇　封面设计：张　静
责任印制：李　昂
北京建宏印刷有限公司印刷
2022 年 6 月第 2 版第 3 次印刷
184mm×260mm · 10.5 印张 · 256 千字
标准书号：ISBN 978-7-111-67871-7
定价：35.00 元

电话服务　　　　　　　　　网络服务
客服电话：010-88361066　　机 工 官 网：www.cmpbook.com
　　　　　010-88379833　　机 工 官 博：weibo.com/cmp1952
　　　　　010-68326294　　金 书 网：www.golden-book.com
封底无防伪标均为盗版　　机工教育服务网：www.cmpedu.com

前 言

为贯彻国务院印发的《国家职业教育改革实施方案》精神，执行教育部印发的《职业院校教材管理办法》，我们精心组织了具有企业实际生产经验、较高教研与教学水平的编者队伍，根据教育部公布的《中等职业学校机电技术应用专业教学标准》，参考机电设备安装、调试与维修职业资格标准，对“十二五”职业教育国家规划教材《传感器应用技术》进行了修订。

本书贴近教学实际与生产实践，坚持知行合一，将新技术、新工艺、新规范纳入教学内容中，强化学生学习实训。本书主要介绍了工业生产现场常用传感器的原理与应用技术，编写过程中力求体现以下特色。

1. 执行新标准。本书依据最新教学标准和课程大纲要求，更新教学内容，以应用为主，弱化理论分析，简化过多的公式、定理、原理推导，体现基本原理对具体实践操作的指导和应用。选取工业生产中的实际检测任务作为项目教学内容，紧密联系生产与生活实际，对接职业标准和岗位需求，注重学生实践能力的培养。

2. 体现新模式。本书采用项目形式编写，将专业理论知识融于各个项目教学中，理实融合，提升技能，突出“做中教，做中学”的职业教育特色，书中大幅增加了实训课时，使理论课与实训课之比接近1∶1。本书通过“做中学”栏目引领学生进行实验操作，总结、理解传感器的工作原理、特性，通过“技能训练”栏目为学生构建工作情境，提升学生选用、安装、使用传感器的技能，加强技能和职业能力的培养。

3. 图文并茂。各种传感器配有丰富的实物图片和安装接线图，充分表现出职业教育中过程性、操作性的内容，克服了枯燥、难以理解的单一文字描述，适合中职学生阅读，能帮助学生轻松入门。每个项目提出了明确具体的“职业岗位应知应会目标”，指导学生有的放矢地学习，并可根据目标要求进行自我检查；每个模块的“应知应会要点归纳”栏目，可帮助学生整理本模块的知识点，有利于学生复习、掌握知识；每个项目后设置了“思考与提高”，有针对性地结合主要工种的考核要求，选择一定数量的习题，帮助学生从应用的角度理解、掌握所学知识。

4. 学习资源丰富。书中配有PPT演示文稿、Flash动画课件、实操微视频等共享学习资源，扫描二维码即可观看学习，可帮助学生随时解决学习中的疑难问题。

“传感器应用技术”是机电技术应用专业的核心课程，实践性强，采用项目教学法，将理论实践融为一体，可收到较好的效果。教学过程中，可将学生分为2~4人的小组，共同协作、学习，完成学习任务，培养学生相互学习、相互合作的团队精神。

本书内容分为必学与选学，以适应不同地区、不同专业与学制的教学要求。书中标注“*”的项目或模块表示选学内容。此外，本书还安排了五个阅读材料，介绍了传感器的新技术、新工艺与新器件。

本书计划学时数为必修64学时，选修10学时，各模块的参考学时见下表。

模块		学时分配	
		理论	实践
模块一	认识传感器	4	2
模块二	温度测量	8	6
模块三	气体成分和湿度的测量	4	4
模块四	物位检测	10	10
模块五	力和压力的检测	6	4
模块六	位移检测	3+1*	3+1*
模块七*	新型传感器	4*	
模块八*	传感器抗干扰技术	3*	1*
学时总计(*为选修学时)		35+8*	29+2*

全书共八个模块，由湖北信息工程学校刘伦富、荆门职业学院周未及武汉机电工程学校周志文任主编。参与编写工作的有湖北信息工程学校张道平、杨玉秀、刘静华、马廷花、蔡继红、余小英、林亚军，以及武汉市机电工程学校阮鹏。编写过程中，编者参阅了国内外出版的有关教材和资料，在此一并表示衷心感谢！

由于编者水平有限，书中不妥之处在所难免，恳请读者批评指正。

编　者

二维码索引

目　录

模块一 认识传感器

现代科学技术与传感器技术密不可分。太空中的卫星要摄取各种信息传送给地面工作站，必须借助传感器技术，如图 1-1 所示；机器人全身布满了各种类型的传感器，可代替人类完成各项复杂的工作任务，减轻人们的劳动强度，避免有害的作业，如图 1-2 所示；传感器技术还广泛应用于工业生产线和自动化加工设备的检测与测试中，极大地提高了生产效率和产品质量。图 1-3 是视觉传感器系统在商品标签自动检测与控制系统中的应用。传感器技术与通信技术、计算机技术相融合，已融入到人们的生产生活中。

图 1-1 传感器在航空航天技术中的应用

图 1-2 全身布满各种传感器的机器人

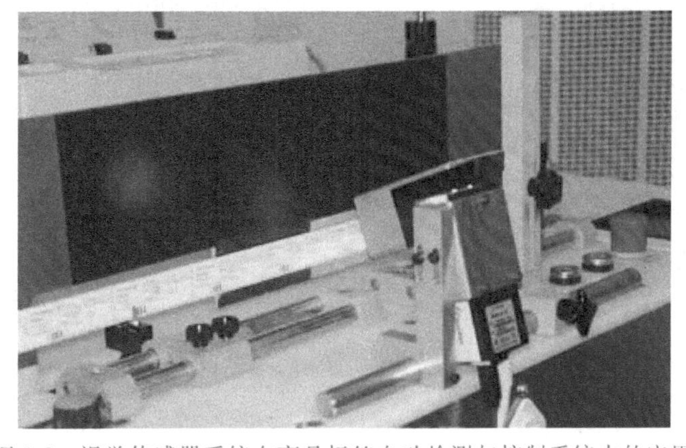

图 1-3 视觉传感器系统在商品标签自动检测与控制系统中的应用

职业岗位应知应会目标

1. 懂得什么是传感器。
2. 了解传感器的基本组成及各部分的作用。
3. 熟悉传感器的应用，了解传感器的分类。
4. 懂得测量误差的基本概念，能进行测量误差的分析及处理。

任务一 认识生产、生活中的传感器

【任务引入】

人类借助感觉器官（耳、目、口、鼻和皮肤）从自然界获取信息，再将信息输入大脑进行判断（人的思维）和处理，由大脑指挥身体做出相应的动作，这是人类认识和改造世界的最基本模式。现代科学技术使人类进入了信息时代，自然界的信息通过传感器进行采集获取，传感器成为人类五官的延伸，又称为“电五官”。一切现代化的仪器、设备几乎都离不开传感器，同时传感器具有的耐高温、高湿能力及高精度、超细微等特点是人的感觉器官所不能比拟的。

【知识学习】

1. 认识传感器

在日常生产、生活中都会大量使用到传感器，尤其是现代化的高科技生产设备及其产品更是离不开传感器。图 1-4 是日常生活中使用的部分传感器，图 1-4a 中的台式计算机是通过敲击计算机键盘输入信息，通过单击鼠标选中目标；点按电视机遥控器的按键，通过遥控器发射红外光（红外线）及电视机上的光电二极管红外光接收器配合来操作电视机（见图 1-4b）。键盘、鼠标、遥控器就是一种将外界作用信号转换为电信号的传感器。

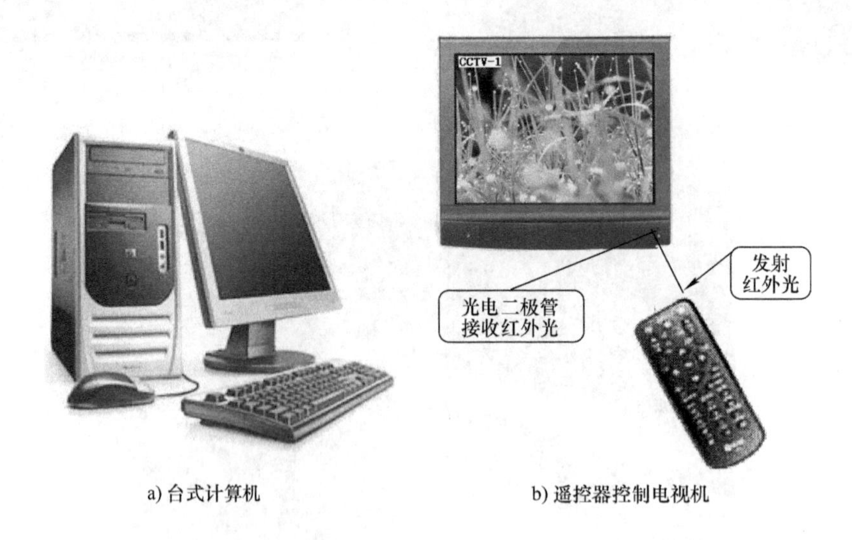

a) 台式计算机 b) 遥控器控制电视机

图 1-4 日常生活中使用的部分传感器

传感器能够感受外界信息，如光、磁、压力、位移、温度等，并将其转换成为电信号，其示意图如图 1-5 所示。

2. 传感器在现代科技中的应用

在自动检测和控制系统中，传感器技术对系统各项功能的实现起着重要作用。系统自动化程度越高，对传感器的依赖性就越强。我们经常看到机器人搬运物品、踢球等，这是因为机器人全身安装了各种传感器，它们相当于人体五官，接收来自外界的信息或指令，并将这些信息传递给计算机（相当于人的大脑）进行运算、处理，然后传给各执行机构（相当于人的手足、眼睛、嘴等）来执行相关的动作。图 1-6 为人体与工业机器人各功能部分的对应关系。实践中人们为了使机器人的手具有触觉，在手掌和手指上都装有带弹性触点的触敏元件（即传感器）。当触及物体时，触敏元件发出接触信号。如果要感知冷暖，还可以装上热敏元件。各指关节的连接轴上装有精巧的电位器（利用转动来改变电路的电阻从而输出变化的电信号的元件），它能把手指的弯曲角度转换成外形弯曲信息。把外形弯曲信息和各指关节产生的接触信息一起送入计算机，通过计算就能迅速判断机械手所抓物体的形状和大小。

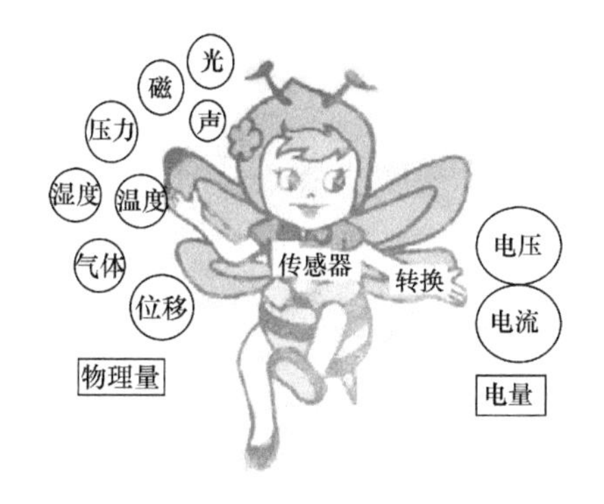

图 1-5 传感器将物理量转换为电量的示意图

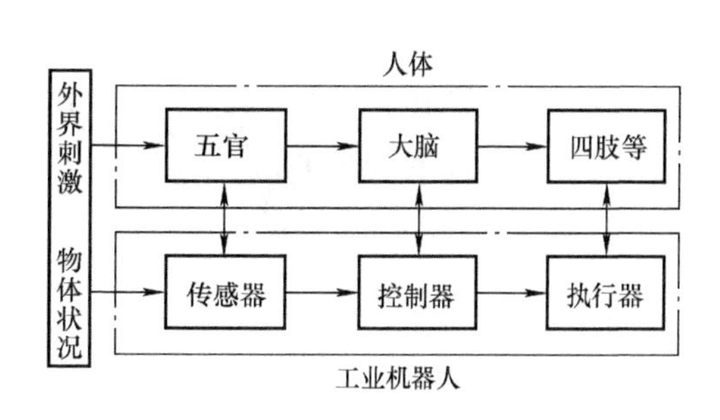

图 1-6 人体与工业机器人各功能部分的对应关系

除了机器人，传感器技术几乎遍布各行各业、各个领域。例如，日常生活中，电冰箱的温度传感器，监视煤气溢出的气敏传感器，防止火灾发生的烟雾报警传感器，防盗用的光电传感器等；机械制造业中，对机床的加工精度、切削速度、床身振动等许多静态、动态参数进行在线测量的各种传感器；化工、电力等行业中，随时对生产工艺过程中的温度、压力、流量等参数进行自动检测的传感器；交通领域中，一辆现代化汽车所用的传感器就多达数十种，用以检测车速、方位、转矩、振动、油压、油量、温度等；国防科研中，传感器用得更多。

【观察与思考】

1）认识图 1-7 中的各种传感器。

2）通过观察，说说家用电器中的传感器。

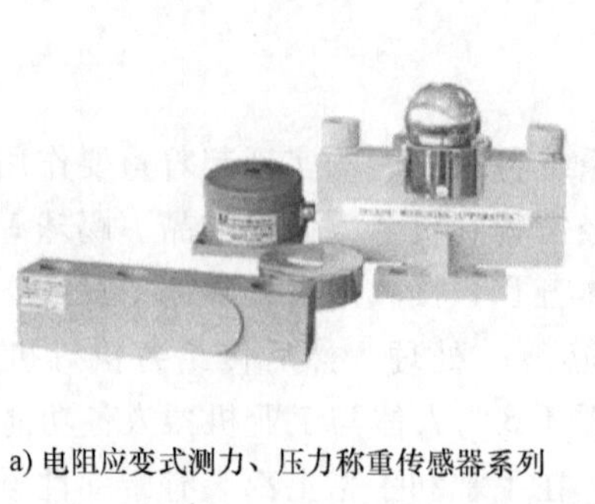
a) 电阻应变式测力、压力称重传感器系列

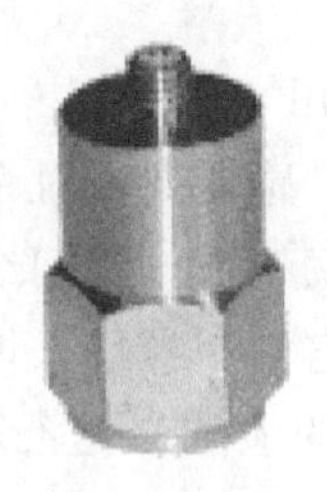
b) 压电式传感器

c) 电容式流量传感器

d) 电子接近开关

e) 遥感电位器

f) 角位移电位器

g) 霍尔接近开关

h) 霍尔转速式接近开关

i) 位移振动传感器

j) 变压器差动传感器

k) 热电偶

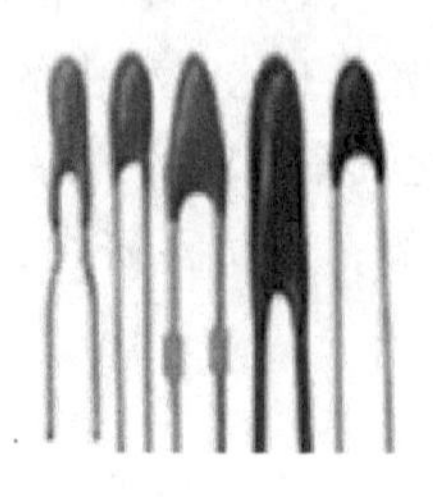
l) 热敏电阻

m) 红外测温仪

n) 超声波传感器

图 1-7 常用的各种传感器

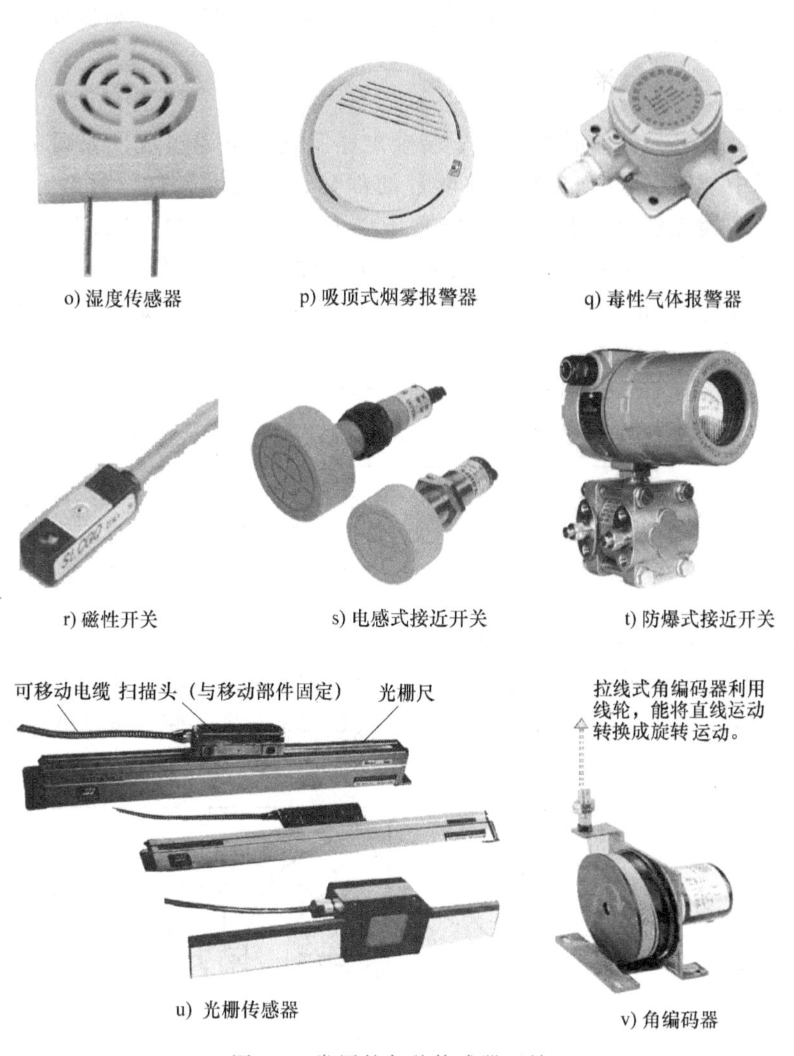

o) 湿度传感器 p) 吸顶式烟雾报警器 q) 毒性气体报警器
r) 磁性开关 s) 电感式接近开关 t) 防爆式接近开关
u) 光栅传感器 v) 角编码器

图 1-7 常用的各种传感器（续）

任务二 传感器及其组成

【任务引入】

在科学技术迅猛发展的今天，传感器在信息采集和处理过程中发挥着巨大的作用，它总是将被测非电量转换成相应的物理量（通常为电量）。那么，我们如何定义传感器呢？各种类型的传感器在组成结构上有哪些相同之处呢？

【知识学习】

1. 传感器的定义

传感器是能感受规定的被测量并按照一定规律将其转换成可用输出信号的器件或装置。一般来说，传感器输出的可用信号大多数是电量，如电压或电流。在不同的学科领域，传感器又称为检测器、转换器等。这主要是人们根据器件的用途对同一类型器件采用的不同名称或术语。

2. 传感器的组成

传感器通常由敏感元件、转换元件、转换电路及辅助电源组成，如图 1-8 所示。敏感元件是指传感器中能直接感受或响应被测量的部分，如热敏元件、磁敏元件、光敏元件及气敏元件等；转换元件是指传感器中能将敏感元件感受或响应的被测量转换成适用于传输或测量的电信号的部分；转换电路是把转换元件输出的电信号变换为便于处理、显示、记录、控制和传输的可用电信号的电路；辅助电源用于提供传感器正常工作的电源。

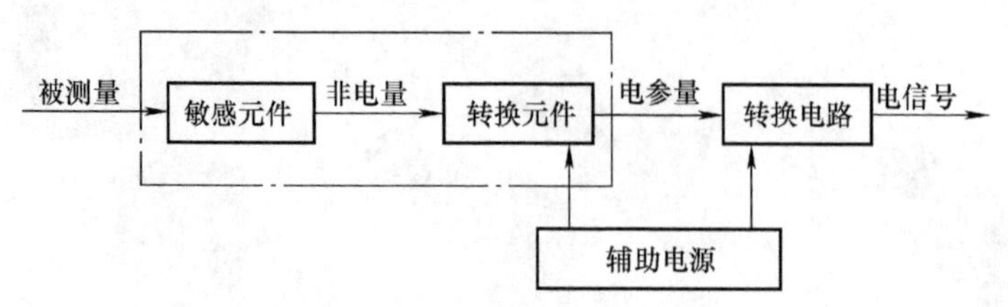

图 1-8　传感器的组成框图

图 1-9 所示是测量压力的电位器式压力传感器。图中弹簧管是敏感元件，当被测压力 p 增大时，弹簧管撑直（如图中双点画线所示），带动齿条齿轮转动，从而带动电位器的电刷产生角位移，使输出电压（R_X 上的电压）$U_o = R_X U_i / R_P$ 发生改变，通过电压表（或转换成压力表）可以测量出压力。

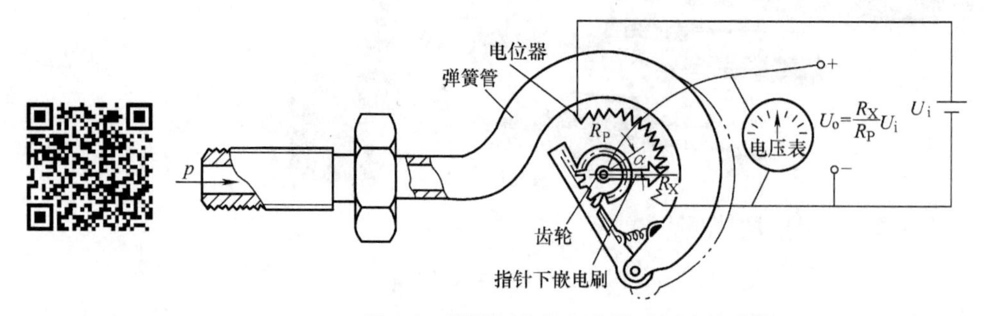

图 1-9　测量压力的电位器式压力传感器

被测量 p 通过敏感元件转换后，再经转换元件转换成电参量，通过显示器件如仪表就可测量出被测量。

应注意的是，并不是所有的传感器都必须包括敏感元件和转换元件。有的敏感元件可直接输出电量，它同时兼为转换元件；有的转换元件能直接感受被测量并输出与之成一定关系的电量，它同时兼为敏感元件。敏感元件与转换元件合二为一的传感器很多，如压电晶体、热电偶、光敏元件等。

3. 传感器的分类

传感器的种类繁多，分类方法也不尽相同，常用的分类方法如下。

1）按被测量分类：可分为位移、力、力矩、转速、振动、加速度、温度、压力、流量、流速等传感器。这种分类方法明确表明了传感器的用途，便于使用者选用。图 1-9 所示为压力传感器，它用于测量压力信号。

2）按测量原理分类：可分为电阻、电容、电感、光栅、热电偶、超声波、激光、红外线、光导纤维等传感器。这种分类方法表明了传感器的工作原理，有利于传感器的设计和应用。图 1-9 为电阻式压力传感器。

3）按传感器转换能量供给形式分类：可分为能量变换型（发电型）和能量控制型（参量型）两种。能量变换型传感器在进行信号转换时不需另外提供能量，就可将输入信号能量变换为另一种形式能量输出，例如热电偶传感器、压电式传感器、光敏器件等。图 1-10 为能量变换型光电二极管。能量控制型传感器工作时必须有外加电源，例如电阻、电感、电容、霍尔式传感器等。图 1-11 为霍尔式接近开关。

图 1-10 能量变换型光电二极管

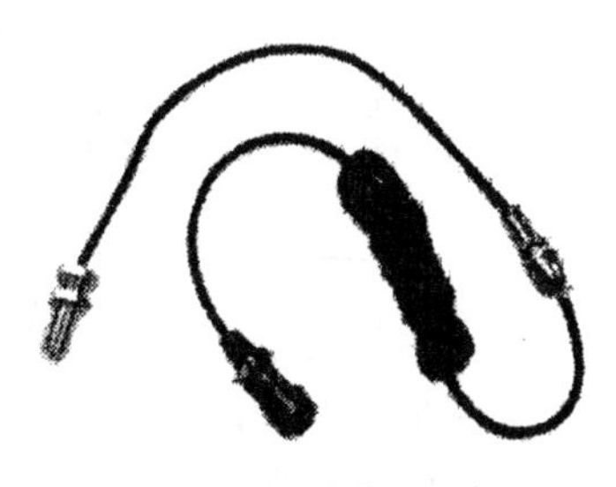

图 1-11 霍尔式接近开关

习惯上常把工作原理和用途结合起来命名传感器，如电容式压力传感器、电感式位移传感器等。

任务三 测量误差与分析处理

【任务引入】

在日常生活和工农业生产中，处处离不开测量。例如，去商店买衣服，要知道尺码；出门旅行，要看天气预报。飞行员驾驶飞机，要时刻监视各种监测仪表。这说明，测量是人们认识自然、改造自然的一种不可或缺的手段。测量总会有偏差（即误差），人们总是通过各种措施或方法尽量减少误差，接近真实情况。

【知识学习】

测量是人们借助专门的设备——测量装置，通过合适的实验方法，把被测对象直接或间接地与同类已知单位的标准量进行比较，所得结果就是测量值。测量结果可用一定的数值表示，也可以用一条曲线或某种图形表示。但无论其表现形式如何，测量结果应包括两部分：测量值和测量单位。确切地讲，测量结果还应包括误差部分。

1. 测量误差的表达方法

在一定条件下，被测物理量客观存在的实际值称为真值。真值是一个理想状态下的值，一般来说，是无法精确得到的。在实际测量时，由于实验方法和实验设备的不完善、周围环境的影响以及人们认知能力的限制等因素，使得测量值与真值之间不可避免地存在着差异。

测量值与真值之间的差值称为测量误差。

测量误差的表示方法主要有绝对误差、相对误差、引用误差和基本误差四种。

1）绝对误差。绝对误差是指测量值与真值之间的差值，它反映了测量值偏离真值的绝对数值，即

$$\Delta x=x-x_0$$

式中，Δx 表示绝对误差；x 为被测量实际值；x_0 为被测量真值。

由于真值的不可知性，在实际应用时，常用被测量多次测量的平均值或上一级标准仪器测得的示值作为实际真值。绝对误差 Δx 可以为正值，也可以为负值。

实例 1：用米尺测量一物体的长度，测量数据见表 1-1，试求每次测量的绝对误差，并填入表中。

表 1-1 某物体长度测量值 （单位：cm）

测量序号	1	2	3	4	5	6	7	8	平均值
测量值	12.05	11.95	12.05	11.90	12.04	11.90	12.10	12.00	12.00
绝对误差									

解：取多次测量的平均值为被测量的真值，$x_0=12.00\text{cm}$

则第 1 次测量的绝对误差为：$\Delta x_1=12.05\text{cm}-12.00\text{cm}=0.05\text{cm}$

第 2 次测量的绝对误差为：$\Delta x_2=11.95\text{cm}-12.00\text{cm}=-0.05\text{cm}$

第 7 次测量的绝对误差为：$\Delta x_7=12.10\text{cm}-12.00\text{cm}=0.10\text{cm}$

绝对误差可以评定相同被测量的测量精度的高低，如第 1 次和第 2 次测量精度一样，第 7 次测量精度较低。但对于不同被测量或不同物理量来说，采用绝对误差来评定就不合适了，需采用新的评定方法。

2）相对误差。绝对误差不能确切反映测量的准确度，只能说明测量结果偏离真值的数值，而相对误差则能反映测量值偏离真值的程度。

相对误差是指绝对误差与被测量真值之比，用 γ_A 表示。

$$\gamma_A=\frac{\Delta x}{x_0}\times100\%$$

相对误差越小，精度越高；相对误差越大，精度越低。

实例 2：用一种方法（或手段）测量某一长度 $L=200\text{mm}$ 的物体，其测量绝对误差为 $\pm9\mu\text{m}$，用另一种方法（或手段）测量一长度 $L=80\text{mm}$ 的物体，其测量绝对误差为 $\pm5\mu\text{m}$，试比较两种测量方法的准确度。

解：第一种测量方法（或手段）的相对误差为

$$\gamma_{A1}=\frac{\Delta x_1}{x_{01}}\times100\%=\pm\frac{9\mu\text{m}}{200\text{mm}}=\pm0.0045\%$$

第二种测量方法（或手段）的相对误差为

$$\gamma_{A2}=\frac{\Delta x_2}{x_{02}}\times100\%=\pm\frac{5\mu\text{m}}{80\text{mm}}=\pm0.00625\%$$

由此可知，第一种测量方法精度较高，第二种较低。

3）引用误差。在使用仪器仪表测量的过程中，由于仪器本身精度不同，测量误差也有一定的差别。引用误差用来表示仪器仪表示值的相对误差。

引用误差是指仪器仪表某一刻度点的示值误差（绝对误差）与仪表满量程之比，即

$$\gamma_m=\frac{|\Delta x|}{x_m}\times100\%$$

式中，x_m 表示仪表满量程或量程上限；$|\Delta x|$表示示值误差即刻度点的绝对误差；γ_m 表示引用误差，也称为满度相对误差。

实例 3： 拉力表的测量范围上限为 29500N，在标定示值为 25400N 处的实际作用力为 25300N。此拉力表在该刻度点的引用误差是多少？

解：

$$\gamma_m=\frac{|\Delta x|}{x_m}\times 100\%=\frac{25400-25300}{29500}=0.34\%$$

因此，该拉力表在此刻度点的引用误差为 0.34%。

当 Δx 取最大值 Δx_m 时，仪表满度相对误差（引用误差）常用来确定仪表的精度等级 S，以评价仪表的质量。目前我国电工仪表精度分为 7 级：0.1、0.2、0.5、1.0、1.5、2.5、5.0。例如，2.5 级表示满度相对误差的最大值不超过仪表量程上限的 2.5%。满度相对误差中的分子、分母均由仪表本身性能所决定，因此，仪表满度相对误差（引用误差）是衡量仪表性能优劣的一种简便实用的方法。

实例 4： 某电压测量仪表的量程范围为 0~500V，校验时该仪表的最大绝对误差为 6V，试确定该仪表的精度等级。

解： 由题知 $\Delta x_m=6V$，$x_m=500V$，代入引用误差表达式中，得

$$\gamma_m=\frac{|\Delta x|_m}{x_m}\times 100\%=\frac{6}{500}\times 100\%=1.2\%$$

该仪表的引用误差介于 1.0%与 1.5%之间，因此，该仪表的精度等级应定为 1.5 级。

4）基本误差。

基本误差是指传感器或仪表在规定的标准条件下所具有的误差。例如，某传感器是在电源电压（220±5）V、电网频率（50±2）Hz、环境温度（20±5）℃、湿度 65%±5%的条件下标定的。如果传感器在这个条件下工作，则传感器所具有的误差为基本误差。

2. 测量误差产生的来源

人们研究测量误差产生的来源，目的是为了提高测量误差的控制能力，减少测量误差，尽可能使测量结果接近真实值。测量误差的主要来源有仪器误差、影响误差、理论误差和方法误差、人员误差四种。

1）仪器误差。仪器误差是指测量仪器在长期使用过程中因磨损、疲劳、老化等因素，使测量结果产生误差，也可能是测量仪器及其附件的电气和机械性能等不完善而引起的仪器本身出厂时就带的误差。

2）影响误差。因各种环境因素如湿度、温度、振动、电磁场、电源电压等，与设计测量要求的条件不一致而引起的误差称为影响误差。

3）理论误差和方法误差。因测量时所依据的理论不够严密或者用近似值、近似公式计算的测量结果所产生的误差称为理论误差。当测量方法不合理时，所产生的误差称为方法误差。

4）人员误差。因测量人员感官反应速度、分辨能力、固有习惯、视觉疲劳和缺乏责任心等因素，在测量过程中，出现观察判断错误、仪器操作不当或识读错误等情况引起的误差称为人员误差。

3. 测量误差的分类

按测量数据中误差所呈现的规律，可将误差分为系统误差、随机误差和过失误差三种。

1）系统误差。在相同条件下，对同一被测量进行多次重复测量时，若误差固定不变或者按照一定规律变化，这种误差称为系统误差。

系统误差一般由仪器本身设计制造上的缺陷，也可能是由周围的环境与测量仪器需求的条件不一致等造成的。例如，测量仪器标准量值的不准确及仪表刻度的不准确而引起。系统误差是有规律性的，可通过实验或分析的方法，查明其变化规律及产生的原因，应尽量减少系统误差。系统误差是可以消除的误差。

2）随机误差。对同一被测量进行多次重复测量时，若误差的大小随机变化，没有规律，不可预料，这种误差称为随机误差，也称为偶然误差。

产生随机误差可能是由仪器本身的不稳定产生噪声，也可能是电源电压及温度的变动等干扰原因造成。从多次测量结果上看，随机误差服从一定的统计规律，大多数服从正态分布规律。因此可以用统计的方法，从理论上估计其对测量结果的影响。

3）过失误差。在一定条件下，当测量结果明显偏离其实际值时所对应的误差，称为过失误差或粗大误差。这类误差是由于测量者疏忽大意或环境条件的突然变化而引起的。含有过失误差（或粗大误差）的测量值称为坏值，一经发现，其数据则无效，应当删除不用。

4. 测量误差的分析与处理

从工程测量实践可知，测量数据中误差的性质不同，对测量结果的影响及处理方法也不同。首先判断测量数据中是否含有过失误差，如有，则必须剔除。再看数据中是否存在系统误差，对系统误差可设法消除或加以修正。最后，利用随机误差特性进行处理。

（1）系统误差的分析与处理。查找系统误差的根源，需要对测量设备、测量对象和测量系统作全面分析，明确其中有无产生明显系统误差的因素，并采取相应措施予以修正或消除。一般主要从以下几个方面进行分析考虑：

1）所用传感器、测量仪表或组成元件是否准确可靠。比如传感器或仪表灵敏度不足，仪表刻度不准确，变换器、放大器等性能不太优良，由这些引起的误差是常见的误差。

2）测量方法是否完善。如用电压表测量电压，电压表的内阻对测量结果有影响。

3）传感器或仪表安装、调整或放置是否正确合理。例如，没有调好仪表水平位置，安装时仪表指针偏心等都会引起误差。

4）传感器或仪表工作场所的环境条件是否符合规定条件。例如，环境温度、湿度、气压等的变化也会引起误差。

5）测量者的操作是否正确。例如，读数时的视差、视力疲劳等都会引起系统误差。

系统误差的发现一般比较困难，对于测量仪表本身存在固定的系统误差，可用实验对比法来查找。例如，一台测量仪表本身的系统误差，即使进行多次测量也不能发现，只有用精度更高一级的测量仪表测量，才能发现这台测量仪表的系统误差。

消除系统误差的方法主要有如下几点：

1）在测量结果中进行修正。对已知的系统误差，可用修正值对测量结果进行修正；对变值系统误差，可设法找出误差的变化规律，用修正公式或修正曲线对测量结果进行修正；对未知系统误差，则按随机误差进行处理。

2）消除系统误差的根源。在测量之前，应仔细检查仪器仪表，正确调整和安装；防止外界干扰影响，选好观测位置，如避光或亮光位置，消除视差；选择环境条件比较稳定时进行读数等。

3）在测量系统中采用补偿措施。找出系统误差的规律，在测量过程中自动消除系统误差。如用热电偶测量温度时，热电偶参考端温度变化会引起系统误差，消除此误差的方法之一是在热电偶回路中加一个冷端补偿器，从而进行自动补偿。

4）实时反馈修正。应用自动化测量技术及微机技术，采用实时反馈修正的方法来消除复杂变化的系统误差。当某种因素变化对测量结果有明显的复杂影响时，应尽可能找出其影响测量结果的函数关系或近似的函数关系，在测量过程中，用传感器将这些变化的因素转换成某种物理量形式，如电量，及时按照其函数关系，通过计算机算出影响测量结果的误差值，对测量结果作实时的自动修正。

（2）随机误差的分析与处理。在测量中，当系统误差已设法消除或减小到可以忽略的程度时，如果测量数据仍有不稳定的现象，说明存在随机误差。在等精度测量的情况下，得到 n 个测量值 x_1，x_2，…，x_n，如这些数据只含有随机误差，则它们服从一定的统计规律，如对称性、单峰性、有界性和相消性等特点，多数情况下服从正态分布。它们的算术平均值可作为等精度多次测量的结果。其算术平均值为

$$\bar{x}=\frac{1}{n}(x_1+x_2+\cdots+x_n)$$

（3）过失误差的分析与处理。在对重复测量所得的一组测量值进行数据处理之前，首先应将具有过失误差的可疑数据找出来加以剔除，原则是要看这个可疑值误差是否仍处于随机误差的范围之内，是则留，不是则弃。

【技能训练】

1. 器材准备

精度为 0.5 级、量程为 0~300℃，精度为 1.0 级、量程为 0~100℃温度计各一支，量程为 0~10cm 的米尺和精度为 0.1mm 的游标卡尺各一把。

2. 操作训练

1）用上述两支温度计，分别测量温度为 80℃的水，试问选用哪一支温度计好？为什么？

提示 用精度为 0.5 级温度计测量时可能出现的最大绝对误差为

$$|\Delta x|_{m1}=\gamma_{m1}\cdot x_{m1}=0.5\%\times(300-0)℃=1.5℃$$

测量 80℃水的温度可能出现的最大示值相对误差为

$$\gamma_{x1}=\frac{|\Delta x|_{m1}}{x}\times100\%=\frac{1.5}{80}\times100\%=1.875\%$$

用精度为 1.0 级温度计测量时可能出现的最大绝对误差为

$$|\Delta x|_{m2}=\gamma_{m2}\cdot x_{m2}=1.0\%\times(100-0)℃=1.0℃$$

测量 80℃水的温度可能出现的最大示值相对误差为

$$\gamma_{x2}=\frac{|\Delta x|_{m2}}{x}\times100\%=\frac{1}{80}\times100\%=1.25\%$$

计算说明，用 1.0 级温度计比 0.5 级温度计测量时示值相对误差反而小。因此，在选仪表时，不能单纯追求高精度，而是应兼顾精度等级和量程。

值得注意的是，对于同一仪表，所选量程不同，可能产生的最大绝对误差也不同。当仪

表准确度等级选定后，测量值越接近满度值时，测量相对误差越小，测量越准确。因此，一般情况下应尽量使指针处在仪表满度值的 2/3 以上区域。该结论只适用于正向线性刻度的仪表。对于万用表电阻档等非线性刻度的仪表，应尽量使指针处于满度值 1/2 左右的区域。

2）用量程为 0~10cm 的米尺和精度为 0.1mm 的游标卡尺测量一长度为 5cm 的物体，将测量值填入表 1-2，比较其相对误差。

表 1-2 物体长度测量值 （单位：mm）

测量序号	1	2	3	4	5	6	7	8	平均值
测量值									
绝对误差									
相对误差									

【项目评价】

项目评价标准见表 1-3。

表 1-3 项目评价标准

项目	配分	评价标准	得分
新知识学习	50	1. 懂得什么是传感器 2. 懂得传感器的组成及各部分的作用 3. 理解传感器在不同学科的专业术语 4. 懂得测量误差的基本概念 5. 懂得测量误差的分析、处理方法	
传感器的识别与误差处理	40	1. 能认识教师示教的传感器 2. 能举例说明传感器在生产、生活中的应用（至少 3 个实例） 3. 能按要求测量相关物理量，并能进行误差分析与处理	
团队协作与纪律	10	遵守纪律、团队协作好	

【思考与提高】

1. 传感器是人类__________的延伸，故也称为__________。传感器把感受到的外界信息，如光、____________、____________、____________、____________、温度等转换成为__________信号。

2. 传感器是现代科技、生产获取信息的主要途径和__________。没有传感器，现代化生产就失去了基础。

3. 传感器一般由__________、__________和__________组成。__________是指传感器中能直接感受或响应被测量的部分；如__________敏元件、磁敏元件、__________敏元件及气敏元件等；__________是指传感器中能将敏感元件感受或响应的被测量转换成适用于传输或测量的电信号的部分；__________是把转换元件输出的电信号变换为便于处理、显示、记录、控制和__________的可用电信号的电路；__________是提供传感器正常工作的电源。

4. 在不同的学科领域，传感器又有不同的专业术语，如被称为检测器、__________等。

5. 有的传感器将__________与__________元件合二为一，如热电偶、光敏元件等。

6. 压力传感器是按__________分类，电阻传感器是按__________分类，电容式压力传感器是把__________和__________结合起来命名。

7. 传感器可以按哪些原则进行分类？

8. 举例说明传感器在生活中的应用。

9. 有一支温度计，它的测量范围为 0~200℃，精度为 0.5 级，该温度计可能出现的最大绝对误差为______________。

10. 欲测 240V 左右的电压，要求测量示值相对误差的绝对值不大于 0.6%，若选用量程为 250V 的电压表，其精度应选____________级。

11. 已知待测力约为 70N，现有两只测力仪表，一只测力仪表的精度为 0.5 级，测量范围为 0~500N，另一只测力仪表的精度为 1.0 级，测量范围为 0~100N。问：选用哪一只测力仪表好？为什么？

应知应会要点归纳

1）传感器相当于人的感觉器官，能感知外界物理信息。传感器具有的耐高温、高湿能力及高精度、超细微等特点是人的感觉器官所不能比拟的，因此，它又是人类五官的延伸。

2）传感器是能感受规定的被测量并按照一定规律将其转换成可用输出信号（一般为电量）的器件或装置。传感器是现代生产、生活和科学研究获取信息的主要途径和手段。

3）传感器通常由敏感元件、转换元件、转换电路及辅助电源组成。有的传感器将敏感元件和转换元件合二为一，如压电晶体、热电偶、光敏元件等。

4）传感器种类繁多，可按被测量（用途）、测量原理和传感器转换能量供给形式来分类。习惯上常把工作原理和用途结合起来命名传感器，便于用户选用，如电容式压力传感器。

5）测量结果由测量值、测量单位和测量误差三部分组成。

6）测量误差的表示方法主要有绝对误差、相对误差、引用误差和基本误差四种。

7）测量误差的主要来源有仪器误差、影响误差、理论误差和方法误差、人员误差四种。

8）按测量数据中误差所呈现的规律，可分为系统误差、随机误差和过失误差三种。

9）测量误差的分析与处理一般按照：先判断测量数据中是否含有过失误差，如有，则必须消除。再看数据中是否存在系统误差，对系统误差可设法消除或加以修正。最后，利用随机误差特性进行处理。

阅读材料一　传感器的基本特性

传感器的特性是指输出与输入之间的关系，它有静态、动态特性之分。静态特性是指当输入量（信号）不随时间变化或变化极慢时的输入输出关系。动态特性是指输入量随时间变化的响应特性。

衡量传感器静态特性的主要技术指标：线性度、灵敏度、迟滞、重复性、分辨力、漂移等。由于静态特性的输入量与输出量都与时间无关，传感器的静态特性可用一个不含时间变量的代数方程表达，或以输入量为横坐标、输出量为纵坐标的特性曲线来描述。

1. 线性度

传感器的线性度是指传感器的输出与输入之间关系曲线的线性程度，或者说，传感器的输出与输入之间关系曲线偏离线性的程度。从传感器的性能看，理想的输出与输入关系是一条直线，即 $y=a_1x$。实际使用中，大多数传感器为非线性，如果不考虑迟滞和蠕变等因素，传感器的输出与输入关系可用一个多项式表示。即

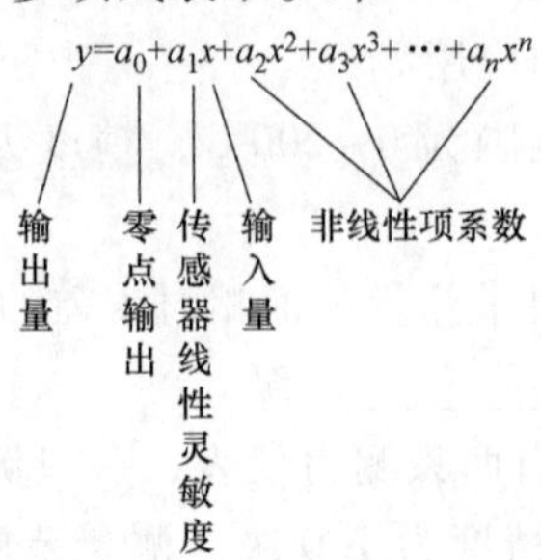

式中，a_0 为输入量 x 为零时的输出量；a_1 为传感器线性灵敏度；a_2，…，a_n 为非线性项系数。

各项系数不同，决定了特性曲线的具体形式各不相同。

1）理想特性曲线如图 1-12a 所示。

2）输出与输入特性多项式仅有偶次非线性项时，特性如图 1-12b 所示，具有这种特性的传感器，其线性范围窄，且对称性差，用两个特性相同的传感器差动工作，即能有效地消除非线性误差。

3）输出与输入特性多项式仅有奇次非线性项时，特性如图 1-12c 所示，具有这种特性的传感器，在靠近原点相当大范围内，输出与输入特性基本上呈线性关系且相对坐标原点对称。

4）输出与输入特性多项式有奇次项和偶次项时，特性如图 1-12d 所示。

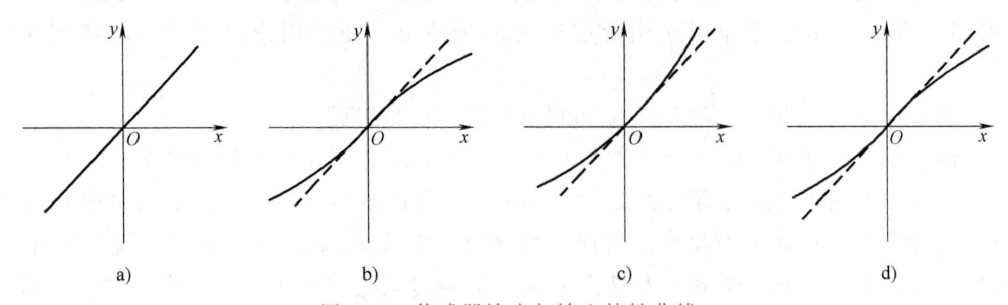

图 1-12 传感器输出与输入特性曲线

静态特性曲线可通过实验测试获得。在实际使用中，为了标定和数据处理的方便，希望得到线性关系，因此引入各种非线性补偿环节，如非线性补偿电路或计算机软件进行线性化处理等，使传感器的输出与输入关系为线性或接近线性。如果传感器非线性的方次不高，输入量变化范围较小时，可用一条直线近似地代表实际曲线的一段，使传感器输出与输入特性线性化。

2. 灵敏度

灵敏度 S 是指传感器在稳态下的输出量增量 Δy 与引起输出量增量的输入量增量 Δx 的比值，用 S 表示，即

$$S=\frac{\Delta y}{\Delta x}$$

灵敏度 S 描述了传感器对输入量变化的反应能力。

对于线性传感器，它的灵敏度 S 就是它的静态特性斜率，即 $S=\Delta y/\Delta x$ 为常数；而非线

性传感器的灵敏度为一变量，用 $S=\mathrm{d}y/\mathrm{d}x$ 表示。例如，某位移传感器是线性传感器，当位移量 Δx 为 1mm，输出量 Δy 为 0.2mV 时，灵敏度 S 为 0.2mV/mm。一般希望传感器的灵敏度高且在满量程范围内是恒定的，传感器的灵敏度如图 1-13 所示。

3. 迟滞

传感器在正（输入量增大）、反（输入量减小）行程期间，其输出与输入特性曲线不重合的现象称为迟滞，如图 1-14 所示。也就是说，对于同一量值的输入信号，传感器的正、反行程输出信号大小不相等。产生这种现象的主要原因是传感器敏感元件材料的物理性质和机械零部件的缺陷，例如弹性敏感元件的弹性滞后、运动部件的摩擦、传动机构的间隙、紧固件松动等。

迟滞 γ_H 的大小一般用实验方法确定。一般用最大输出差值 ΔH_{max} 对满量程输出 y_{FS} 的百分比表示。

$$\gamma_H=\pm\frac{\Delta H_{max}}{y_{FS}}\times100\%$$

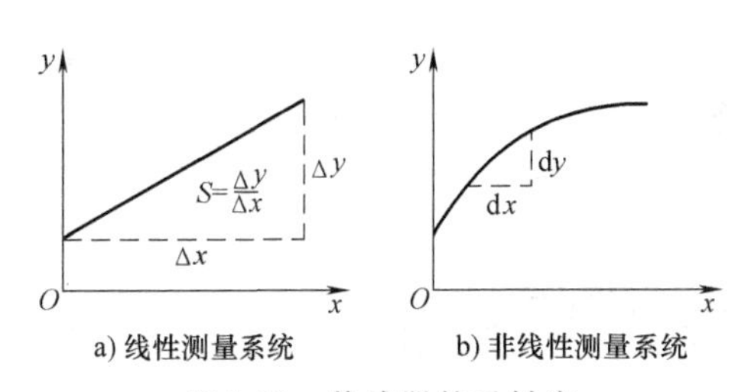

图 1-13　传感器的灵敏度

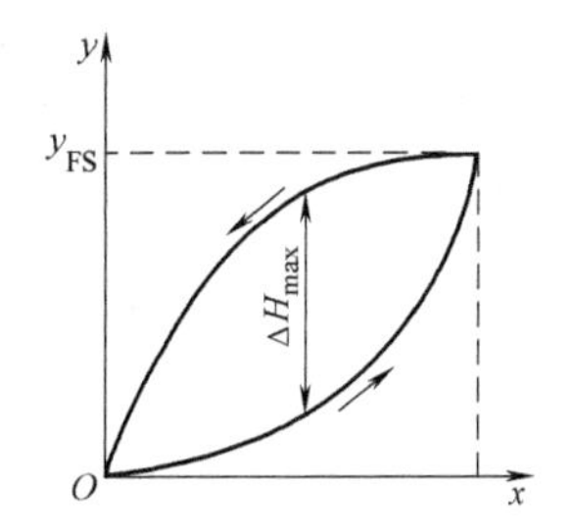

图 1-14　传感器的迟滞特性

4. 重复性

重复性是指传感器在输入按同一方向全量程连续多次变动时所得特性曲线不一致的程度，如图 1-15 所示。正行程的最大重复性偏差为 ΔR_{max1}，反行程的最大重复性偏差为 ΔR_{max2}。重复性偏差属于随机误差。

5. 分辨力

分辨力是指传感器能检测到被测量的最小增量。分辨力可用绝对值表示，也可用最小增量与满量程的百分比表示。当被测量的变化小于分辨力时，传感器对输入量的变化无任何反应。

对数字仪表而言，如果没有其他附加说明，一般可认为该仪表最末位的数值就是该仪表的分辨力。

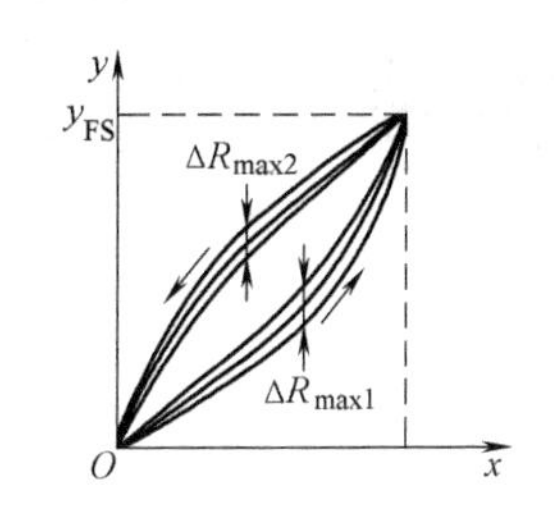

图 1-15　传感器的重复性

6. 漂移

传感器的漂移是指在外界的干扰下，输出量发生与输入量无关的变化，它包括零点漂移和灵敏度漂移等。

传感器在零输入时，输出的变化称为零点漂移。零点漂移或灵敏度漂移又可分为时间漂移和温度漂移。时间漂移是指在规定的条件下，零点或灵敏度随时间的缓慢变化。温度漂移是指当环境温度变化时，引起的零点或灵敏度漂移。漂移一般可通过串联或并联可调电阻来消除。

模块二

温度测量

温度是描述物体冷热程度的物理量。在各种工程实践和科学研究中，经常会遇到温度的测量与控制要求，如工业炉温、环境气温、海洋温度的测量，家用电器温度的控制等都离不开温度的测量。输电线路的接头处因存在接触电阻，易发热产生温升，影响输电线路的安全，图 2-1 所示是高压输电线路温度监测示意图，它将温度传感器直接安装在高压导体接头处，测量接头处导体的发热温度，通过无线数据通信方式将测量结果发送到地面数据集中器内进行温度监测，这一技术解决了高电压环境下测温与数据传输的难题。

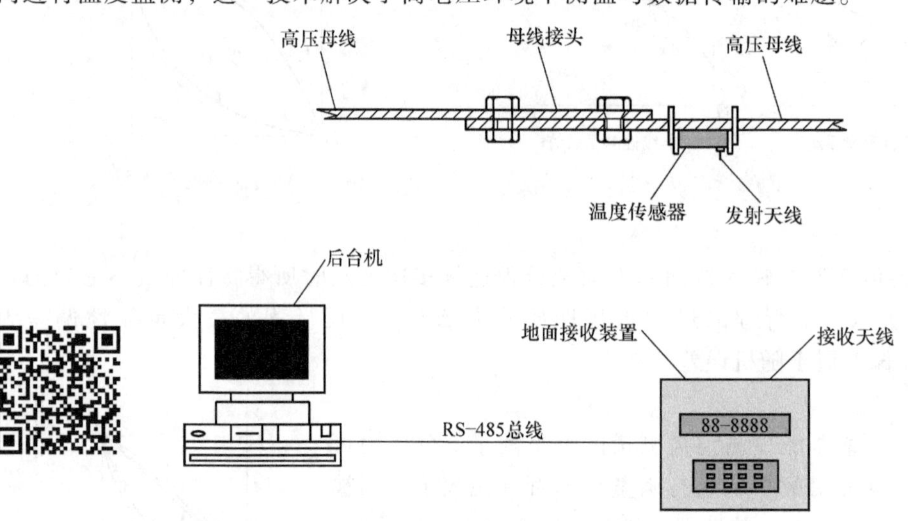

图 2-1　高压输电线路温度监测示意图

项目一　利用金属热电阻测量温度

职业岗位应知应会目标

1. 了解测温金属热电阻的特性。
2. 懂得常用金属热电阻的类型与适用范围。
3. 懂得金属热电阻的几种接线方法。
4. 能根据生产实际选择合适的金属热电阻温度控制器并能安装接线。

任务一 认识金属热电阻

【任务引入】

工业生产经常要进行温度检测和控制。热电阻是中、低温区最常用的一种温度检测器，它的测量精度高、性能稳定，其中铂热电阻的测量准确度最高，广泛应用于工业测温领域，还常被制成标准的基准仪。

【做中学】

1. 器材准备

一段细铜导线，酒精灯，冷水及杯子，高精度数字万用表或电桥。

2. 金属的热特性实验

分别在室温下加热（用酒精灯加热）及冷却（加热部分置于冷水中）后用数字万用表测量一段细铜导线的电阻值。

通过实验可知，金属导体的电阻值随着温度的变化而变化，当金属导体温度上升时，导体的电阻值增加；反之，则电阻值减小，所以金属导体具有正的温度系数。利用金属导体的这种特性可以测量环境温度，热电阻就是利用金属的热特性制成的。

应该注意，并不是所有的金属导体都能作为测温用热电阻。一般要求制作热电阻的材料具有较大的温度系数和电阻率，物理、化学性质稳定，复现性好。目前应用最多的是铂（Pt）电阻、铜（Cu）电阻和镍（Ni）电阻。

【知识学习】

1. 热电阻的结构

图 2-2 所示为热电阻结构。将 $\phi0.02\sim\phi0.07$mm 铂丝或铜丝绕在云母等绝缘骨架上（无感绕制），装入保护套管，接出引线，就做成了一个热电阻。

2. 热电阻的种类

（1）按使用材料可分为铂热电阻、铜电热阻、镍热电阻、锰热电阻和铑热电阻等。用同一材料制作的热电阻中，又有不同分度号的区别。如分度号 Pt100 表示 0℃时电阻值为 100Ω 的铂热电阻；Cu50 代表 0℃时电阻值为 50Ω 的铜热电阻。常用热电阻分度表见附录 C。

（2）按结构可分为防爆型热电阻、铠装型热电阻、端面型热电阻和普通型热电阻。

1）防爆型热电阻。如图 2-3 所示，它通过特殊结构的接线盒，将内部爆炸性混合气体因受到火花或电弧等影响而发生的爆炸局限在接线盒内，其爆炸内压不会破坏接线盒，不会引起生产现场爆炸。防爆型热电阻用于具有爆炸性危险场所的温度测量。

2）铠装型热电阻。如图 2-4 所示，它与普通型热电阻相比有下列优点：①体积小，内部无空气隙，热惯性小，测量滞后小；②机械性能好，耐振，抗冲击；③能弯曲，便于安装；④使用寿命长。

3）端面型热电阻。如图 2-5 所示，它的感温元件由特殊处理的电阻材料绕制，紧贴在温度计端面。它与一般的热电阻相比，能更正确和快速地反映被测端面的实际温度，适用于测量汽轮机和轴瓦及其他机件的端面温度。

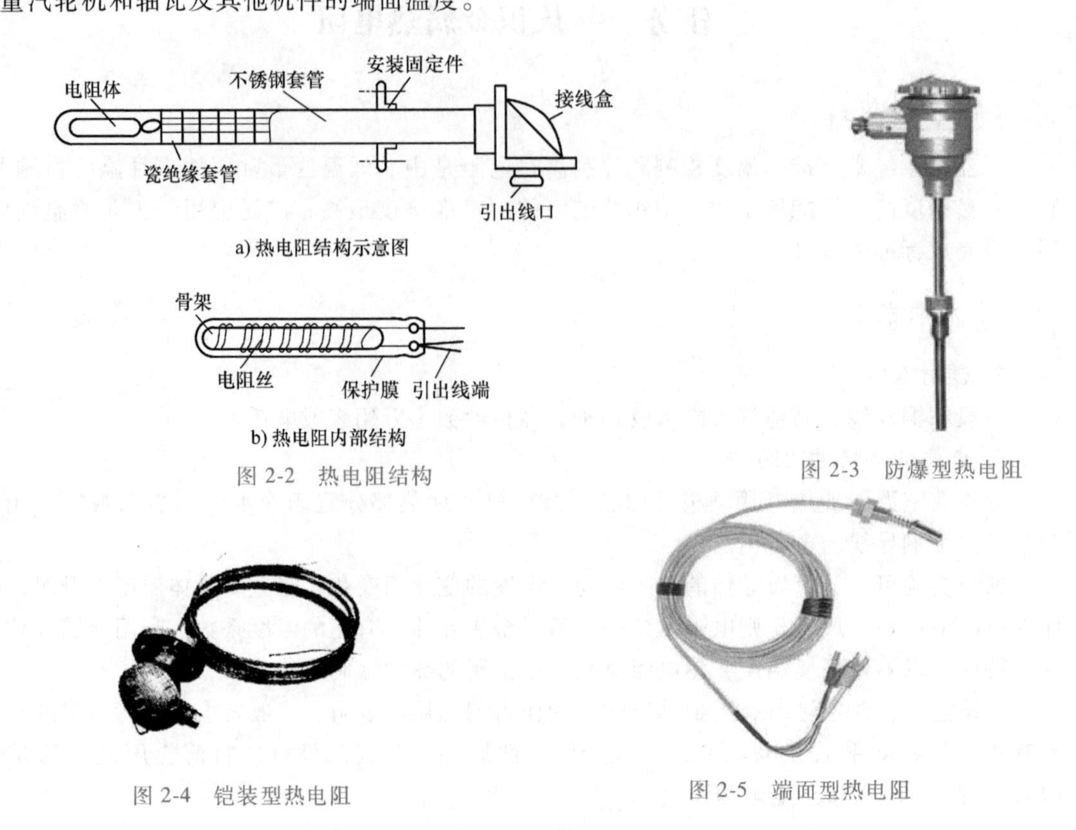

a) 热电阻结构示意图

b) 热电阻内部结构

图 2-2 热电阻结构

图 2-3 防爆型热电阻

图 2-4 铠装型热电阻

图 2-5 端面型热电阻

任务二 热电阻检测中、低温区的温度

【任务引入】

热电阻通常和显示仪表、记录仪表和电子调节器配套使用。它可以直接测量各种生产过程中-200~600℃的液体、蒸汽、气体介质和固体表面的温度。

【知识学习】

1. 热电阻测温电路

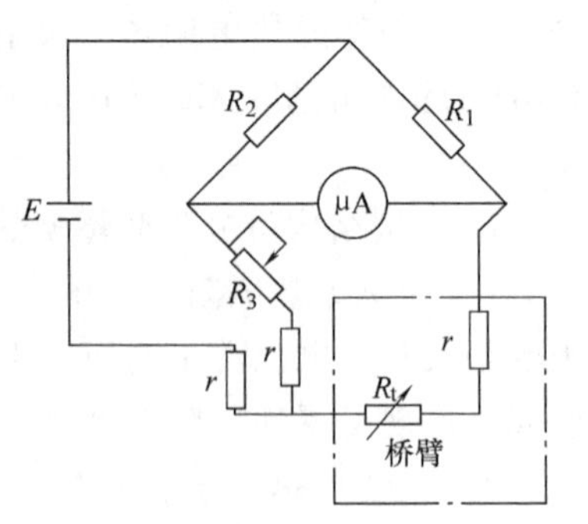

图 2-6 热电阻测量温度的直流电桥线路（三线接法）

由于热电阻的阻值和随温度变化的变化值不大，因此其测量线路一般采用直流电桥线路，如图 2-6 所示，图中 R_t 为热电阻，R_1、R_2 为固定电阻，R_3 为调零精密可变电阻，r 为引线电阻。调整 R_3 使 $R_3=R_{t0}$（R_{t0} 为热电阻在 0℃ 时的电阻值），电桥平衡，即微安表中无电流。测量时，R_t 的阻值变化将引起电流表中反映电阻值变化的电流发生变化。热电阻体引线的电阻值不可忽视（尤其是导线较长时），且引出线的电阻值也会随温度变化而变化，从而影响温度的检测，所以一般热电阻与仪表连接都采用三线制或四线制，以

消除引线电阻的影响。工业过程控制中常用三线接法测量温度。

为了提高测量准确度，可将电阻测量仪设计成如图 2-7 所示的四线接法测量电路，四线接法测量电路须采用恒流源供电。热电阻三线、四线接法测量电路均适合远距离测量。

工业仪器中常采用 AD2205 集成温度调理电路，如图 2-8 所示，其功能强大，精度高。AD2205 集成温度调理电路采用桥式传感器信号放大器，其增益通过外部电阻调整，具有增益误差和温度漂移补偿功能。

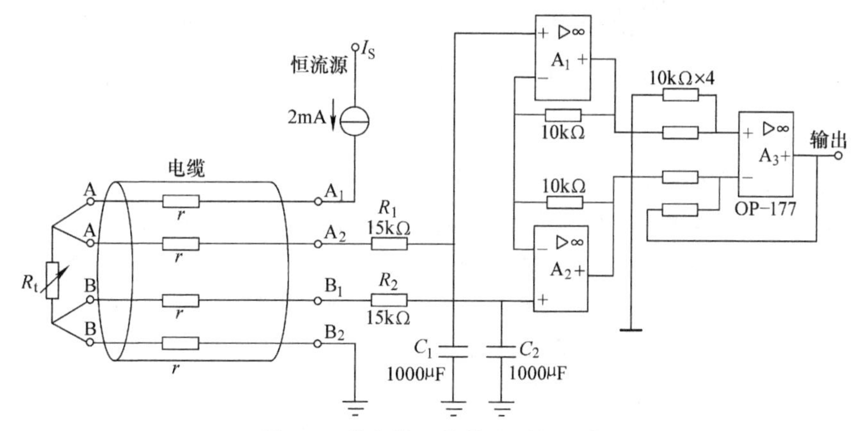

图 2-7 热电阻四线接法测量电路

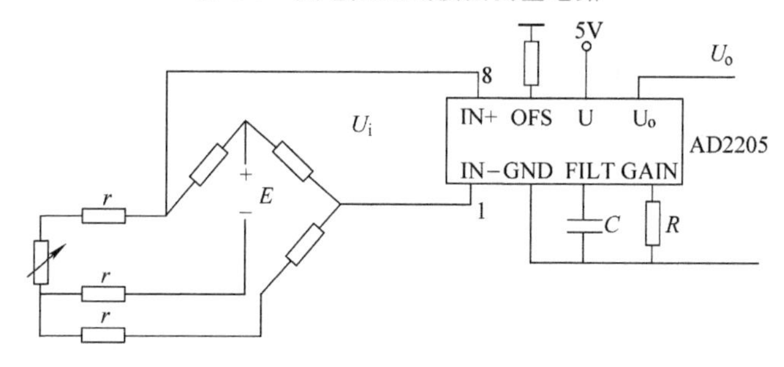

图 2-8 AD2205 集成温度调理电路应用

2. WS9010C4 温度调理器简介

图 2-9a 是 WS9010C4 的外形，它可直接与 Cu50 铜热电阻传感器连接，输入温度范围为 0~150℃，输出电流范围为 4~20mA（或配接 250Ω 的标准电阻即可输出 1~5V 电压）。该调理器具有线性化和长线补偿功能；DC24V 供电，输入、输出、电源之间相互电气隔离；采用 DIN T 形导轨卡装方式。图 2-9b 是它的接线图。

【技能训练】

热电阻与温度显示仪连接接线。

1. 器材准备

WS9010C4 型温度调理器、Cu50 铜热电阻、烧杯、电炉、温度计、万用表或电压表、学生电源。

2. WS9010C4 温度调理器安装接线方法与步骤

1）认真阅读 WS9010C4 温度调理器的安装接线说明书，接线图如图 2-9b 所示。

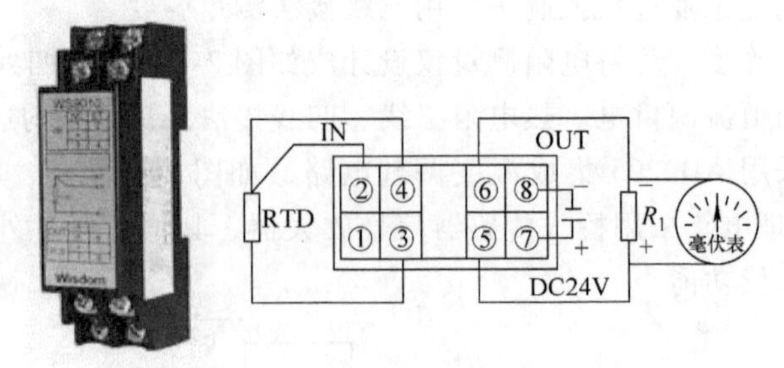

a) WS9010C4的外形　　b) WS9010C4温度调理器接线图

图 2-9　热电阻的三线制接线图

2）将温度调理器固定在 DIN T 形导轨上。

3）将热电阻的三根线中颜色相同的两根线（用万用表测量，这两根线之间的电阻几乎为 0）接入温度调理器输入接线端子 IN 的 2、4 号端点，另一根线接入 3 号端点。

必须注意，热电阻的三条输入接线必须等径等长度，以保证每条引线的电阻相同。

4）将温度调理器输出接线端子 OUT 的 6、5 号端点连接 250Ω 的标准电阻，并连接精度较高的毫伏表，5 号端点连接毫伏表的“+”极。

5）完成上述接线，认真检查无误后，将 7、8 号端点分别接入 DC 24V 的“+”、“−”极。

6）将热电阻置于不同温度的热水中（用电炉给盛水的烧杯加热），观察输出电压值的变化，体会热电阻三线接法的方法。

【项目评价】

项目评价标准见表 2-1。

表 2-1　项目评价标准

项目	配分	评 价 标 准	得分
新知识学习	40	1. 懂得热电阻分度号的意义 2. 懂得热电阻的结构与类型	
热电阻的选用与接线	50	1. 能根据生产现场的情况选择合适的热电阻 2. 能按说明书中的接线图将热电阻与变送器连接起来并能调整	
团队协作与纪律	10	遵守纪律、团队协作好	

【思考与提高】

1. 金属热电阻随温度的升高其阻值______________________。
2. 热电阻的种类有__________、__________、__________和__________。
3. 热电阻的常用测量电路有__________和__________。
4. Cu50 表示______________________。
5. 分析热电阻测量电桥三线、四线连接法的主要作用。

项目二 利用热电偶测量温度

职业岗位应知应会目标

1. 懂得热电偶的基本工作原理。
2. 了解热电偶的特性与性能指标。
3. 掌握热电偶冷端温度补偿方法及其在生产中的应用。
4. 能按说明书对热电偶与温度变送器进行安装接线。

【任务引入】

热电偶主要用来测量高温，可以测量上千度的高温，并且精度高、性能好，是其他温度传感器无法替代的。

【知识学习】

1. 热电偶的工作原理

图 2-10 所示是热电偶工作原理示意图，A、B 是由两种成分不同而互相具有一定热电特性的材料所构成的热电极。把它们的一端焊接起来，另一端连接成回路，便构成一个热电偶。热电偶的焊接端称为工作端或热端。使用时将热端置于被测温度部位，设其温度为 T_1；另一端称为自由端或冷端，设其温度为 T_2。冷端接外电路，对外输出电动势。当 $T_1>T_2$ 时，在回路中即会产生电动势（称为热电动势）。该电动势经过放大电路放大后去控制执行机构（如继电器通电或断电），便可达到控制温度的目的。

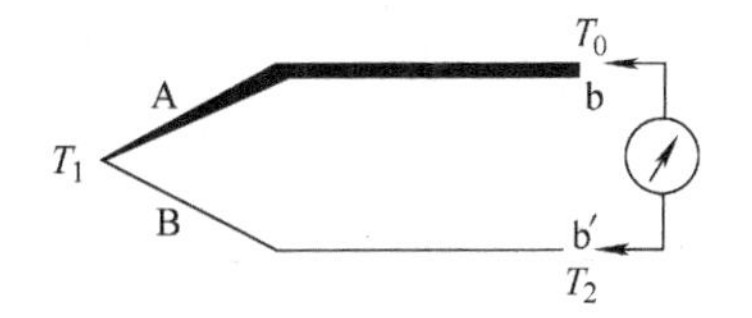

图 2-10 热电偶工作原理示意图

热电偶结构简单（其外形如图 2-11 所示），使用方便，测温精确可靠，温度调节范围宽，可测量 -200~1300℃范围内的温度（特殊情况下，可测至 2800℃的高温），同时还可实现远距离自动控制。热电偶的应用系统（即热电偶温度控制器）较复杂且成本较高，它一般只使用在较大功率的电热设备和高精度温度控制设备上，如 100L 以上的热水器、大型电烤炉、模具温度控制机、化工合成装置、工业锅炉及工业过程控制系统等。

图 2-11 常用热电偶的外形

2. 热电偶的分类

热电偶可按安装位置和方式、材料、使用环境分类。热电偶以安装位置和方式为标准的分类与热电阻相同。以构成材料的不同为标准，热电偶可分为国际通用分度号为 S、B、E、K、R、N、J、T 的八种热电偶。它们为标准化热电偶，基本特性见表 2-2。国内常用的热电偶有 K、E、S 和 B 型（分度号）。常用热电偶分度表见附录 B。

热电偶按使用环境细分有耐高温热电偶，耐磨热电偶，耐腐热电偶，耐高压热电偶，防爆热电偶，铝液测温用热电偶，循环硫化床用热电偶，水泥回转窑炉用热电偶，阳极焙烧炉用热电偶，高温热风炉用热电偶，汽化炉用热电偶，渗碳炉用热电偶，高温盐浴炉用热电偶，铜、铁及钢水用热电偶，抗氧化钨铼热电偶，真空炉用热电偶，铂铑热电偶等。

表 2-2　标准化热电偶的特性

分度号	热电偶名称	热电偶材料		极限使用温度/℃
		正极	负极	
K	镍铬—镍硅	镍铬	镍硅或镍铝	−270~1372
E	镍铬—康铜	镍铬	铜镍	−270~1000
J	铁—康铜	铁	铜镍或康铜	−270~1200
T	铜—康铜	铜	铜镍	−270~400
N	镍铬硅—镍硅	镍铬硅	镍硅	−270~1300
S	铂铑$_{10}$—铂	铂铑$_{10}$	铂	−270~1768
R	铂铑$_{13}$—铂	铂铑$_{13}$	铂	0~1768
B	铂铑$_{30}$—铂铑$_{6}$	铂铑$_{30}$	铂铑$_{6}$	−270~1820

3. 热电偶的冷端补偿

热电偶产生的热电动势与两端的温度有关，只有将冷端的温度恒定，热电动势才能准确地反映热端温度。热电偶指示仪的分度表是以冷端温度为 0℃ 时作出的，因此在使用时必须设法使冷端恒为 0℃。实际应用中，热电偶的冷端通常靠近被测对象，且受到环境温度的影响，温度不是恒定不变的。为此，必须采取一些相应的措施进行补偿或修正，常用的方法有冷端恒温法、冷端补偿导线法、冷端电桥补偿法、显示仪表零位调整法和计算修正法等。

1）冷端恒温法。在实验室及精密测量中，通常把冷端（也称自由端或参考端）放入 0℃ 恒温器或装满冰水混合物的容器中，使冷端温度保持 0℃，如图 2-12 所示。这种方法又称冰浴法，这是一种理想的补偿方法，但工业中使用极为不便。

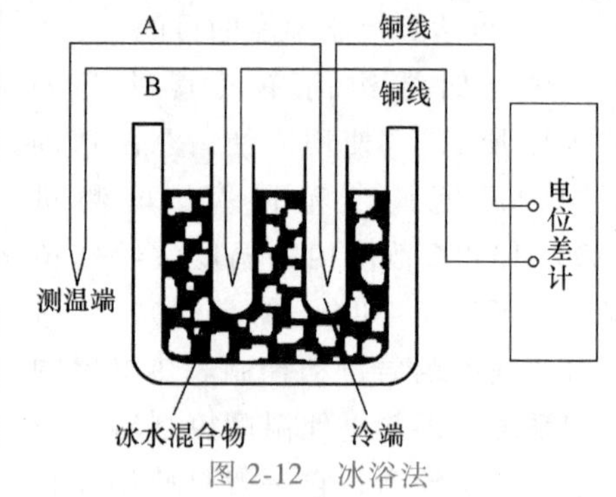

图 2-12　冰浴法

2）补偿导线法。在温度不稳定的情况下，为了节约贵金属，一般将热电偶的冷端用补偿导线引到远离现场数十米的温度相对稳定的控制室里的显示仪表或控制仪表，起到延长冷端的作用，但它本身并不能消除冷端温度变化对被测温度的影响。图 2-13 所示是热电偶通过补偿导线与仪表连接示意图。补偿导线由两种不同性质的廉价金属材料制成，在一定温度范围内（0~1000℃）与所配接的热电偶具有相同的热电特性。使用补偿导线时必须注意型号匹配，且极性不能接错。补偿导线的外形与双绞线没有区别，这一点应特别注意。我国常用的热电偶补偿导线见表 2-3。

表 2-3 我国常用的热电偶补偿导线

补偿导线型号	配用热电偶的分度号	补偿导线		补偿导线颜色	
		正极	负极	正极	负极
SC	S	SPC(铜)	SNC(铜镍)	红	绿
KC	K	KPC(铜)	KNC(铜镍)	红	蓝
KX	K	KPX(镍铬)	KNX(镍硅)	红	黑
EX	E	EPX(镍铬)	ENX(铜镍)	红	棕
JX	J	JPX(铁)	JNX(铜镍)	红	紫
TX	T	TPX(铜)	TNX(铜镍)	红	白

3）补偿电桥法。补偿电桥法是将热电偶与一个电桥串联在一起，利用电桥产生的不平衡电压补偿冷端的温度影响，如图 2-14 所示。使用这种方法时，一般要先将仪表零点调整到电桥平衡时的温度值。补偿电桥由三个电阻温度系数较小的锰铜丝绕制的电阻 R_1、R_2、R_3 及电阻温度系数较大的铜丝绕制的电阻 R_{Cu} 和稳压电源组成。补偿电桥与热电偶冷端处在同一环境温度，当冷端温度变化引起热电动势变化时，由于 R_{Cu}（对温度敏感的铜丝绕制）的阻值随冷端温度变化而变化，适当选择桥臂电阻和桥路电流，就可以使电桥产生的不平衡电压补偿由于冷端温度 t_0 变化引起的热电动势变化量，从而达到自动补偿的目的。

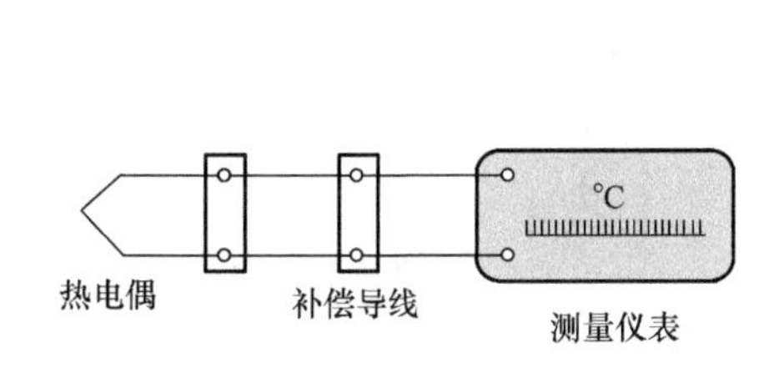

图 2-13 热电偶通过补偿导线与仪表连接示意图

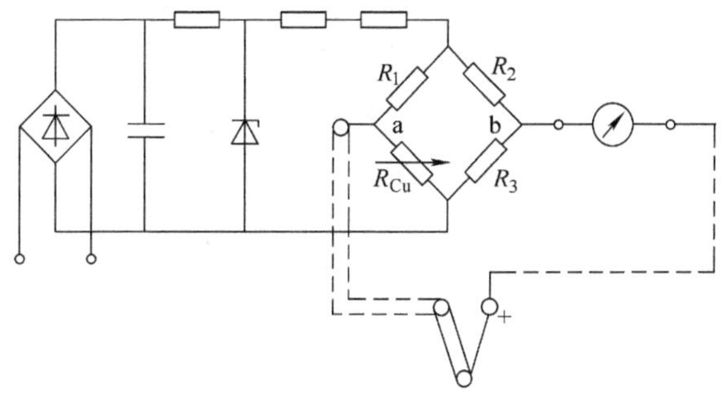

图 2-14 冷端温度补偿电桥法

4）仪表机械零点调整法。该方法是将仪表零点调整到热电偶冷端 0℃ 时温度所对应的电动势的值。

工厂环境下多采用仪表机械零点调整法和冷端补偿法。

4. SWP-TC 型与 LD-WS 型温度变送器简介

1）SWP-TC 型温度变送器

图 2-15 所示是 SWP-TC 型温度变送器，它可直接安装于热电偶（或热电阻）接线盒内，构成热电偶（或热电阻）一体化温度变送器，将热电偶（或三线接法的热电阻）的温度信号转化为标准二线制 4~20mA 的电流输出。SWP-TC 是非隔离型高精度温度变送器，它采用独特的双层电路板结构，下层是信号调理电路，上层定义传感器类型和测量范围。常在需要远距离传送热电偶（或热电阻）信号、现场有较强干扰源或信号需要接入 DCS 系统时使用。另外，SWP-TC 型温度变送器带冷端自动补偿。图 2-15b 为 SWP-TC 型温度变送器接线图，

图中的二次仪表可以是显示系统、记录系统、微机测控系统和PLC控制系统等。

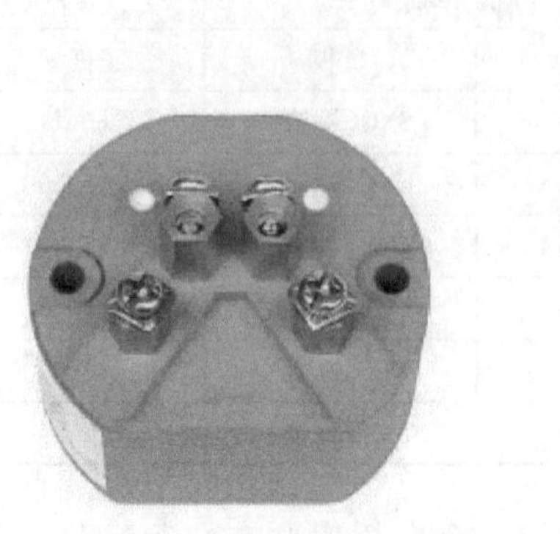

a) SWP-TC型温度变送器外形

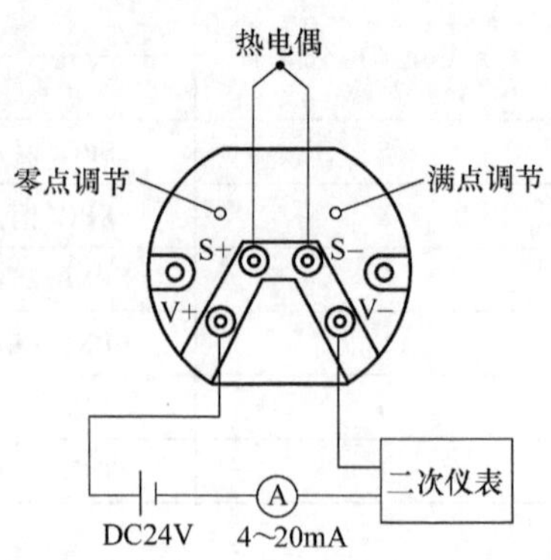

b) SWP-TC型温度变送器接线图

图 2-15 SWP-TC 型温度变送器

2）LD-WS型温度变送器

LD-WS型温度变送器可将热电偶（或热电阻）信号进行放大并经线性修正后变换为标准信号DC4~20mA（1~5V）供给计算机系统或其他仪表，输出信号与温度呈线性关系，带冷端补偿。LD-WS型温度变送器接线图如图2-16所示。

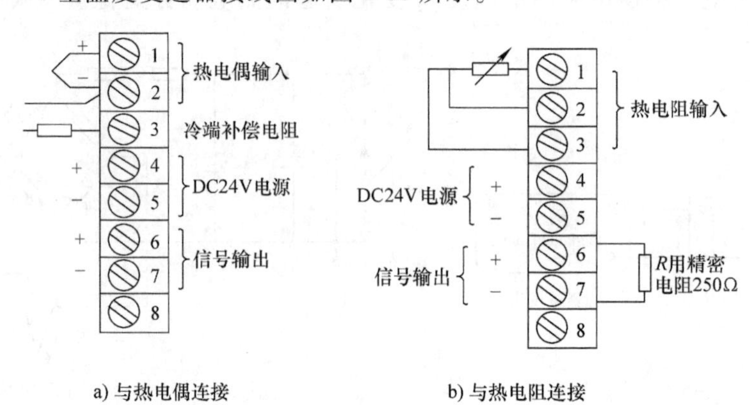

图 2-16 LD-WS 型温度变送器接线图

【技能训练】

将热电偶与SWP-TC型温度变送器连接，测量变化的水温。

1. 器材准备

SWP-TC型温度变送器、热电偶、烧杯、电炉、温度计、万用表或电压表、学生电源。

2. 接线方法与步骤

1）认真阅读SWP-TC型温度变送器接线图，如图2-15b所示。

2）将热电偶的正极导线（均为红色）与温度变送器的S+端点连接，另一根线与S−端点连接，屏蔽线一端接地（不可两端接地）。

3）端子V+接DC24V电源正端、端子V−为4~20mA电流输出端，可接仪表、显示仪或者250Ω的标准电阻回到24V电源负端。

4）接线完成检查无误后上电，将热电偶置于慢慢加热的水中，观察输出值的变化，体会热电偶的连接方法。

【知识拓展】

热电阻和热电偶的区别与选用

热电阻和热电偶都是接触式测温器件，但它们的测温原理不同。热电偶测量温度的基本原理是热电效应，二次仪表是一个检伏计或为了提高精度时使用的电子电位差计。热电阻是基于导体或半导体的电阻值随温度的变化而变化的特性工作的，二次仪表是一个不平衡电桥。

热电阻和热电偶的测温范围不同，热电偶一般用于500℃以上的较高温度的环境，如铂铑$_{30}$—铂铑$_{6}$B型Ⅱ级测量范围为800～1700℃，短期可测1800℃。因热电偶在中、低温时输出热电动势很小，当电动势小时，对抗干扰措施和二次仪表的要求很高，否则测量不准确。此外，在较低的温度区域，冷端温度的变化和环境温度的变化所引起的相对误差就显得很突出。热电阻一般用于测量中、低温度区域，它的测温范围为-200～500℃，甚至还可测更低的温度，如用碳电阻可测到1K（-272℃）左右的低温。生产中常使用铂热电阻Pt100。

热电阻测量精度较高，对测量精度要求较高的选择热电阻，对精度要求不高的选择热电偶。热电偶所测量的一般指“点”温，热电阻所测量的一般指空间平均温度。使用中可根据测量范围选择热电阻或者热电偶。

【项目评价】

项目评价标准见表2-4。

表2-4 项目评价标准

项目	配分	评价标准	得分
新知识学习	40	1. 懂得热电偶的工作原理与特性 2. 懂得热电偶分度号的意义 3. 能理解热电偶冷端补偿的意义和方法	
热电偶的选用与接线	50	1. 能根据生产现场的情况选择合适的热电偶及补偿导线，能将热电偶与补偿导线正确连接 2. 能按说明书中的接线示图将热电偶与温度变送器连接起来，并会调试至达到运行要求	
团队协作与纪律	10	遵守纪律、团队协作好	

【思考与提高】

1. 热电效应是指________________________________。
2. 热电偶的冷端温度补偿方法有__________、__________、__________、__________。
3. 工业现场对热电偶多采用__________和__________补偿法。
4. 为什么要对热电偶的冷端进行温度补偿？

5. 说说热电偶补偿导线的型号及其相配的热电偶型号。

项目三 热敏电阻及其应用

职业岗位应知应会目标
1. 理解热敏元件的温度特性。
2. 懂得常用热敏元件的温度控制原理与控制方法。
3. 能根据控制要求安装、调试热敏元件构成的电路。

任务一 认识热敏电阻

【任务引入】

在公交车或其他公共场所，经常可以看到电子屏动态显示室内、外温度，这就是采用热敏电阻进行动态测温的。热敏电阻能测量温度，还能进行温度控制，它有哪些特性呢？本任务将探讨、学习热敏电阻的特性。

【做中学】

1. 器材准备

各种常见的热敏电阻、如珠粒形、圆片形、水银温度计、烧杯、试管，焊接好导线的正温度和负温度系数热敏电阻各一支，万用表、电炉。

2. 热敏电阻的识别

图 2-17 所示是常见的热敏电阻外形。图 2-17a 是珠粒形热敏电阻，为玻璃封装，体积和热惯性都较小，适合制造点温度计和表面温度计；图 2-17b 是圆柱形热敏电阻，大多数采用树脂封装，因价格低而应用普遍；图 2-17c 是圆片状热敏电阻，有多种不同规格。

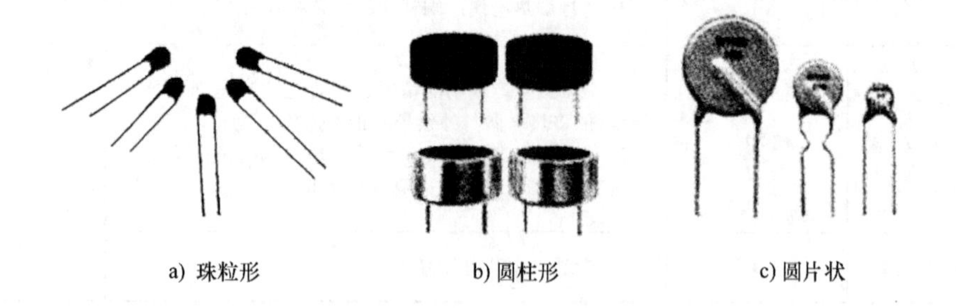

a) 珠粒形　　b) 圆柱形　　c) 圆片状

图 2-17 常见的热敏电阻外形

3. 测试热敏电阻在不同的温度下电阻值的变化

测试方法与步骤如下：

1）把负温度系数的热敏电阻放入无水试管中。

2）向烧杯内装入适量的水，用电炉加热。

3）再将装有热敏电阻的试管放入水中（注意不要让水进入试管中）。

4）用水银温度计测量水温，然后用万用表的电阻档测量（注意调零）热敏电阻的阻值。

5）记录下水温为30℃、40℃、50℃、60℃……90℃时的热敏电阻阻值，并填入表2-5中。

6）根据表2-5的数据在图2-18中画出热敏电阻的阻值温度特性曲线。

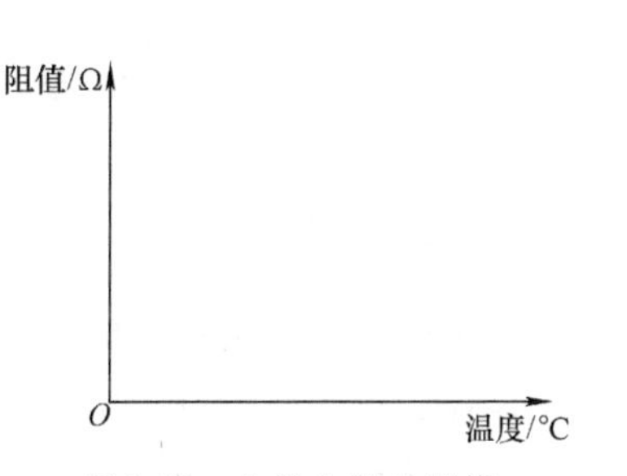

图2-18　热敏电阻的阻值温度特性曲线

表2-5　热敏电阻阻值与温度对应关系

温度/℃	30	40	50	60	70	80	90
电阻值/Ω							

7）用正温度系数的热敏电阻重复上述实验。

总结热敏电阻的温度特性：对于负温度系数的热敏电阻，温度升高时，其阻值降低；对于正温度系数的热敏电阻，温度升高时，其阻值增大。

【知识学习】

热敏电阻一般用金属氧化物陶瓷半导体材料或碳化硅材料的粉状物经过成形、烧结等工艺制成。根据温度特性的不同，热敏电阻可分为两大类型：负温度系数（NTC）型和正温度系数（PTC）型。图2-19所示是热敏电阻的阻值温度特性曲线。

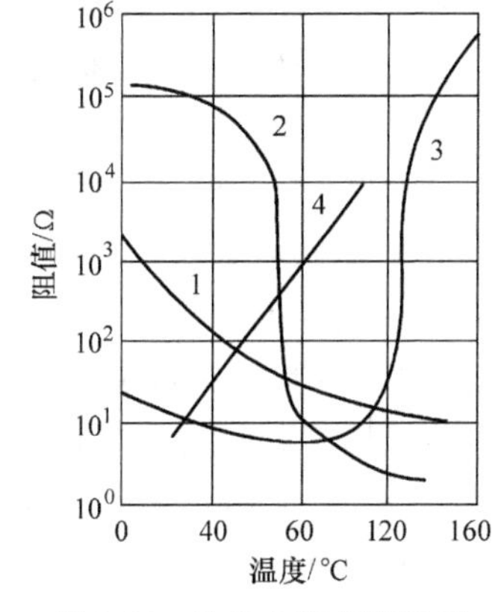

图2-19　热敏电阻的阻值温度特性曲线

1. 负温度系数的热敏电阻

负温度系数热敏电阻的特性曲线如图2-19中的曲线1和曲线2所示。其中曲线1的电阻值随温度非线性缓慢变化，这种特性的热敏电阻主要用于测量温度和电子电路、仪表线路的温度补偿。曲线2的电阻值随温度变化剧烈，当温度达到某临界值时，其电阻值发生急剧的转变，如图中58℃时它的电阻值由约10kΩ剧变为10Ω，这种特性的热敏电阻可以做无触点开关。我们把具有开关特性的负温度系数热敏电阻简称为CTR。

2. 正温度系数的热敏电阻

正温度系数热敏电阻的特性曲线如图2-19中的曲线3和曲线4所示。曲线4变化缓慢，热敏电阻阻值随温度几乎呈线性变化。这种特性的热敏电阻温度范围比较宽，可用于测量温度和进行温度补偿。曲线3具有突变特性，可用于恒温加热控制或温度开关。

具有突变特性的热敏电阻一般适合制造开关型温度传感器，用于检测温度是否超过某一规定值。例如，有一种恒温电烙铁，就是利用PTC热敏电阻的特性，当温度超过规定值时，电阻变大，电流减小，发热降低，保持电烙铁温度基本不变。缓慢变化的热敏电阻一般适合制造连续作用的温度传感器。

任务二 利用热敏电阻测量温度

【任务引入】

热敏电阻由于结构简单、体积小、热惯性小被广泛应用于家用电器和工业控制中，如家用空调器、汽车空调器、冰箱、洗衣机、电视机、计算机等。正温度系数（PTC）热敏电阻一般用于冰箱压缩机起动电路、彩色显像管消磁电路、电动机过电流过热保护电路、限流电路及恒温电加热电路。负温度系数（NTC）热敏电阻一般在各种电子产品中用于微波功率测量、温度检测、温度补偿、温度控制及稳压。热敏电阻也由于稳定性和互换性较差，不可用于高精度测温场合。

【技能训练】

观察热敏电阻在家用电器和工业控制中的温度测量与控制。

1. 器材准备

旧冰箱、旧彩色电视机、计算机、电子设备中的减压变压器。

2. 观察热敏电阻在冰箱压缩机起动电路中的温度测量与控制

1）拆下冰箱压缩机接线盒，观察PTC热敏电阻在电路中的连接。

2）分析热敏电阻在冰箱压缩机起动电路中的工作原理。如图2-20所示，在冰箱压缩机的起动绕组上串接一只PTC热敏电阻，当温控器接通电源时，PTC热敏电阻尚未发热，阻值很小，电源电压几乎全部加在起动绕组上，在起动过程中，PTC热敏电阻发热，阻值增大，可将约7A的电流在0.1～0.4s内衰减至4A左右，然后再经3s左右将电流降为10～15mA（此时PTC热敏电阻的阻值很大），这样，起动绕组因PTC热敏电阻相对“断开”完成起动而停止工作，这时运行绕组处于正常工作状态。这种起动装置的特点是性能可靠、寿命长，实现了无触点起动，可用于低电压起动。供电电压在160V时，只要输入电流稍大于2A，冰箱压缩机就能正常起动。

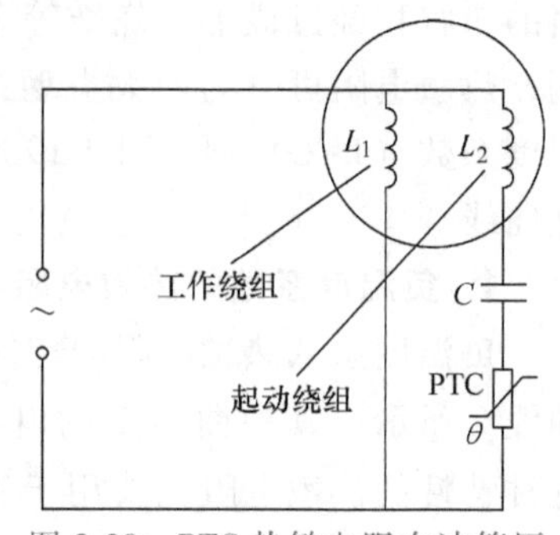

图2-20 PTC热敏电阻在冰箱压缩机起动电路中的应用

3）元件选用。压缩机起动电路中常用的PTC热敏电阻有MZ01～MZ04系列、MZ81系列、MZ91～MZ93系列等，标称电阻值为20～40Ω，最大起动电流为8A等。

3. 观察PTC热敏电阻作过电流过热检测与控制

通信设备、电动机、变压器以及电子线路需要进行过载保护，用热敏电阻实现比较方便。

1）观察电动机或控制变压器中安装的PTC热敏电阻作过电流过热检测与控制。

2）工作原理分析。图2-21是PTC热敏电阻作过电流过热检测与控制的电路。当电路处于正常状态时，通过过电流保护用PTC热敏电阻的电流小于额定电流，过电流保护用PTC热敏电阻处于常态，阻值很小，不会影响被保护电路的正常工作。当电路出现故障，电流大大超过额定电流时，过电流保护用PTC热敏电阻陡然发热，呈高阻态，使电路处于相对“断开”的状态，从而保护电路不受破坏。当故障排除后，过电流保护用PTC热敏电

阻也自动回复至低阻态，电路恢复正常工作。

3）PTC 热敏电阻作过电流过热检测与控制时的选用原则。首先确认线路的最大正常工作电流（即过电流保护用 PTC 热敏电阻的不动作电流）和过电流保护用 PTC 热敏电阻安装位置（正常工作时）的最高环境温度；其次是确认 PTC 热敏电阻的保护电流（过电流保护用 PTC 热敏电阻的动作电流）、最大工作电压和外形尺寸等。

4. 观察热敏电阻在 CPU 电路中的温度检测

1）观察计算机 CPU 插槽中的热敏电阻（一般为贴片电阻）。图 2-22 所示是 PTC 热敏电阻在 CPU 过热保护电路中的应用。

2）保护过程分析。在计算机使用过程中，当 CPU 工作繁忙时，CPU 温度会升高，若不加处理，会造成 CPU 烧毁，在 CPU 插槽中，用热敏电阻测温，然后通过相关电路进行处理后，控制风扇的转速来改变 CPU 的温度，实施保护。

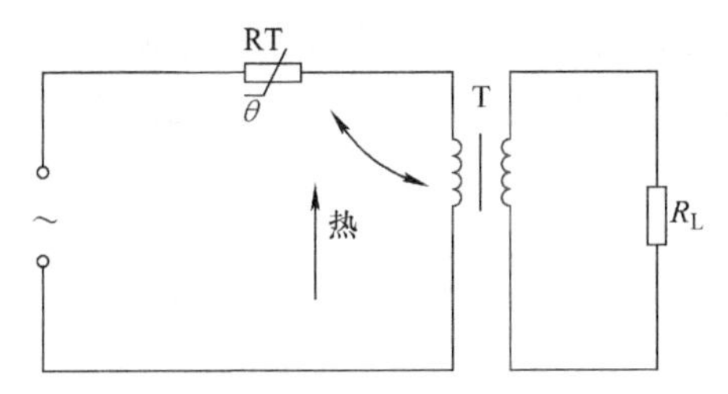

图 2-21 PTC 热敏电阻作过电流过热检测与控制的电路

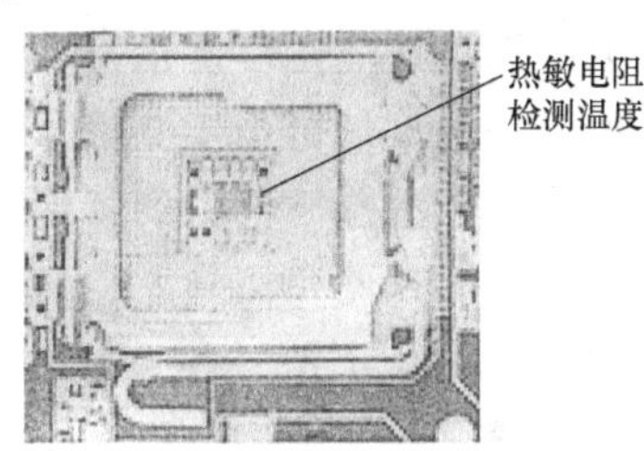

图 2-22 PTC 热敏电阻在 CPU 过热保护电路中的应用

【知识拓展】

利用 NTC 热敏电阻可实现单点温度控制。图 2-23 所示是常见的单点温度控制电路形式。图中的 b 点是温度调整/设置点，调节 RP 即可预设温度 T_b，合上电源开关 S，继电器 KV 线圈得电，常开触点 KV 闭合，加热器通电加热。

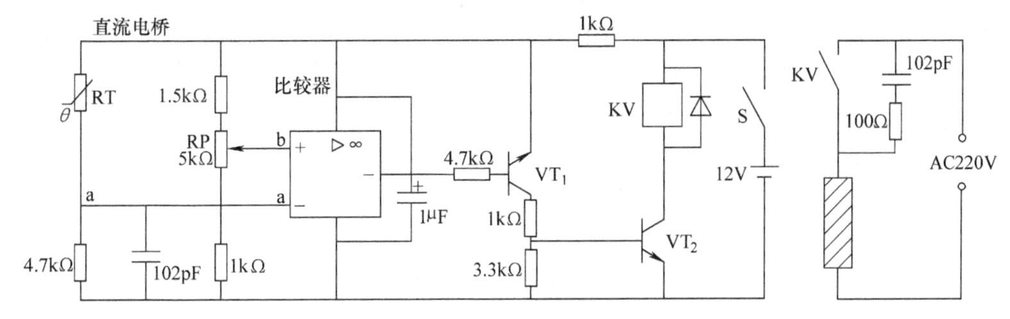

图 2-23 常见的单点温度控制电路形式

当温度低于设定值时，热敏电阻 RT 阻值变大，a 点电位 U_a 下降，当温度降至预设温度 T_b 之下时，$U_a<U_b$，比较器输出变为高电位，VT_1、VT_2 导通，继电器 KV 线圈得电，常开触点 KV 闭合，加热器通电加热。

反之，当温度高于设定值时，热敏电阻 RT 阻值下降，a 点电位 U_a 上升，当温度升高至预设温度 T_b 之上时，$U_a>U_b$，比较器输出变为低电位，VT_1、VT_2 截止，继电器 KV 线圈不得电，常开触点 KV 处于断开状态，加热器断电停止加热。如此重复上述过程。

可做测温及温度控制用的 NTC 热敏电阻器有 MF51～MF55 系列、MF61 系列、MF91～MF96 系列、MF111 系列等多种，每个系列又有多种规格可供选用。其中 MF52 系列、MF111 系列的 NTC 热敏电阻适用于-80～200℃温度范围内的测温与控温电路；MF51 系列、MF91～MF96 系列的 NTC 热敏电阻适用于 300℃以下的测温与控温电路；MF54 系列、MF55 系列的 NTC 热敏电阻适用于 125℃以下的测温与控温电路；MF61 系列、MF92 系列的 NTC 热敏电阻适用于 300℃以上的测温与控温电路。

任务三　制作简易热敏电阻温度计

【任务引入】

热敏电阻温度计能把温度信号变成电信号，实现非电量的检测。利用热敏电阻作为感温元件制作的简易温度计可用于测量水的温度，测温范围为 0～100℃。本任务通过制作简易热敏电阻温度计来熟悉热敏电阻的特性和应用。

【技能训练】

1. 器材准备

0～100℃的温度计；将 RRC6 型小型热敏电阻焊接适当长度的引线，并将热敏电阻固定在干燥的玻璃管或塑料袋内；暖水瓶、烧杯、电炉、电阻箱各一个，以及微安表、毫安表各一块。

2. 设计方案

热敏电阻温度计的设计电路如图 2-24 所示。取 $R_2=R_3$，R_1 等于测温范围内温度最低（0℃）时热敏电阻的电阻值。温度在 100℃时调节 RP 和 R_3，使电路中电流不能过大（电流过大，热敏电阻本身发热，会影响温度测量的准确性）且使微安表不超过满刻度。如果在 0℃时，$R_T=R_1$（R_T 为 RT 的阻值），$R_2=R_3$，电桥平衡，微安表指示为零。温度越高，R_T 值越小，电桥越不平衡，通过表头的电流也就越大。这样就可以用通过表头的电流来指示被测温度的高低。

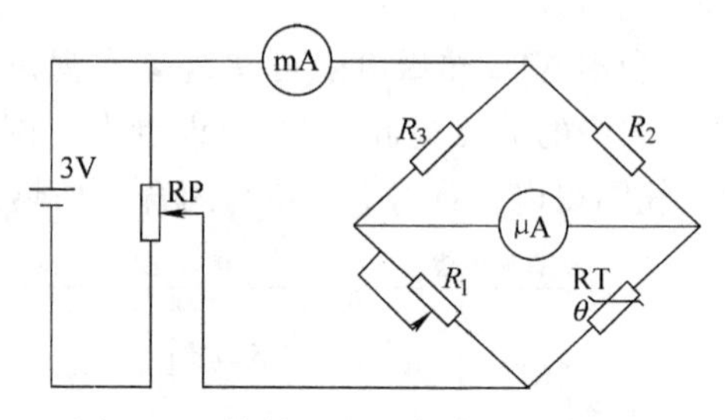

图 2-24　热敏电阻温度计的设计电路

3. 方法与步骤

1）把 RRC6 型热敏电阻接在图 2-24 所示的电桥臂中，图中检流计用 50μA 的微安表，R_3 为电阻箱，取 $R_1=R_2\approx4\text{k}\Omega$，毫安表量程可取 5mA。

2）把热敏电阻放在加热至 100℃的沸水烧杯中（用 0.5℃分度值的水银温度计测量水温）。

3）接通电桥电源，调节 RP 和 R_3，使毫安表读数不大于 1mA 且使微安表不超过满刻度。

4）取出烧杯中的热敏电阻放入暖水瓶中，再向暖水瓶中放入冰水混合物，用 0.5℃分度值的水银温度计测量水温，达到 0℃时调节 R_3，使电桥达到平衡（即微安表电流为零），表示为 0℃。

5）向暖水瓶中加热水，逐步提高水温至 100℃，记录下每提高 5℃时的电流值作为温度计的刻度值并填入表 2-6。

表 2-6 温度-电流实验数据表

温度/℃	0	5	10	15	20	25	…	95	100
电流/μA									

6）以 0℃时的电流值作为温度计的起点，以 100℃的电流值作为温度计的最高点（不一定是微安表的满刻度处）。将每隔 5℃的电流值均匀刻划 10 分度做成温度计的指示标签粘贴在微安表的刻度盘上，即可做成简单的温度计。

由于 RRC6 型热敏电阻的电阻温度曲线是缓慢变化且呈非线性（参考图 2-19 中曲线 1），但温度在较小范围（5℃）内变化时，可近似为线性变化，所以能满足简单温度计的要求。

【项目评价】

项目评价标准见表 2-7。

表 2-7 项目评价标准

项目	配分	评 价 标 准	得分
知识学习	30	1. 能认识常用的几种热敏电阻 2. 懂得热敏电阻的特性 3. 懂得常用电气设备中热敏电阻测量并控制温度的原理与方法 4. 能分析基本的热敏电阻温度控制电路 5. 能设计用热敏电阻制作简易温度计的方案	
热敏电阻的选用与测量	25	1. 能根据生产现场的情况选择合适的热敏电阻 2. 能按要求测量热敏电阻在不同温度下的电阻值	
实验制作	35	1. 实验方法、步骤正确 2. 可变电阻调整符合要求 3. 读数、记录正确 4. 简易温度计刻度制作正确 5. 成功制作简易温度计	
团队协作与纪律	10	遵守纪律、团队协作好	

【思考与提高】

1. 热敏电阻按电阻温度特性可分为__________和__________。

2. 缓慢变化的热敏电阻一般适合制造__________的温度传感器，这种特性的热敏电阻主要用于__________和__________、仪表线路的温度补偿。

3. 具有突变特性的热敏电阻一般适合制造__________温度传感器，用于检测温度是否超过某一规定值，可用于__________加热控制或温度开关。

4. 举例说明热敏电阻在家用电器中的应用。

5. 在用热敏电阻制作温度计的实验中，为什么电桥电路中的电流不能太大？

6. 在用热敏电阻制作温度计的实验中，以 5℃为基本单位的刻度是均匀的吗？为什么？

7. 分析图 2-24 所示单点温度控制电路的工作原理。

项目四 双金属片及其应用

职业岗位应知应会目标

1. 了解双金属片的结构与工作原理。
2. 懂得双金属片在温度控制中的应用。
3. 能根据控制要求安装、调试双金属片温度控制器件。

任务一 认识双金属片

【任务引入】

在取暖器、微波炉、电火锅、电热式热水器等电热设备上，普遍采用双金属片温控器来实现温度调节与控制。双金属片温控器的感温和控温元件融于一体，其核心是双金属片。双金属片是由两层或两层以上具有不同热膨胀系数的金属或合金所组成的一种复合材料。当温度变化时，双金属片的曲率半径会发生相应的变化，自动地将热能转变成机械能。由于双金属片温控器的结构简单、动作可靠、价格低廉，因此广泛应用于各种与温度有关的控制器、保护器，以及温度补偿和程序控制等装置中。

【做中学】

1. 器材准备

双金属片、铁架台、酒精灯等。

2. 双金属片热特性实验

取双金属片固定在铁架台上，如图 2-25a 所示，将酒精灯的火焰对准双金属片的中部直接加热，可以看到它明显地向镍铁合金一侧（下方）弯曲。迅速用钢丝钳取下双金属片放在平面台上可以观察其弯曲程度，如图 2-25b 所示。停止加热后，随着温度降低，双金属片逐渐恢复平直。将双金属片翻转，用酒精灯烧另一侧，可以看到双金属片仍然向镍铁合金一侧（上方）弯曲。

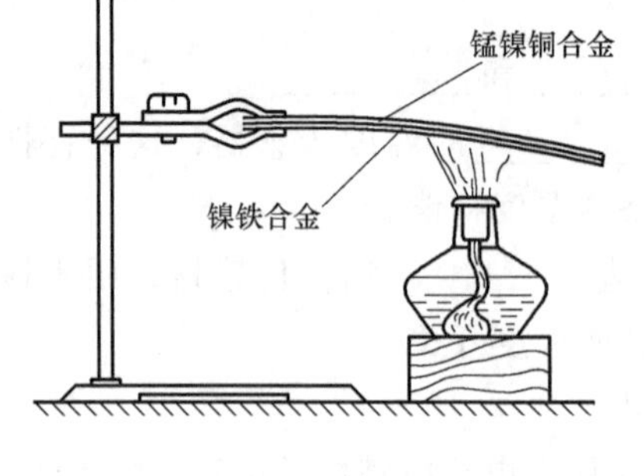

a) 双金属片加热实验

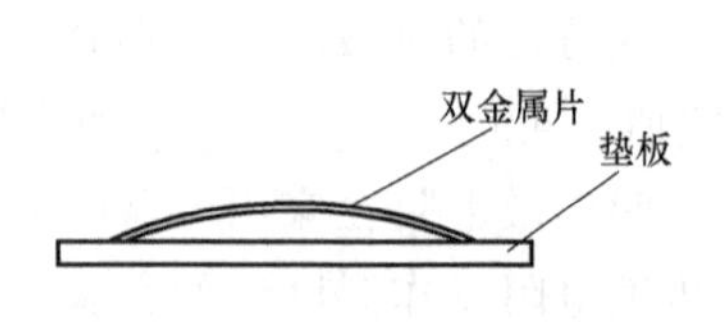

b) 观察双金属片弯曲程度

图 2-25 双金属片热特性实验

通过实验可知，当温度升高时，双金属片中膨胀系数大的金属片（如锰镍铜合金片）的伸长量大，致使整个双金属片向膨胀系数小的金属片的一面弯曲。温度越高，弯曲程度越大。

通常，将双金属片中膨胀系数小的一层称为被动层，如实验中下层的镍铁合金片。将膨胀系数大的一层称为主动层。

【知识学习】

生产实践中，常将双金属片制作成双金属片温度控制器的感温元件。

1. 双金属片温度计

双金属片的弯曲程度与温度的高低有对应的关系，从而可用双金属片的弯曲程度来指示温度。双金属片温度计是自动连续记录温度变化的仪器，其感应元件由膨胀系数相差较大而弹性模量相近的两块金属片（常用的有殷钢和无磁钢）焊接而成。这种双金属片随温度的变形率接近线性，所以可用来测温。

2. 双金属片温度继电器

双金属片受热时，会因为伸长不一样而发生弯曲变形，利用这种变形特性可使开关接通或断开。双金属片常用镍铁合金和黄铜来制作，并要求具有良好的弹性，以保证温度控制的准确度和重复使用性。图 2-26 所示是双金属片温度继电器的结构示意图。图 2-26a 所示是一个封装起来的双金属片温度继电器，它由双金属片、可动触点、固定触点、玻璃壳及引线等组成。当双金属片所感受的温度达到预定的控制温度时，它便会产生形变，从而使可动触点与固定触点断开，起到温控开关的作用。图 2-26b 所示的温度继电器由双金属片、推杆、触点开关及外壳等组成。平时继电器的触点处于常闭状态，当双金属片所感受的温度达到预定的控制温度时，双金属片在温度的作用下所产生的形变达到压迫推杆向下运动的程度，使常闭触点断开，起到温控开关的作用。

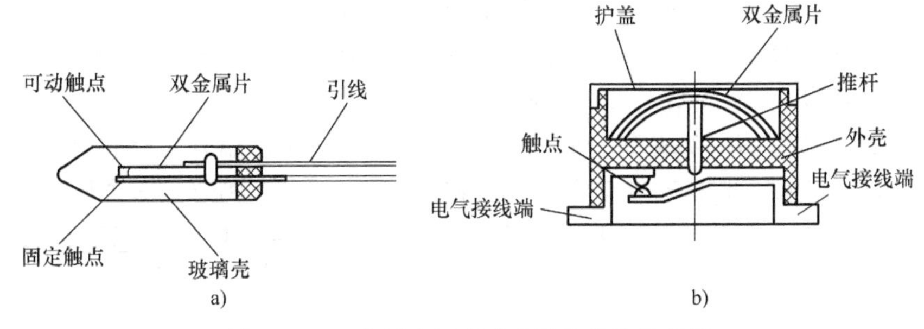

图 2-26　双金属片温度继电器的结构示意图

温度继电器又称温控器，主要用于需要自动控制温度的场合，在饮水机、电热开水瓶、家用暖水袋、热水器、微波炉、电烤箱、洗碗机、电熨斗、烘干机等家用电器上均得到了广泛的应用。除了用于自动温度控制外，温控器还可以用来作为热过载保护器件使用，在工业电子设备中得到了应用。

任务二　利用双金属片制作水开音乐报警器

【任务引入】

饮用反复煮沸的水对身体是有害的。如果水刚刚烧开时，能及时告诉用户，既能节约能

源，又有益身体健康。本任务是用双金属片制作一个水烧开的音乐报警器，当水烧开时能奏出一首动听的乐曲。

【技能训练】

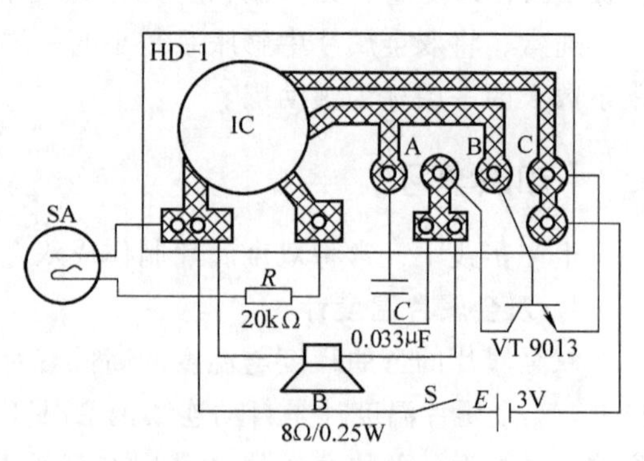

图 2-27　水开音乐报警器电路

图 2-27 所示为水开音乐报警器电路，其核心器件是音乐集成块 IC 和双金属片，电路所用的材料易购易找，制作简单，使用方便，很适合家庭使用。

1. 工作原理分析

图 2-27 中感温开关 SA 是双金属片，它的动触点受热时展开，当温度上升到一定值（如 100℃）时，动触点与静触点接触，音乐集成块 IC 被触发，扬声器 B 便发出乐曲。

2. 器材准备

主要使用的器材见表 2-8。

表 2-8　主要器材

名称	代号	型号与规格	数量	名称	代号	型号与规格	数量
电阻	R	20kΩ	1	电容	C	0.033μF	1
晶体管	VT	9013 型	1	扬声器	B	8Ω/0.25W	1
音乐集成块	IC	HD-1(或其他)	1	万用表		DT-890	1
电源开关	S	按键或钮子开关	1	感温开关 SA 用荧光灯辉光启动器制作			

3. 制作与安装

1）感温开关的制作。将荧光灯辉光启动器的玻璃外壳打碎（注意安全）后取出动、静触点。将它插入刚刚烧沸的开水中，用镊子调整动、静触点使两者刚好接触（用万用表 $R\times1$ 挡测试），然后取出吹干或烘干。找一根废旧电视机或收录机的拉杆天线，将它全部拉出后，用钳子把第一节管的根部夹断，取出完整的第二节管作感温开关管（用其他金属薄管亦可）。找三个橡胶塞，把辉光启动器的动、静触点安装固定在管内（要密封），就构成了一个感温开关，如图 2-28 所示。

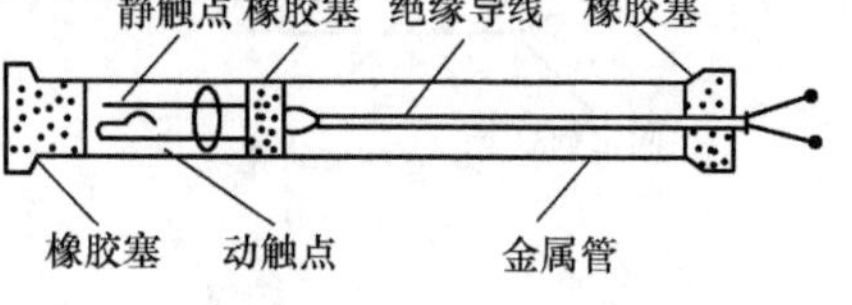

图 2-28　感温开关管结构图

2）安装方法。取一只废旧门铃或袖珍收音机的外壳（或其他外壳），将电路板、扬声器安装固定在其内部。感温开关管的一端插入并固定在外壳内，另一端（安装触点的一端）伸出外面待插入壶嘴内。

4. 使用方法

烧开水时，将感温管插入壶嘴内（入水部分不少于 70mm）即可，不用时要放在通风干燥的地方。该电路静态时耗电很少，动态时功率约为 80mW。

【项目评价】

项目评价标准见表 2-9。

表 2-9 项目评价标准

项目		配分	评价标准	得分
新知识学习		20	1. 懂得双金属片的结构与工作原理 2. 会分析双金属片温度控制电路	
实验制作	电路制作	35	1. 能按电路图正确制作印制电路板 2. 元器件安装正确 3. 元器件焊接符合要求	
	感温开关制作	25	1. 制作的感温开关管不漏水,无短路 2. 感温开关管触点调整合适	
使用试验		15	使用试验方法得当,会调整感温开关管触点	
团队协作与纪律		5	遵守纪律、团队协作好	

【思考与提高】

1. 双金属片是将__________差别比较大的两种金属焊接在一起构成的，一端固定、另一端自由。

2. 双金属片温控器的__________和控温元件融于一体，使用方便。

3. 双金属片的工作原理是什么?

4. 双金属片的应用场合有哪些?

应知应会要点归纳

温度是描述物体冷热程度的物理量。通过本模块的学习，我们对常用温度传感器的工作原理和在工程实践中的应用已经有了基本的认识，能在生产现场进行安装、调试。

1）金属导体电阻的阻值随温度的变化而变化，热电阻就是利用金属的这一特性制成的。目前应用最多的是铂（Pt）、铜（Cu）、镍（Ni）金属热电阻。热电阻常用于中、低温度的检测。

热电阻可按使用材料和结构分类。按使用材料可分为铂、铜、镍、锰、铑热电阻等，用同一材料制作的热电阻又有不同分度号的区别，如 Cu50 代表 0℃时电阻值为 50Ω 的铜热电阻。按结构可分为普通型、铠装型、端面型和防爆型热电阻。

为了消除输入引线电阻的影响，提高测量精度，热电阻与仪表连接都采用三线制或四线制。工业过程控制中常用三线制接法测量温度，要求热电阻的三条输入接线必须等径、等长度，保证每条输入引线的电阻值相同。

2）将两种相互具有一定热电特性的材料一端焊接起来，另一端连接成回路，就构成一个热电偶。焊接端称为工作端或热端，置于被测温度部位，另一端称为自由端或冷端，对外输出电动势。热电偶产生的热电动势与两端的温度有关，只有将冷端的温度恒定，热电动势才能准确地反映热端温度。实际应用中热电偶的冷端温度是不可能恒定不变的，通常采用补偿或修正的方法，工厂环境下多采用仪表机械零点调整法和冷端补偿法。

热电偶主要用来测量高温，可测量上千度的高温，这是其他温度传感器无法替代的。热电偶与 SWP-TC 型温度变送器连接如图 2-15 所示。

按构成材料的不同，热电偶可区分为不同的分度号，国内常用的热电偶有 K、E、S 和

B 型（分度号）。

3）热敏电阻是一种能测量温度（电阻值随温度变化）并能进行温度控制的特殊电阻。它分为负温度系数（NTC）热敏电阻和正温度系数（PTC）热敏电阻两大类。

有的 NTC 热敏电阻当温度达到某临界值时，其电阻值发生急剧的转变，如可从几十千欧剧变为几欧姆，这种热敏电阻可做无触点开关，简称为 CTR。

具有突变特性的 PTC 热敏电阻一般适合制造开关型温度传感器，用于检测温度是否超过某一规定值，当温度超过规定值时，电阻急剧变大，电流急剧减小，相当于被控电路断开。这类 PTC 热敏电阻一般在冰箱压缩机起动电路、彩色显像管消磁电路、电动机过电流过热保护电路、限流电路及恒温电加热电路中作为开关使用。

PTC 和 CTR 热敏电阻常用于检测温度是否超过某一规定值并控制相关电路。

有的热敏电阻的阻值随温度变化缓慢，几乎呈线性变化，温度范围比较宽，这种特性的热敏电阻可用于测量温度和温度补偿。

4）双金属片是将两种膨胀系数差别比较大的金属焊接在一起形成的双层金属片，当温度升高时双金属片向膨胀系数小的金属片一面弯曲。温度越高，弯曲程度越大，这种弯曲可以压迫推杆机构运动，使得触点断开，起到温控开关的作用，这就是双金属片温控器的工作原理。

双金属片温控器的核心是双金属片，它将感温和控温元件融于一体，广泛应用于各种与温度有关的控制器、保护器。取暖器、微波炉、电火锅、电热式热水器等电热设备普遍采用双金属片温控器进行调温、控温。

阅读材料二 PN 结温度传感器

PN 结温度传感器是利用半导体 PN 结的结电压随温度变化而变化来实现温度与电压转换的。图 2-29 为国产 S700 系列 PN 结温度传感器的外形。

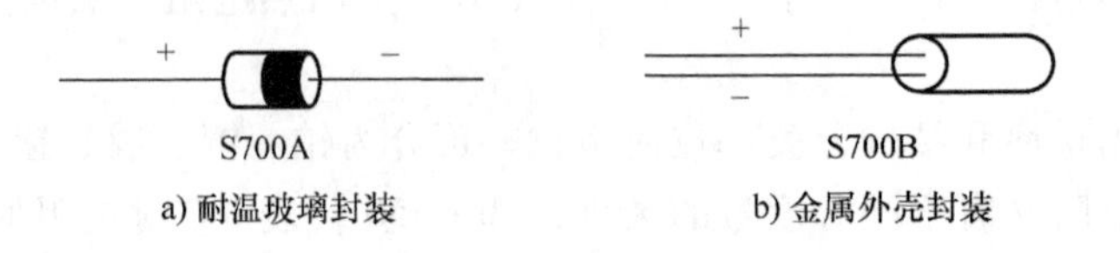

图 2-29 国产 S700 系列 PN 结温度传感器的外形

国产 S700 系列 PN 结温度传感器具有良好的温度电压线性关系，互换性好、性能稳定、体积小、响应快，常用于火灾报警器中。

二极管或晶体管的 PN 结结电压随温度而变化，例如，硅管的 PN 结的结电压在温度每升高 1℃时，下降 2mV。利用这种特性，一般可以直接采用二极管（如玻璃封装的开关二极管 1N4148）或将硅晶体管（可将集电极和基极短接）接成二极管来做 PN 结温度传感器，它在常温范围内兼有热电偶、铂热电阻和热敏电阻各自的优点。同时它克服了这些传统测温器件的某些固有缺陷，是自动控制和仪器仪表工业不可缺少的基础元器件之一，在 −50～200℃温区内有着极其广泛的用途，特别在温室大棚、水产养殖、医疗器械、家电等领域被广泛地应用。

二极管或晶体管的 PN 结温度传感器有较好的线性，热时间常数为 0.2～2s，灵敏度高。

但同型号的二极管或晶体管的特性不完全相同，因此它们的互换性较差。图 2-30 为 PN 结温度传感器应用电路。

如图 2-30 所示的 PN 结温度传感器应用电路，测温范围为-50~150℃，分辨率为 0.1℃，在 0~100℃范围内精度可达±1℃。图中的 R_1、R_2、VD、RP_1 组成测温电桥，其输出信号接差动放大器 A_1，经放大后的信号输入 0~±2.000V 数字式电压表（DVM）显示，放大后的灵敏度为 10mV/℃。A_2 接成电压跟随器，与 RP_2 配合可调节放大器 A_1 的增益。

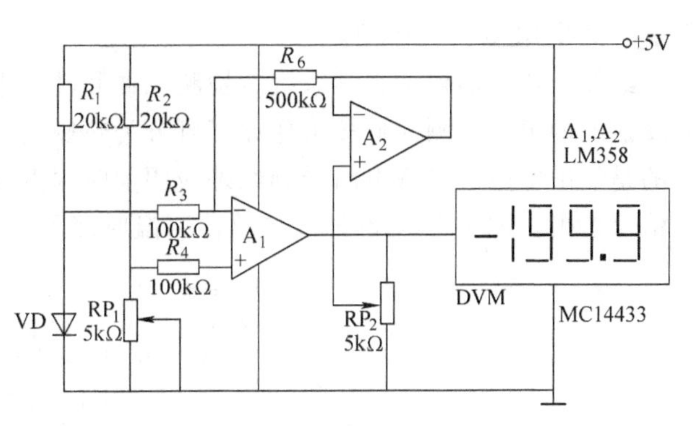

图 2-30　PN 结温度传感器应用电路

通过 PN 结温度传感器的工作电流不能过大，以免二极管自身的温升影响测量精度，一般工作电流为 100~300mA。采用恒流源作为传感器的工作电流较为复杂，一般采用恒压源供电，但必须有较好的稳压精度。

精确的电路调整非常重要，可以采用广口瓶装入碎冰渣（带水）作为 0℃的标准，采用恒温水槽或油槽及标准温度计作为 100℃或其他温度的标准。在没有恒水槽时，可用沸水作为 100℃的标准（由于各地的气压不同，其沸点不一定是 100℃，可用 0~100℃的水银温度计来校准）。将 PN 结温度传感器插入碎冰渣广口瓶中，等温度平衡，调整 RP_1，使 DVM 显示为 0V；将 PN 结温度传感器插入沸水中（设沸水温度为 100℃），调整 RP_2，使 DVM 显示为 100.0V。若沸水温度不是 100℃，可按照水银温度计上的读数调整 RP_2，使 DVM 的显示值与水银温度计的数值相等。再将传感器插入 0℃环境中，等平衡后看显示是否仍为 0V，必要时再调整 RP_1 使之为 0V，然后再插入沸水，看是否与水银温度计计数相等，经过几次反复调整即可。图 2-30 中的 DVM 是通用 3 位半数字电压表模块（MC14433），可以装入仪表及控制系统中作显示器。

阅读材料三　红外线传感器

把红外线辐射转换成电量的装置，称为红外线传感器。红外线传感器主要是利用被测物体热辐射而发出红外线的特性测量物体的温度，可进行遥测，其制造成本较高。红外线传感器的优点是不从被测物体上吸收热量、不会干扰被测对象的温度场、连续测量不会产生消耗、反应快等。

红外线传感器主要分为光电型和热敏型。光电型红外线传感器是利用红外线辐射的光电效应制成的，其核心器件是光敏元件，这类传感器主要有红外线二极管、晶体管等。热敏型主要为红外线温度传感器，它是利用红外线辐射的热效应制成的，其核心是热敏元件。热敏元件吸收红外线的辐射能后温度升高，其相关物理参数发生变化，通过测量这些变化的参数即可确定吸收的红外线辐射，从而测出物体当时的温度。在热敏元件温度升高的过程中，不管什么波长的红外线，只要功率相同，其加热效果也是相同的，假如热敏元件对各种波长的红外线都能全部吸收的话，那么热敏型红外线传感器对各种波长基本上都具有相同的响应。热敏型红外传感器的种类主要分四类：热释电型、热敏电阻型、热电阻型和气体型。

红外线传感器包括光学系统、检测元件和转换电路。光学系统按结构不同可分为透射式和反射式两类。检测元件按工作原理可分为热敏检测元件和光敏检测元件。热敏元件应用最多的是热敏电阻。热敏电阻受到红外线辐射时温度升高，电阻发生变化，通过转换电路变成电信号输出。图 2-31 为红外线传感器测温原理图。

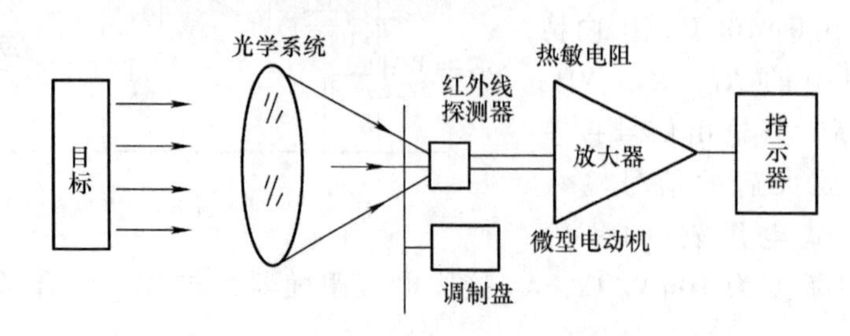

图 2-31　红外线传感器测温原理图

1. 红外线测温仪

自然界一切温度高于绝对零度（-273.15℃）的物体，都会发出不同波长的红外线，红外线辐射的物理本质是热辐射，一个物体向外辐射的能量大部分是通过红外线辐射出来的，物体温度越高，辐射出来的红外线越多，辐射能量就越强。红外线测温仪就是基于以上原理实现测量温度的。图 2-32 是红外线传感器测温仪的实物。

红外线测温仪一般用于探测目标的红外辐射和测定其辐射强度，确定目标的温度。它采用滤光片可分离出所需波段，因而该仪器能工作在任意红外波段，既可用于高温测量，又可用于冰点以下的温度测量。市售的红外线测温仪的测量范围为-30～3000℃。图 2-33 是用红外线测温仪检测电器开关的触点温度。

图 2-32　红外线传感器测温仪的实物

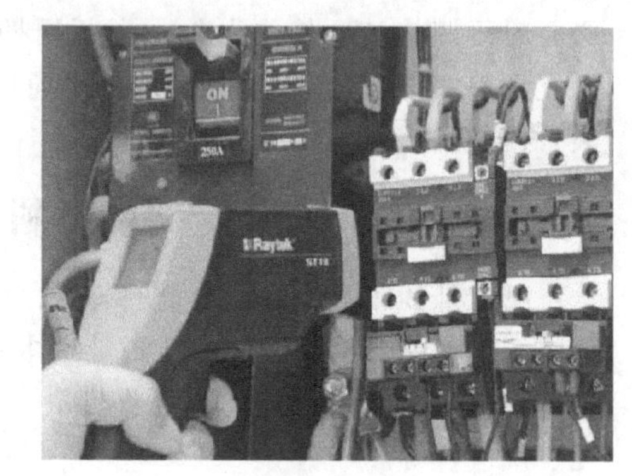

图 2-33　红外线测温仪检测电器开关的触点温度

2. 用红外线测温仪测体温

人体主要辐射的红外线波长为 9～10μm，通过测量人体自身辐射的红外线能量，就能准确地测定人的体温，且测试速度快，1s 内可测试完毕。图 2-34 是 HL-SB-201 悬挂式红外线测温仪，可快速检测行人的体温。它由红外线传感器和显示报警系统两部分组成，二者通过专用电缆连接。安装时将红外线传感器用支架固定在通道或大门上方，在监视室安置显示报警系统。当行人通过时，测温仪的光学组件将人体额头发射和反射的能量汇集到传感器上进行检测。一旦受测者体温超过 38℃，测温仪的红灯就会闪亮，同时发出蜂鸣声提醒检查人员。红外线测温仪可在人流量较大的公共场所为控制病毒的扩散和传播提供快速的非接触检测手段，广泛用于机场、海关、车站、学校等人流量较大的公共场所，可实现对体温超过 38℃的人员进行有效筛选。

图 2-34 HL-SB-201 悬挂式红外线测温仪

红外线传感器在现代化的生产实践中发挥着它的巨大作用，随着探测设备的不断改进和其他技术的不断提高，红外线传感器能够拥有更高的性能和更好的灵敏度。

阅读材料四 集成温度传感器

集成温度传感器是将热敏元件及其电路集成在同一芯片上构成的。这种传感器最大的优点是直接给出正比于绝对温度的理想线性输出，且体积小、响应快、测量准确度高、稳定性好、校准方便、成本低廉。

集成温度传感器常分为模拟式和数字式，模拟式又分为电压型和电流型。

电压型集成温度传感器的特点：直接输出电压，输出电压只随温度变化，且输出阻抗低，易于和控制电路连接，如 LM34、LM35、LM135、LM235、LM335 等（为三线制接法）。

电流型集成温度传感器的特点：输出电流只随温度变化，准确度更高，其中典型代表是 AD590，温度系数约为 1μA/K，适合远距离传输而无衰减，如 AD590、AD592、LM134、LM234 等（为两线制接法）。

1. LM35 集成温度传感器

LM35 为电压型集成温度传感器，其准确度一般为±0.5℃。由于其输出为电压，线性极好，所以只要配上电压源、数字式电压表就可以构成一个精密数字测温系统。输出电压的温度系数 $K_u=10.0\text{mV/℃}$，被测温度 T 为（单位为℃）

$$T=U_o/10\text{mV}$$

LM35 电压型集成温度传感器的引脚及应用电路如图 2-35 所示，U_o 为输出端，实验时只要直接测量其输出端电压，即可知待测物的温度。

2. AD590 集成温度传感器

AD590 为电流型集成温度传感器，其工作电压范围宽，在 5~30V 范围内都能正常工作，输出电流与温度成正比，线性度极好，测量温度适用范围为-55~150℃，灵敏度为 1μA/K。AD590 是一种两端器件，具有使用方便、抗干扰能力强、准确度高、动态电阻大、响应速度快等特点，广泛用于高精度温度计和温度计量等方面。AD590 的外形与引脚如图 2-36 所示。AD590 等效于一个高阻抗的恒流源，其输出阻抗大于 10MΩ，能大大减小因电源电压波动而产生的测温误差。AD590 的电流-温度特性曲线如图 2-37 所示。AD590 的输出电流表达式为

$$I=AT+B$$

式中 A——灵敏度（1μA/K）；

B——0K 时的输出电流。

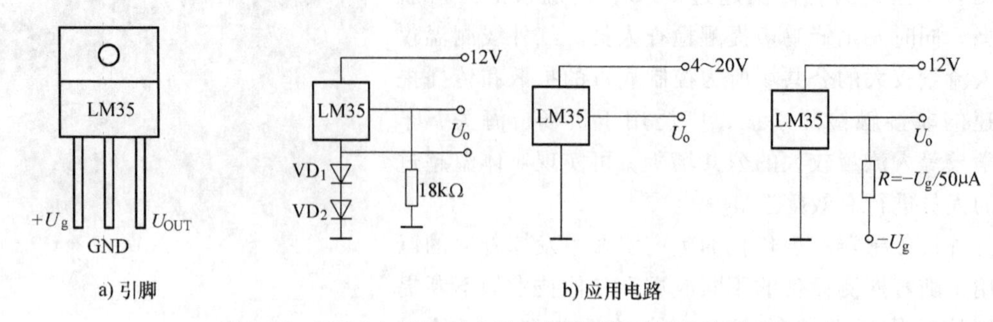

图 2-35　LM35 电压型集成温度传感器的引脚及应用电路

AD590 是以热力学温度（用 T 表示，单位为 K）定标，如需转换为摄氏温标（用 t 表示单位为℃），其关系式为

$$t=T+273.15$$

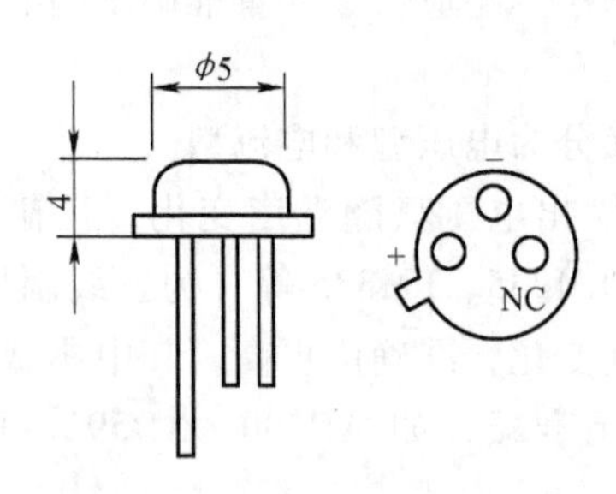

图 2-36　AD590 的外形与引脚

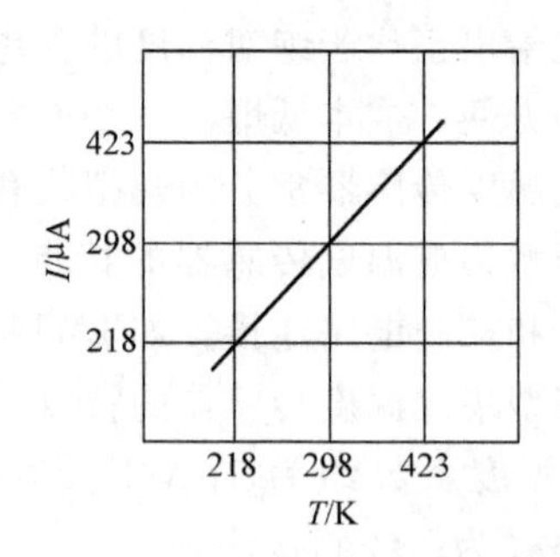

图 2-37　AD590 电流-温度特性曲线

AD590 的输出电流是以绝对温度零度（−273.15℃）为基准，每增加 1℃，输出电流增加 1μA，因此，室温（25℃）的输出电流 $I=(273.15+25)\mu A=298.15\mu A$。

（1）AD590 基本测量电路如图 2-38 所示。

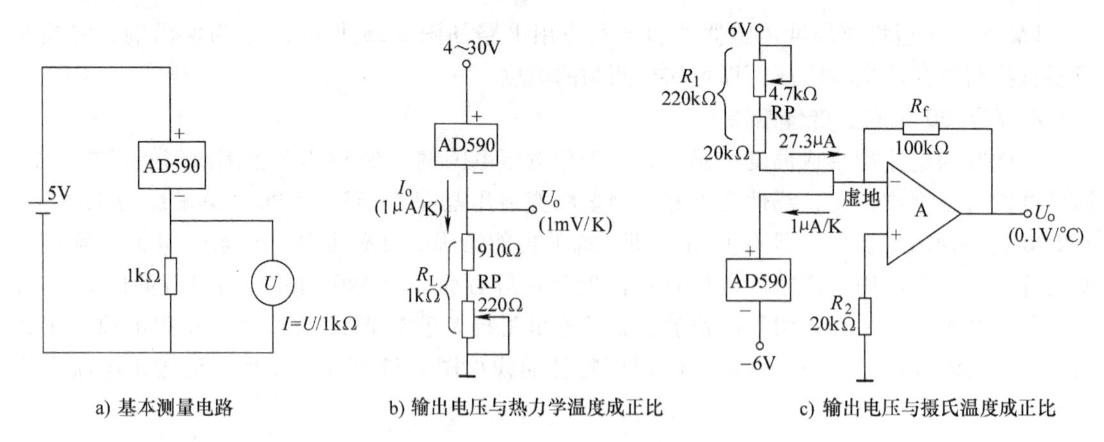

图 2-38　AD590 基本测量电路

（2）以 AD590 为核心组成的典型单点温度测量电路如图 2-39 所示。

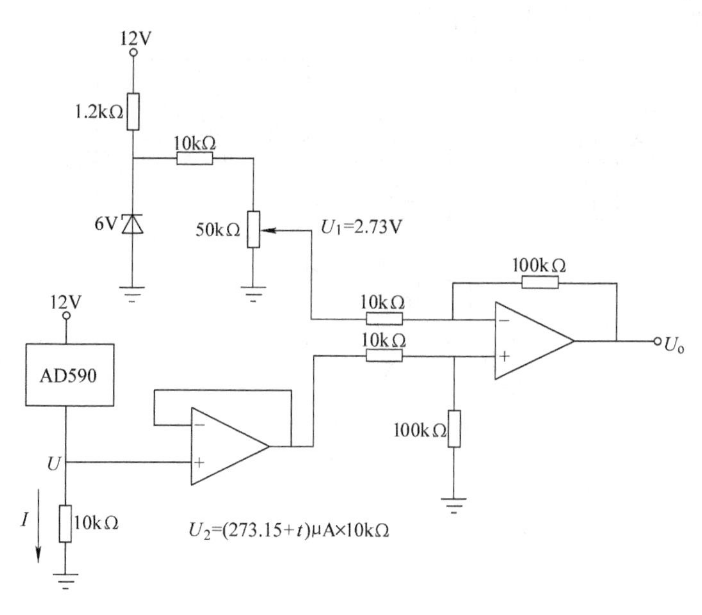

图 2-39　以 AD590 为核心组成的典型单点温度测量电路

下面对单点温度测量电路的原理进行分析：

1）AD590 的输出电流 $I=(273.15+t)\mu A$（t 为摄氏温度），测量的电压 U 为 $U=(273.15+t)\mu A\times10k\Omega=(2.7315+t/100)V$。为了提高测量的准确性，使用了电压跟随器，$U_2=U$。

2）该电路使用齐纳二极管作为稳压器件，利用可变电阻分压，其输出电压 U_1 需调整至 2.7315V。

3）差动放大器输出电压 U_o 为

$$U_o=(100/10)\times(U_2-U_1)=T/10$$

如果温度为 25℃，输出电压为 2.5V，输出电压接 A-D 转换器，则 A-D 转换输出的数字量就和摄氏温度呈线性比例关系。

（3）N 点最低温度值的测量。将 N 个不同测温点上的数个 AD590 串联，可测出所有测量点上的温度最低值。该方法可应用于测量多点最低温度的场合。

（4）N 点温度平均值的测量。把 N 个 AD590 并联起来，将电流求和后取平均值，则可求出平均温度。该方法适用于需要多点平均温度但不需要各点具体温度的场合。

（5）两点温差测量。利用两个 AD590 测量两点温差的电路如图 2-40 所示。

图中电位器 R_1 用于调零，R_4 为反馈电阻，用于调整 LF355 运算放大器的增益。若两处 AD590 的温度分别为 t_1 和 t_2（单位均为℃），则输出电压

$$U_o=(t_1-t_2)\times100mV/℃$$

使用时的调整方法如下：在 0℃ 时调整 R_1，使输出 $U_o=0$，然后在 100℃ 时调整 R_4 使 $U_o=100mV$。如此反复调整多次，直至 0℃ 时 $U_o=0mV$，100℃ 时 $U_o=100mV$ 为止；最后在室温下进行校验。例如，若室温为 25℃，那么 U_o 应为 25mV。可认为冰水混合物的温度是 0℃，沸水的温度为 100℃。

利用 AD590 测量热力学温度、摄氏温度、两点温度差、多点最低温度和多点平均温度的电路，广泛应用于不同的温度控制场合。由于 AD590 精度高、价格低、不需辅助电源、

线性好，常用于测温和热电偶的冷端补偿。

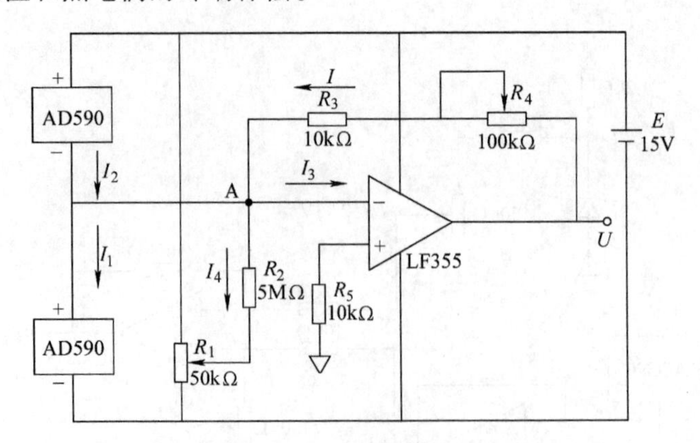

图 2-40　利用两个 AD590 测量两点温差的电路

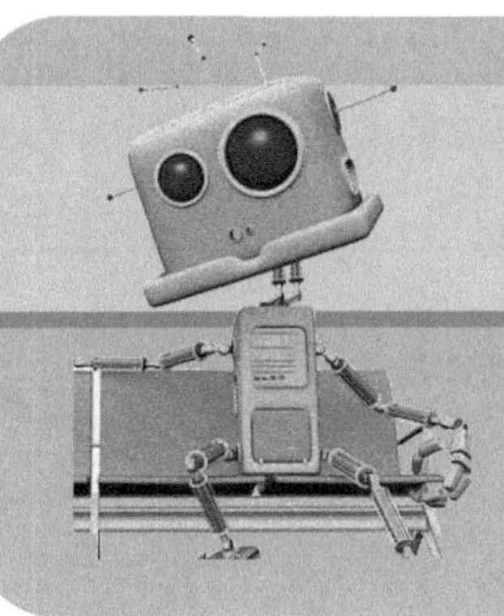

模块三 气体成分和湿度的测量

环境检测除温度外，常常还需要对湿度和气体成分等环境量进行检测。例如，环境监测人员利用气敏传感器检查汽车尾气排放是否超标，如图 3-1 所示；交警利用酒精气体传感器检查驾驶员是否酒后驾车，如图 3-2 所示；气象工作人员对湿度、温度、风速等环境数据进行采集，准确分析、预报天气情况，如图 3-3 所示。

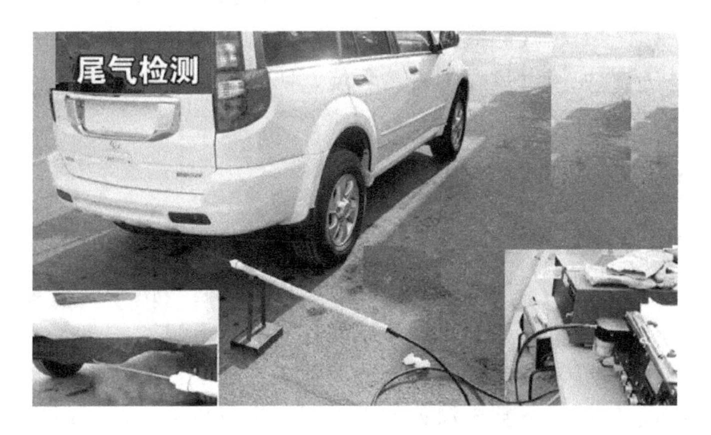

图 3-1 汽车尾气排放检测

图 3-2 检测驾驶员是否酒后驾车

图 3-3 气象监测中的湿度传感器

项目一　酒精的检测

职业岗位应知应会目标

1. 懂得气敏传感器的工作原理和特性，了解气敏传感器的结构。
2. 会检测、测试气敏传感器的好坏与质量。
3. 能根据检测对象选择合适的气敏传感器。
4. 能安装、调试气敏传感器与烟雾传感器。

任务一　认识气敏传感器

【任务引入】

在工农业生产、科学研究及人们生活中经常会遇到各种气体。这些气体有易燃、易爆的，如氢气、煤矿瓦斯、天然气、液化石油气等；有对人体有害的，如一氧化碳、氨气等。为了生产、生活和保护人类赖以生存的自然环境，防止发生不幸事故，需要对各种有害、易燃、易爆气体在环境中存在的情况进行有效监控。

【知识学习】

1. 气敏传感器及其用途

气敏传感器是一种能检测特定气体的成分、浓度并把它转换成电阻变化量，经测量电路再转换为电流、电压信号的传感器，它的传感元件是气敏电阻。

气敏传感器主要用于气体的微量检漏、浓度检测或超限报警。例如，利用气敏传感器制成煤气报警器，可对居室或地下数米深处的管道漏点进行检漏；还可制成酒精检测仪，严查酒后驾车。目前，气敏传感器已广泛用于石油、化工、电力、家居等各种领域进行检测、监控、报警，还可以通过接口电路与计算机组成自动检测、控制和报警系统。

气敏传感器主要检测对象及其应用场合见表3-1。

表3-1　气敏传感器主要检测对象及其应用场合

分类	检测对象	应用场合
易燃易爆气体	液化石油气、煤气、天然气	家庭
	甲烷	煤矿
	氢气	冶金、实验室
有毒气体	一氧化碳(不完全燃烧的煤气)	石油工业、制药厂
	卤素、卤化物和氨气等	冶炼厂、化肥厂
	硫化氢、含硫的有机化合物	石油工业、制药厂
环境气体	氧气(缺氧)	地下工程、家庭
	水蒸气(调节湿度,防止结露)	电子设备、汽车和室温等
	大气污染(含硫的有机化合物等)	工业区

（续）

分类	检测对象	应用场合
工业气体	燃烧过程气体控制，调节燃空比	内燃机、锅炉
	一氧化碳（防止不完全燃烧）	内燃机、冶炼厂
其他用途	烟雾、驾驶员呼出的酒精	火灾预报、事故预报

2. 气敏传感器的结构

观察实验室气敏传感器的结构。图 3-4 是几种常用气敏传感器及用气敏传感器制成的甲醇泄漏检测仪。

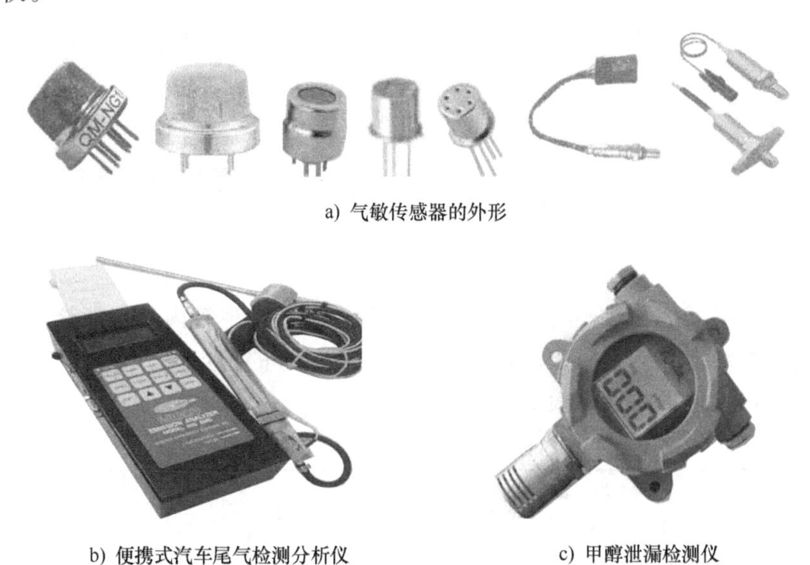

a) 气敏传感器的外形

b) 便携式汽车尾气检测分析仪

c) 甲醇泄漏检测仪

图 3-4　常用气敏传感器及其制品

气敏传感器中应用最多、技术最成熟的是烧结型传感器。一般在 SnO_2、ZnO_2 或 Fe_2O_3 等金属氧化物粉末（1μm 以下）中加入少量触媒剂、添加剂，经研磨后混入均匀的膏状物滴入模具内，再埋入加热丝及电极，高温烧结数小时，即可得到多孔状的气敏元件的芯体，将其引线焊接在管座上，并罩上不锈钢网即可制成烧结型传感器。

3. 气敏传感器的工作特性和分类

气敏传感器遇到氢气、一氧化碳、碳氢化合物等还原性可燃性气体时，其电阻减小；遇到氧气等氧化性气体时，其电阻增大。检测前，气敏传感器原已吸附氧，所以对可燃性气体更敏感。气敏传感器工作时必须加热，其目的是加速气体的吸附与脱出，烧去气敏元件的油垢、污物，起到清洗作用。同时，可通过温度控制来对检测气体进行选择。加热温度一般控制在 200～400℃ 范围内。

气敏传感器按照加热方式可分为直热式和间（旁）热式两种，其结构和符号如图 3-5、图 3-6 所示。

直热式气敏传感器的加热丝兼做电极，它的结构简单、成本低、功耗小；但热容量小，易受环境气流影响；因加热丝热胀冷缩，易使之与材料接触不良。在测量电路中，信号电路和加热电路会产生相互干扰。

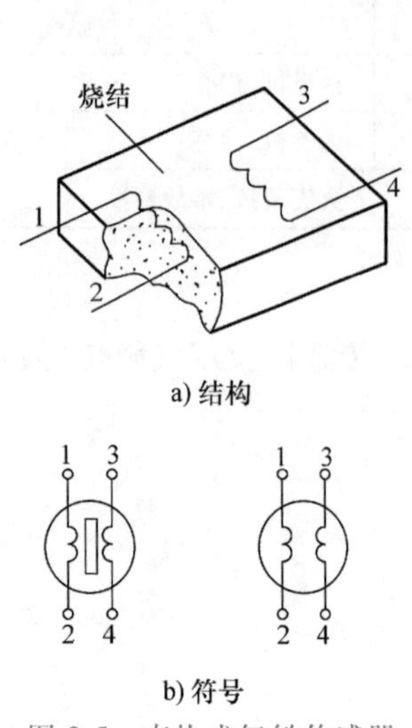

图 3-5　直热式气敏传感器

1-2、3-4—加热丝兼电极

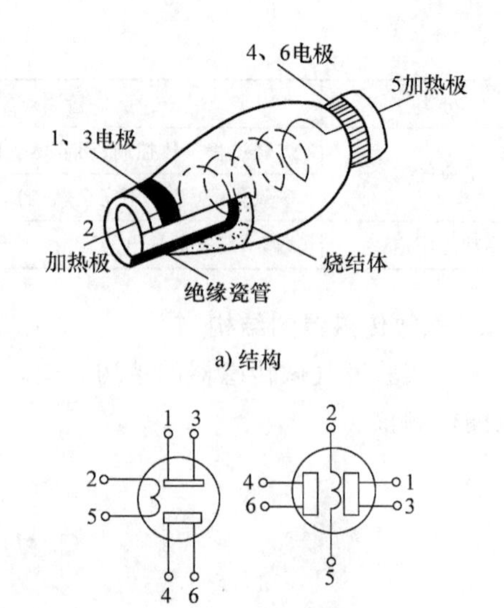

图 3-6　间热式气敏传感器

间热式气敏传感器的加热丝与电极分开，加热丝插入陶瓷管内，管外壁上涂制梳状金电极，最外层则为烧结体。它克服了直热式的缺点，有较好的稳定性。

部分国产气敏元件的特性见表 3-2。

表 3-2　部分国产气敏元件的特性

型号	适用气体	加热回路		测量电压/V	灵敏度	响应时间/s	恢复时间/s	预热时间/min
		电流/A	电压/V					
HQ-5	一氧化碳		2~5	10	≥5	<10	<30	<10
HQ-2	石油、酒精、甲烷、乙炔等可燃易爆气体		5	5~15		<10	<120	
QN-06		0.6	1.5	6	>5	<20	<20	10
QN-03A		0.36	2.5					
QN-02		0.28	2					
QN-01B		0.16	3					
MQ11	天然气、煤气、液化石油气、乙醚、氟利昂、氢气、汽油、煤油等	0.35		9	>3	≤5	≤30	5~10
MQ-3	酒精		5	5	≥5	<10	<40	5~10

4. 气敏传感器的应用

（1）矿井瓦斯超限报警器。

1）电路组成及作用。图 3-7 为矿井瓦斯超限报警器，QM-N5 为旁热式气敏传感器，它和 R_1、RP 组成瓦斯气体检测电路；晶闸管 VTH 作为无触点电子开关。LC179 是模拟三种不同报警声的专用集成电路，为双列 8 脚直插式塑料硬封装，其中第 1、2 脚为外接振荡电阻器端，用来改变发声音调；第 3 脚为负电源端；第 4 脚为音频输出端；第 5 脚为正电源

端；第 6、7 脚为空脚端；第 8 脚为选声端。当 8 脚悬空时，可产生模拟警车电笛声；当它接电源正极时，可产生模拟消防车电笛声；当它接电源负极时，可产生模拟救护车电笛声。LC179 的主要参数：工作电压范围为 3～4.5V，工作电流小于 150mA，最大输出电流可达 150mA，工作温度范围为−10～60℃。

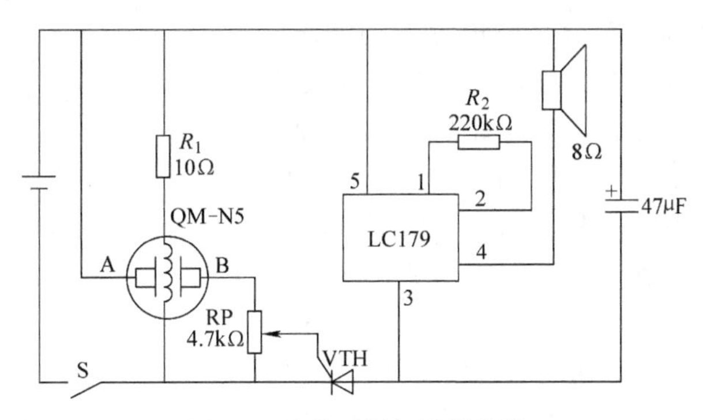

图 3-7　矿井瓦斯超限报警器

2）工作原理。当无瓦斯或瓦斯浓度很低时，QM-N5 的 A、B 极间电阻很大，电位器 RP 的滑动触点电压小于 0.7V，VTH 不被触发，警笛声电路无电源，不发声；当瓦斯气体超过安全标准时，A、B 极间电阻迅速减小，当 RP 的滑动触点电压大于 0.7V 时，VTH 被触发导通，警笛声电路得电，发出报警声。

（2）有害气体报警电路。图 3-8 所示为有害气体报警电路，晶体管 VT 采用高增益的达林顿晶体管 U850。在纯净的空气中，由于气敏传感器 A、B 极间的内阻较大，此时 B 点为低电位，VT 不导通，KD9561 无工作电流，不报警。在传感器接触到有害可燃气体后，A、B 极间电阻变小，B 点电位升高并向电容 C_2 充电，当充电电位达到 U850 的导通电位（约 1.4V）时，VT 导通，驱动报警器 KD9561 报警。一旦有害气体浓度降低，使 B 点电位低于 1.4V，VT 截止，报警解除。

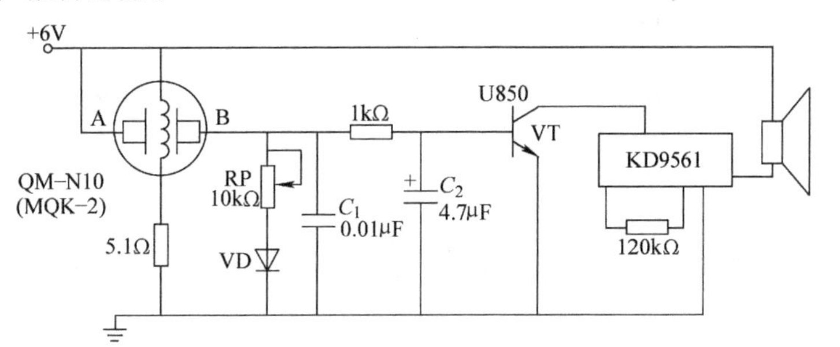

图 3-8　有害气体报警电路

【技能训练】

生产、使用气敏传感器必须对其进行检测，气敏传感器的检测方法有电阻测试法和电压测试法两种。

1. 器材准备

MQ-3 型气敏传感器，0～25V 交直流稳压电源，DT-890 型数字万用表。

2. 气敏传感器的检测

1）电阻测试法。主要用于使用维护时粗测气敏传感器的好坏，如图 3-9 所示。图中 MQ-3 型气敏传感器有 6 只针状引脚，其中 4 只用于信号输出（图中已分别并联为 A、B），另两只用于提供加热电流。检测 MQ-3 型气敏传感器的好坏，可用数字万用表测量 MQ-3 的电阻。当电源开关 S 断开时，传感器没有驱动电流（即加热电流），A、B 之间电阻大于 20MΩ；当开关 S 闭合时，器件内的微加热丝 f-f 得电发热（第一次需要预热 10min 左右）。此时若将盛有酒精的小瓶瓶口靠近传感器，可以看到电阻值立即由 20MΩ 以上降到 0.5～1MΩ。移开小瓶 20～40s 后，A、B 间电阻又恢复至大于 20MΩ 的状态。

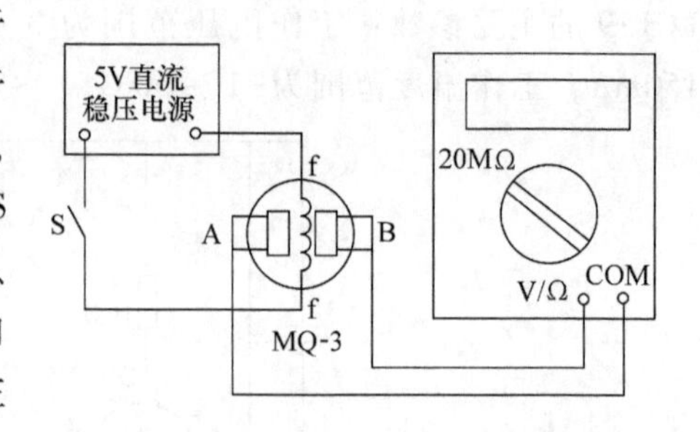

图 3-9 电阻法检测气敏传感器

2）电压测试法。主要用于测试气敏传感器的工作特性，电路如图 3-10 所示。

在图 3-10 中，U_H 给气敏元件加热，电源 U_C 及气敏元件、负载电阻 R_L 组成测试回路。负载电阻 R_L 兼取样电阻。由测量回路可知气敏元件的电阻 R_S 为

$$R_S=\frac{U_C}{U_L}R_L-R_L$$

测量 R_L 上的电压即可测得气敏元件电阻 R_S。

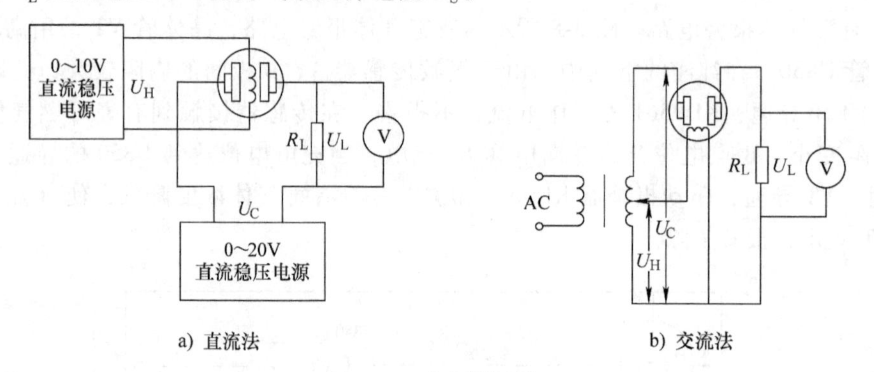

a) 直流法

b) 交流法

图 3-10 电压测试法

任务二 简易酒精测试器的安装与调试

【任务引入】

严禁酒后驾车是驾驶员应该遵守的规章制度，也是我们每个公民珍爱生命、保护人民财产应有的公德。本任务介绍检测驾驶员是否饮酒的简易测试器的安装与调试。

【技能训练】

1. 器材准备

主要使用的器材见表 3-3。

表 3-3　主要器材

名称	代号	型号与规格	数量	名称	代号	型号与规格	数量
电阻	R_1	1.8kΩ	1	电阻	R_2	20kΩ	1
电阻	R_3	2.7kΩ	1	电阻	R_4	3.9kΩ	1
电容	C_1	100μF	1	电容	C_2	10μF	1
三端集成稳压块		7805	1	集成电路		LM3914	1
发光二极管	LED	红、绿、橙	共 10 只	学生电源		0~25V	1
万用表		DT-890	1	电烙铁及辅材:酒精、电路板、焊锡等			

2. 电路分析

图 3-11 所示是一种简易酒精测试器，可测试饮酒者的醉酒程度。图中采用对酒精有较高灵敏度的 MQ-3 型酒精传感器，LM3914 是 LED 显示驱动集成电路。传感器的负载为电阻 R_1 及可调电阻 R_2。当无酒精蒸气时，气敏电阻的阻值很大，负载获得的电压很低，即对外输出电压很低，LED 不点亮；当有酒精蒸气时，随着酒精蒸气浓度的增加，气敏电阻值减小，其输出电压上升，则 LM3914 的 LED（共 10 只）点亮数目也随着增加。测试时，人只要向传感器呼一口气，根据 LED 点亮的情况与数目即可知是否喝酒，并可大致了解饮酒多少，确定被试者是否适宜驾驶车辆。

LM3914 基本电路如图 3-12a 所示，5 脚为 LM3914 集成电路的信号输入端；1、10~18 脚为驱动输出端，接 10 只 LED。当 5 脚输入一个 0~1.2V 电压时，通过比较器即可点亮 0~10 只发光二极管。图 3-12b 给出了其外形及插座。

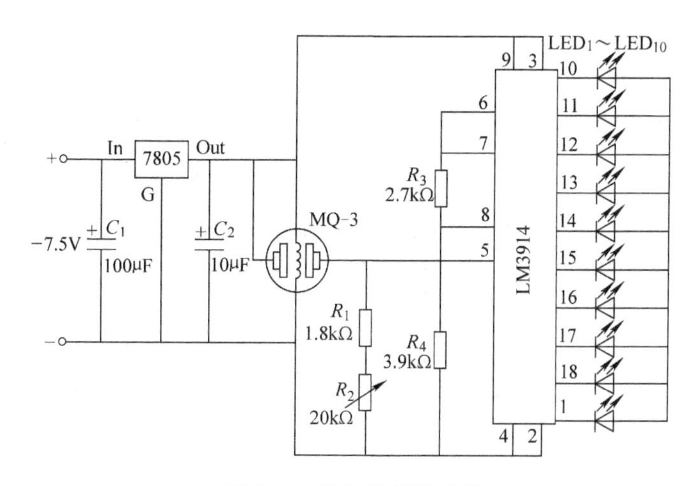

图 3-11　简易酒精测试器

3. 安装与调试

1）在万能电路板上安装、焊接 LM3914 集成电路插座，将外围电阻元件与 LED 连接并焊接。

2）安装、焊接 7805 集成稳压电路及滤波电容（也可直接用稳压电源代替）。

3）按照本项目任务一中的电阻测试法将 MQ-3 气敏传感器的 4 只信号输出脚短接成两个脚，按图 3-11 连接在集成稳压电路与 LM3914 驱动电路之间。

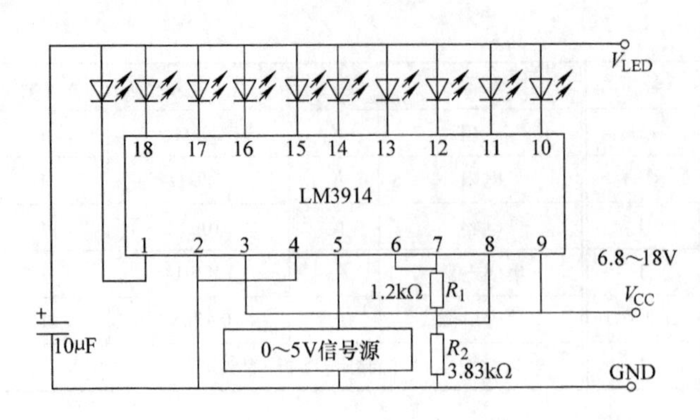

a) LM3914基本电路

b) LM3914集成电路外形与插座

图 3-12　LM3914 基本电路、外形及其插座

4）在稳压电路的输入端加上 6~7V 的直流电压，用万用表电压挡测试 LM3914 集成电路插座的 5 脚电压，将装有酒精的小瓶瓶口靠近传感器，观察此电压的变化。

5）断开电源，插上 LM3914 集成电路，再将酒精瓶口靠近传感器，观察 LED 点亮的情况。反复将酒精瓶口靠近、远离传感器，观察 LED 的变化。

调试方法：让 24h 内没饮酒的人呼气，使得仅 1 只 LED 发光，然后微调电阻 R_2 使之不发光即可。

【项目评价】

项目评价标准见表 3-4。

表 3-4　项目评价标准

项　　目	配分	评 价 标 准	得分
传感器的检测	30	电阻法、电压法测试正确、熟练	
酒精测试器的安装与调试	60	1. LM3914 与外围电路安装正确 2. 三端集成稳压电路安装正确 3. 气敏传感器安装正确 4. 电路测试与调试方法正确	
团队协作与纪律	10	遵守纪律、团队协作好	

【思考与提高】

1. 气敏传感器是________________________________，它主要用于____________________。按加热方式不同，它可分为____________________。

2. 气敏传感器在使用时必须加热，其原因是________________________________。

3. 烟雾传感器利用____________检测，多用于________报警。

4. 简述气敏传感器的检测方法。

5. 图 3-13 所示是一个家用燃气泄漏报警装置，试为其选择气敏传感器的型号，请简述其工作原理。结合烟雾传感器，你是否可以在此报警器电路的基础上修改、增加部分电路，选择合适的烟雾传感器，制作成一个自动排风扇？要求该自动排风扇能在感知厨房的油烟、香烟等造成室内空气污染后，自动起动排风扇电动机以净化室内空气。

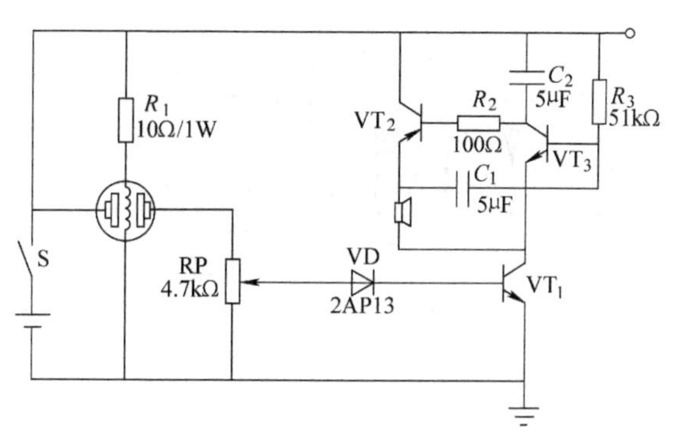

图 3-13　家用燃气泄漏报警装置

>> **提示**　图中 RP 为报警设定电位器，当燃气浓度超过某设定值时，输出信号通过二极管 VD 加到晶体管 VT_1 的基极上，VT_1 导通，由 VT_2、VT_3 组成的互补式自激多谐振荡器开始工作，蜂鸣器发出“嘟、嘟”的声音，实现报警。

阅读材料五　了解烟雾传感器

烟雾是比气体分子大得多的微粒悬浮在空气中形成的，和一般的气体成分分析不同，必须利用微粒的特点检测。烟雾传感器是以烟雾的有无决定输出信号，不能定量测量，一般用于火灾报警器，其外形如图 3-14 所示。

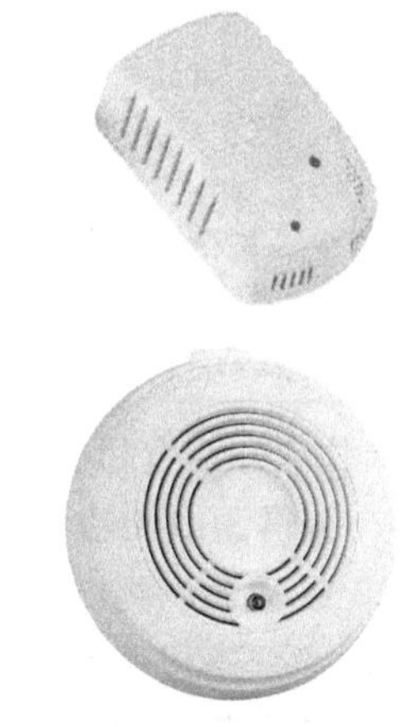
图 3-14　烟雾传感器的外形

1. 烟雾传感器的工作原理

烟雾传感器按原理可分为散射式和离子式两种类型。

1）散射式烟雾传感器。图 3-15 所示是散射式烟雾传感器的原理示意图，图中发光二极管与光敏元件之间设置了遮光屏，无烟时光敏元件接收不到光信号，有烟雾时由于微粒的散射作用，使光敏元件接收到发光二极管的光信号并发出电信号。这种传感器的灵敏度与烟雾种类无关。

2）离子式烟雾传感器。图 3-16 所示是离子式烟雾传感器的原理示意图，用放射性同位素放射出微量 α 射线，使附近空气电离，当图中平行板电极间有直流电压作用时，就产生离子电流 I。有烟雾时，烟雾微粒将离子吸附，使离子电流减小，从而改变控制电路的状态。

2. 气敏类传感器的采样特点

气敏类（包括烟雾）传感器的采样方式有两种，其特点如下。

1）依靠可燃性气体自然扩散的方式进行检测。气敏类（包括烟雾）传感器的特点是无需增加采样装置，结构简单、体积小、使用方便，但易受风向和风速的影响，因此适用于室内和不受风向影响的场所。

2）采用强吸式采样方式。传感器内装有一台小型泵，强制吸收由工艺装置泄漏出来的可燃性气体进入传感器进行检测。传感器的吸入口有一个喇叭形的气体捕获罩，并设有气体分离器，对气体进行过滤。此方法的特点是设备多、体积大、结构复杂，但不易受到风向和风速的影响，采集率高、应用范围广，如图 3-17 所示。

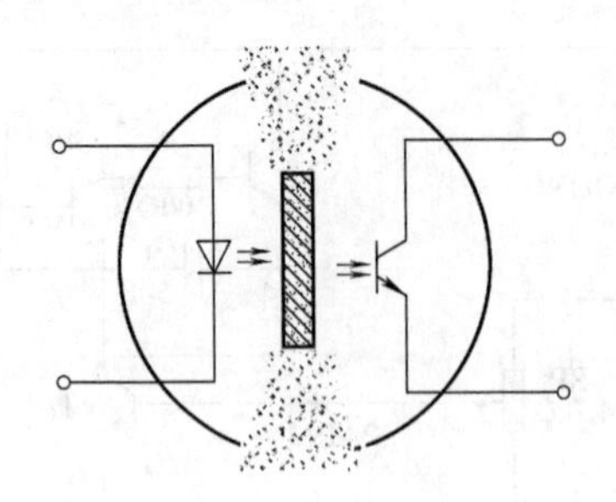

图 3-15　散射式烟雾传感器

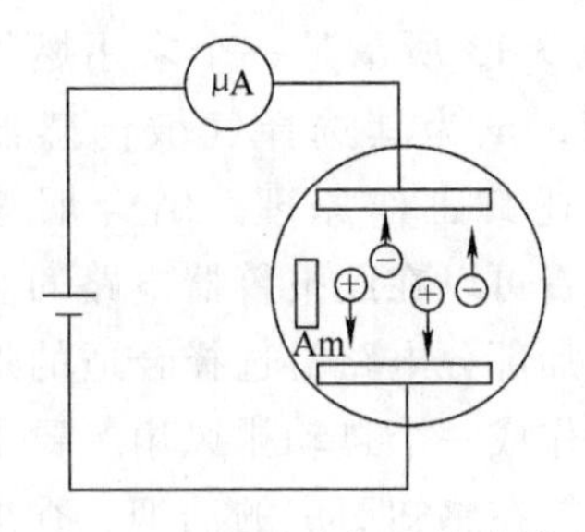

图 3-16　离子式烟雾传感器

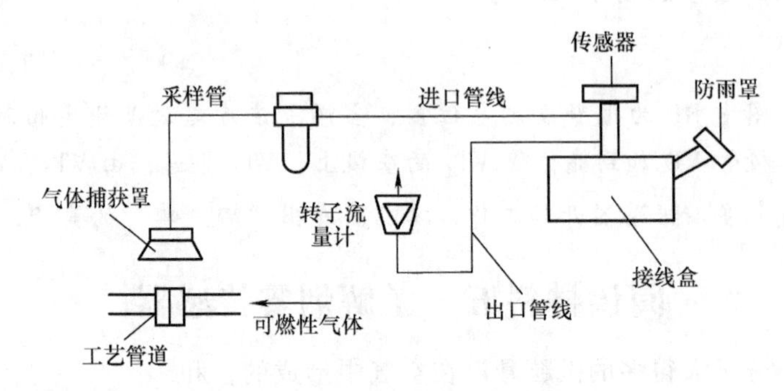

图 3-17　泵吸引式传感器的采样方式

项目二　湿度检测

职业岗位应知应会目标

1. 懂得湿敏传感器的工作原理和特性。
2. 会检测、测试湿敏传感器。
3. 能根据检测对象选择合适的湿敏传感器。
4. 能安装、调试湿敏传感器。

【任务引入】

湿度与人类生活、自然界繁衍及科研、工农业生产密切相关，因此，湿度的检测与控制在现代科研、生产、医疗及日常生活中的地位越来越重要。例如，集成电路生产车间中，当相对湿度低于 30%时，易产生静电影响生产；许多储物仓库在湿度超过一定程度时，物品易发生变质或霉变现象；纺织厂要求车间的湿度保持在 60%~75%；农业生产中的温室育苗、食用菌培养、水果保鲜等都需要对湿度进行检测和控制。湿度检测方法很多，本项目主要介绍阻容式湿敏传感器。

【做中学】

1. 器材准备

GY-HR101 型湿敏电阻、HS101/ HC02 型湿敏电容、温度湿度仪、万用表。

2. 观察湿敏电阻和湿敏电容

图 3-18 所示是常见的湿敏电容和湿敏电阻，图 3-19 所示是湿敏电容模块和数显式温度湿度显示器。

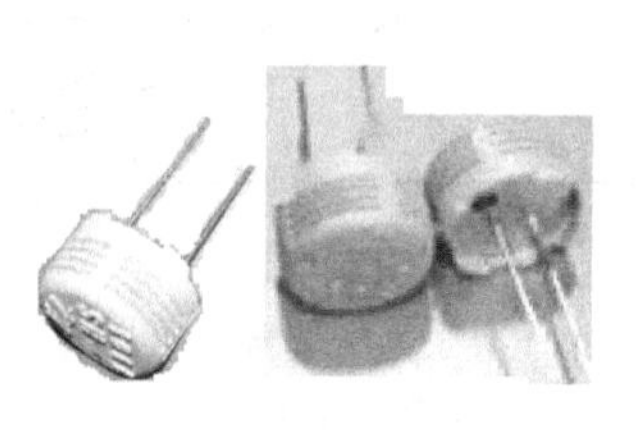

a) HS101型湿敏电容

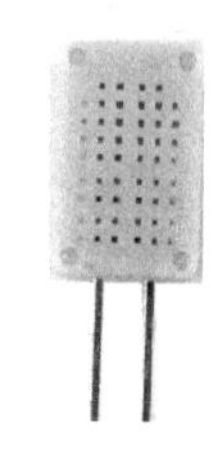

b) HC02型湿敏电容

c) GY-HR101型湿敏电阻

图 3-18　湿敏电阻和湿敏电容的外形

3. 湿敏元件的检测

1）湿敏电阻的构成与特性。湿敏电阻是在绝缘基片上覆盖一层用感湿材料制成的膜并引出两根电极制成的，图 3-20 所示是湿敏元件的结构示意图。湿敏电阻的特点是当空气中的水蒸气吸附在感湿膜上时，湿敏电阻的电阻率和电阻值都发生变化，即随着湿度的上升电阻减小，利用这一特性可进行湿敏元件的检测与湿度测量。

a) 湿敏电容模块

b) 数显式温度湿度显示器

图 3-19　湿敏电容模块和数显式温度湿度显示器

2）湿敏电阻的检测方法。用万用表的电阻挡测试湿敏电阻的阻值，观察它在干燥处的电阻值，然后将其移至热水杯的上方，观察电阻值的变化。随着湿度的上升，电阻值逐渐减小，当湿度达到一定程度并稳定时（可用湿度仪监视），湿敏电阻的阻值应基本稳定不变。

图 3-21 所示是 $MgCr_2O_4$-TiO_2 系湿度传感器的电阻—湿度特性曲线。图 3-22 所示是聚苯乙烯磺酸锂系湿度传感器的电阻—湿度特性曲线。随着相对湿度的增加，它们的电阻值急剧下降，基本上按指数规律变化。在对数的坐标中，在同一温度下，它们的电阻—湿度特性曲线呈线性关系。

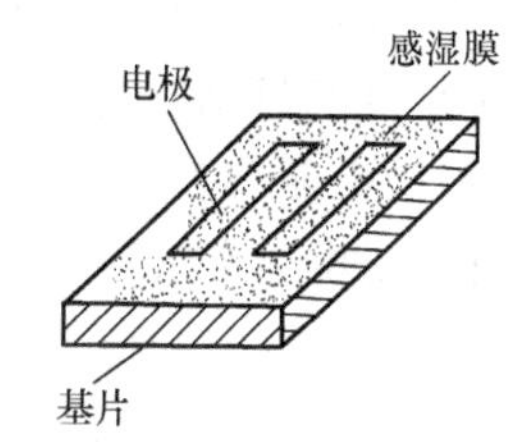

图 3-20　湿敏元件的结构示意图

3）湿敏电容。湿敏电容一般是用高分子薄膜作电介质材料制成的电容。常用的高分子材料有聚苯乙烯、聚酰亚胺、酪酸醋酸纤维等。当环境湿度发生改变时，湿敏电容的介电常数发生变化，其电容量也发生变化，这个量与相对湿度成正比。图 3-23 所示是高分子薄膜湿敏电容的电容—湿度特性曲线，在同一温度下，其关系近似一直线。

4）湿敏电容的检测方法。用数字式万用表的电容挡或电容表测试湿敏电容的电容值，选择合适的电容测量挡位，与测试湿敏电阻的方法一样，观察其电容值的变化。注意，测试前应使湿敏电容干燥，否则无法观察到其电容量的变化。

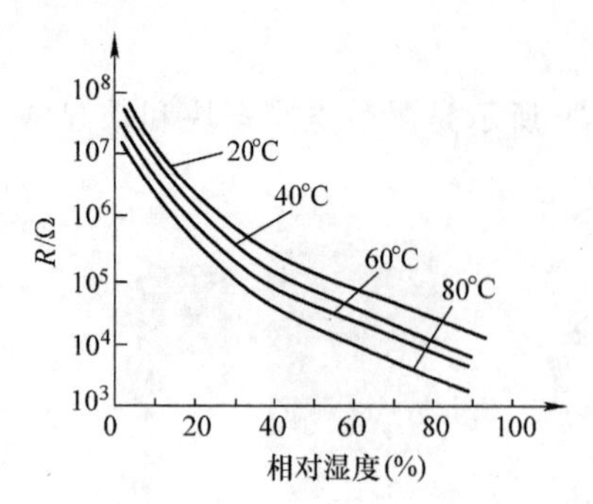

图 3-21 $MgCr_2O_4$-TiO_2 系湿度传感器的电阻—湿度特性曲线

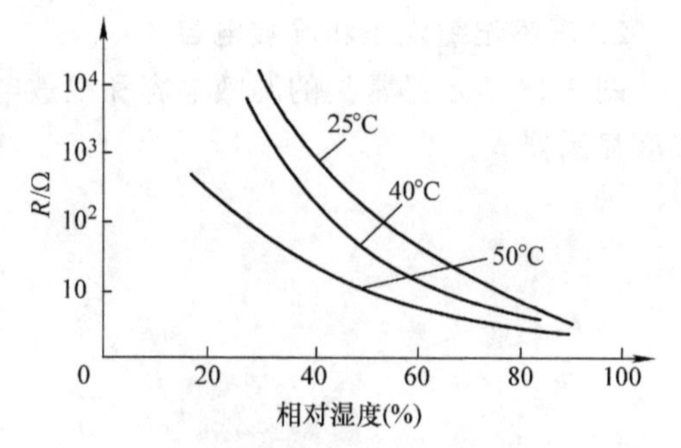

图 3-22 聚苯乙烯磺酸锂系湿度传感器的电阻—湿度特性曲线

【知识学习】

1. 湿敏传感器

湿敏传感器是指对环境湿度具有响应或能将环境湿度转换为电信号的器件。它由湿敏元件和转换电路组成。湿敏传感器依据所使用的材料可分为电解质型、陶瓷型、高分子型和单晶半导体型。

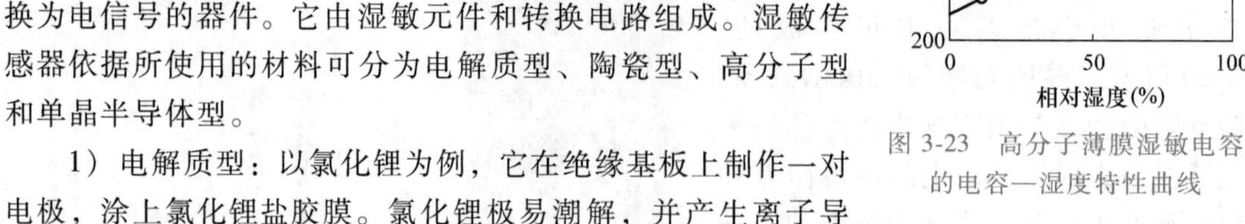

图 3-23 高分子薄膜湿敏电容的电容—湿度特性曲线

1）电解质型：以氯化锂为例，它在绝缘基板上制作一对电极，涂上氯化锂盐胶膜。氯化锂极易潮解，并产生离子导电，可使电阻随湿度升高而减小。

2）陶瓷型：一般以金属氧化物为原料，通过陶瓷工艺制成的一种多孔陶瓷。它是利用多孔陶瓷的阻值对空气中水蒸气的敏感特性工作的。

3）高分子型：先在玻璃等绝缘基板上蒸发梳状电极，通过浸渍或涂覆，使其在基板上附着一层有机高分子感湿膜。有机高分子的材料种类很多，工作原理也各不相同。

4）单晶半导体型：以单晶硅为主要材料，利用半导体工艺制成二极管湿敏器件和 MOSFET 湿度敏感器件等，其特点是容易与半导体电路集成在一起。

2. 湿敏电阻传感器的应用

应用湿敏电阻传感器可制成自动喷灌控制器。图 3-24 所示为自动喷灌控制器电路，它由电源电路、湿度检测电路和控制电路组成。其中，电源电路由电源变压器 T、整流桥、隔离二极管 VD_2、稳压二极管 VS 和滤波电容 C_1、C_2 等组成。交流 220V 电压经 T 降压、整流后，在 C_2 两端产生 6V 的直流电压。该电压一路供给微型水泵的直流电动机（或直流电磁阀），另一路经 VD_2 降压、VS 稳压和 C_1 滤波后，产生 5.6V 电压，供给 VT_1 ~ VT_3 和继电器 K。

湿度传感器插在土壤（或悬挂在育苗的大棚）中，对土壤（或大棚）湿度进行检测。当土壤湿度较高时，湿度传感器两电极之间的电阻值较小，VT_1、VT_2 导通，VT_3 截止，继电器 K 不吸合，水泵电动机 M 不工作。当土壤湿度变小，使湿度传感器两电极之间的电阻值增大至一定值时，VT_1、VT_2 截止，使 VT_3 导通，继电器 K 吸合，其常开触点 K 接通，使水泵电动机 M（或直流电磁阀）通电，喷水设施开始工作。当土壤中的水分增加到一定程度，湿度传感器两电极间的电阻值减小至一定值时，VT_1、VT_2 又导通，VT_3 截止，继电器

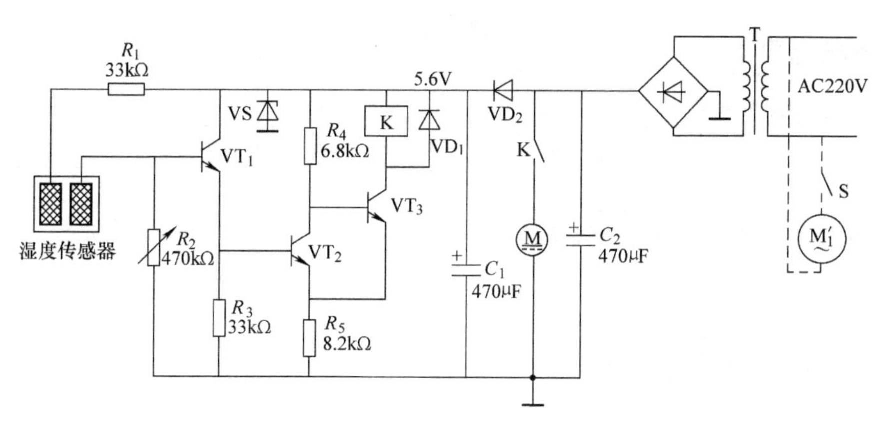

图 3-24　自动喷灌控制器电路

K 释放，水泵电动机 M 停转（或电磁阀关闭）。当土壤水分减少至一定程度时，将重复进行上述过程，从而使土壤保持较恒定的湿度。特殊情况下，也可手动操作开关 S 进行喷灌。

3. 湿度

湿度是表示空气中水蒸气含量的物理量，常用绝对湿度、相对湿度、露点等表示。

绝对湿度是指单位体积空气内所含水蒸气的质量，也就是指空气中水蒸气的密度，一般用 $1m^3$ 空气中所含水蒸气的克数表示，即 $H_a = m_v/V$。其中，m_v 为待测空气中水蒸气的质量；V 为待测空气的总体积，单位为 g/m^3。

相对湿度是指空气中实际所含水蒸气的分压（P_W）和同温度下饱和水蒸气的分压（P_N）的百分比，即 $H_T = (P_W/P_N)\times 100\%$。通常，用 RH（%）表示相对湿度。当温度和压力变化时，因饱和水蒸气变化，所以气体中的水蒸气压即使相同，其相对湿度也会发生变化。日常生活中所说的空气湿度，实际上是指相对湿度。温度越高的气体，含水蒸气越多。若将气体冷却，即使其中所含水蒸气量不变，相对湿度将逐渐增加，降到某个温度时，相对湿度达 100%，呈饱和状态，再冷却时，水蒸气的一部分就会凝聚生成露，这个临界温度就称为露点温度。也就是说，空气在气压不变的情况下，为了使其所含水蒸气达到饱和状态时所必须冷却到的温度称为露点温度。气温和露点的差越小，表示空气湿度越接近饱和。

检测湿度的手段很多，如毛发湿度计、干湿球湿度计、石英振动式湿度计、微波湿度计、电容湿度计、电阻湿度计等，其适用场合也不同。

【项目评价】

项目评价标准见表 3-5。

表 3-5　项目评价标准

项　　目	配分	评 价 标 准	得　　分
传感器的检测	40	用电阻法或电容法测试湿敏传感器的方法正确，操作熟练	
新知识学习	50	1. 能理解湿敏电阻、湿敏电容的特性 2. 知道湿敏传感器的类型 3. 懂得湿度表示方法	
团队协作与纪律	10	遵守纪律、团队协作好	

【思考与提高】

1. 湿度传感器是能将____，它主要用于____________________________。

2. 湿敏电阻是在绝缘基片上覆盖一层__________制成的膜并引出两根电极制成的，其特点____。

3. 湿敏电容的特点是____。

4. 湿度传感器有哪些类型？每种类型有什么特点？

5. 简述湿敏电阻的检测方法。

应知应会要点归纳

通过本模块的学习，学生应懂得如何利用气敏传感器、湿敏传感器等检测环境量。

1）气敏传感器能检测特定气体的成分、浓度并把它转换成电阻变化量，经测量电路再转换为电流、电压信号。气敏电阻是气敏传感器的传感元件，正常情况下，它的电阻值很大，当它遇到特定的气体时，其电阻值会急剧减小，从而改变电路的运行状态。

气敏传感器工作时必须加热，其目的是加速气体的吸附与脱出，烧去传感元件上的油垢、污物，起清洗作用。

气敏传感器按加热方式可分为直热式和间（旁）热式两种。直热式气敏传感器的加热丝兼做电极，间热式气敏传感器的加热丝与电极分开。

气敏传感器可用电阻测试法和电压测试法进行质量检测。

2）烟雾传感器用以检测烟雾的有无，不能定量测量，一般用于火灾报警。

3）湿敏传感器用于检测环境的湿度，是对环境湿度具有响应或能转换为电信号的器件，它由湿敏元件和转换电路组成。常用的湿敏元件主要有湿敏电阻和湿敏电容。

湿敏电阻是用能吸附水蒸气的感湿材料制成的，它的电阻值随湿度的上升而减小，利用这一特性可以将湿度转化为电信号输出，检测环境湿度。同样，利用这一特性可以测试湿敏电阻在不同环境中的阻值来判断湿敏电阻的好坏。

湿敏电容的电介质材料一般选用高分子薄膜，当环境湿度发生改变时，湿敏电容的介电常数发生变化，其电容量也发生变化，电容量的变化量与相对湿度成正比。测量湿敏电容在不同环境中的电容量可用来判断湿敏电容的好坏。

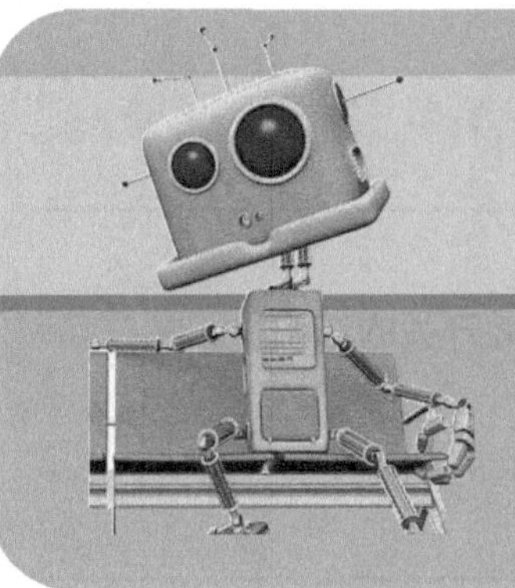

模块四

物位检测

物体（料）的位置简称为物位，物位检测与控制广泛应用于航空航天技术、机床、储料以及其他工业生产的过程控制中，主要对运动部件进行检测、定位或判断是否有工件存在，因此，控制、检测器件只需作开关形式判断。目前，物位检测主要是使用各种接近开关。例如日常生活中宾馆迎宾门、车库的自动门等自动开、关门，都是应用接近开关来实现位置检测与控制的。图 4-1 所示是光电接近开关在迎宾门、车库门等自动开、关门中的应用。在测量技术中，长度、高度、位置等的测量也都大量使用接近开关。图 4-2 所示是利用电容式接近开关检测试管中注入液体的液位，以判断注入的液体量是否符合要求。

图 4-1　光电接近开关在迎宾门、车库门等自动开、关门中的应用

图 4-2　电容式接近开关检测试管中注入液体的液位

接近开关实质上是一种开关型位置传感器，它是利用位置传感器对接近物体的敏感特性，控制开关通、断的一种装置。根据被检测物体的特性不同，人们依据不同的原理和工艺做成了各种类型的接近开关。

项目一 金属物体位置的检测

职业岗位应知应会目标

1. 懂得电感式接近开关的工作原理和特性，了解电感式接近开关的结构。
2. 能测试电感式接近开关的检测距离。
3. 能根据控制设备如 PLC、继电器等选择电感式接近开关的类型。
4. 能根据控制要求安装、调试电感式接近开关。

任务一 认识电感式接近开关

【任务引入】

数控机床、机器人及工厂自动化相关设备的位置检测、尺寸检测、统计计数、速度传输控制、运动部件的精确定位和自动往返控制等，大量地使用电感式接近开关。它不与被测物体接触，依靠电磁场的变化来完成检测任务，大大提高了检测的可靠性，也保证了电感式接近开关的使用寿命。本任务学习、探究电感式接近开关的结构与特性。

【做中学】

1. 器材准备

主要器材见表 4-1。

表 4-1 主要器材

名　称	型号与规格	数量	名　称	型号与规格	数量
电感式接近开关	NPN-NO 型 直流 24V /交流 220V	2	继电器	直流 24V	1
				交流 220V	1
二极管	1N4007	1	万用表	DT-890	1
交直流稳压电源	0~25V	1	塑米尺	0~10cm	1

2. 认识电感式接近开关

电感式接近开关用于检测各种金属导体。当运动的金属物体靠近接近开关的一定位置时，它就发出信号控制电路通或断，达到行程控制、计数及自动控制的作用，它相当于一个无触点开关。图 4-3、图 4-4 所示分别是电感式接近开关的结构、实物与图形符号。

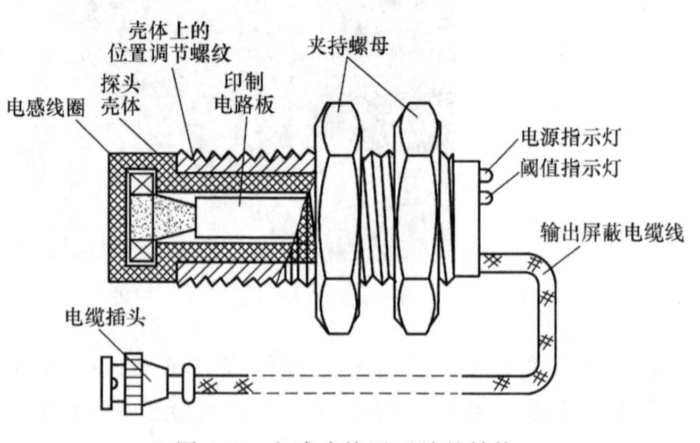

图 4-3 电感式接近开关的结构

图 4-4 电感式接近开关的实物与图形符号

3. 电感式接近开关的特性实验

按图 4-5a 或 b 所示将电感式接近开关与继电器连接，分别用金属块和塑料板靠近、远离电感式接近开关，观察继电器的动作情况。

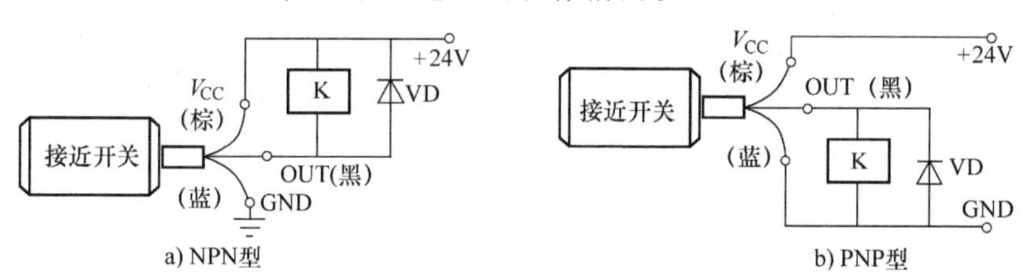

图 4-5 电感式接近开关的特性实验

实验过程中可以看到：当金属块靠近电感式接近开关时，继电器吸合；当金属块远离电感式接近开关时，继电器断开。而塑料板靠近和远离电感式接近开关时，继电器没有反应。这说明电感式接近开关只能检测到金属导体而不能检测非金属物体。

4. 接近开关检测距离实验

当物体移向接近开关到一定的距离时，接近开关才能够“感知”，并发出动作信号。通常人们把接近开关刚好动作时探头与检测体之间的距离称为检测距离，如图 4-6 所示。不同接近开关的检测距离也不同，调节灵敏度旋钮（一般位于开关的后部）可适当改变（微调）检测距离。

接近开关
被检测物体
动作(接通)
检测距离

图 4-6 接近开关的检测距离

实验方法与步骤如下：

1）用万用表与塑料直尺测量检测距离。测试流程：用万用表电压档测试接近开关输出端的电压→接近开关上电→移动小钢条逐渐靠近探头→观察万用表电压变化情况→用塑料直尺测量钢条与探头之间的距离。

2）连接继电器测量检测距离。测试流程：按图 4-5 接线→接近开关上电→移动小钢条逐渐靠近探头→观察继电器动作→用塑料直尺测量钢条与探头之间的距离。

5. 电感式接近开关的接线

不同的电感式接近开关其输出端口数量是不一样的，有二线、三线、四线，甚至五线输出的接近开关，其中两线、三线输出接近开关应用较多。接近开关一般配合继电器或 PLC、计算机接口使用。图 4-7 所示为交流二线输出接近开关与继电器线圈的接线

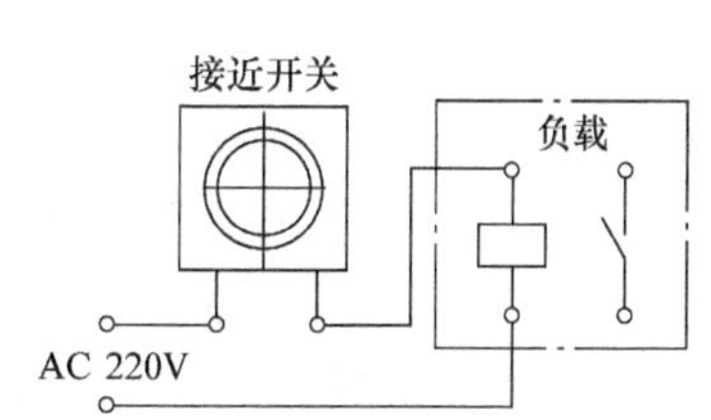

图 4-7 交流二线输出接近开关的接线

图。图 4-8、图 4-9 所示分别为直流三线、四线输出接近开关与继电器线圈的接线图。

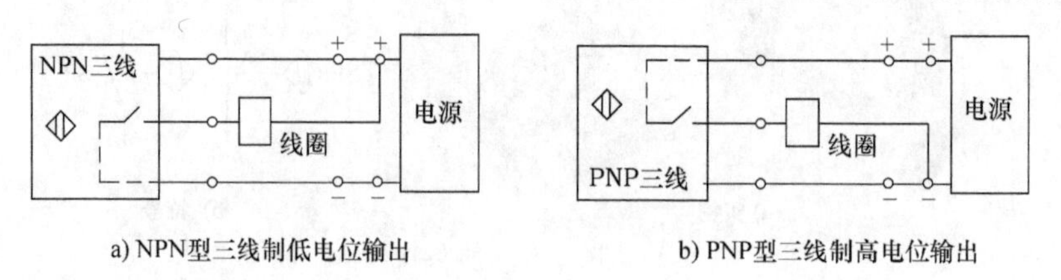

图 4-8 直流三线输出接近开关与继电器线圈的接线图

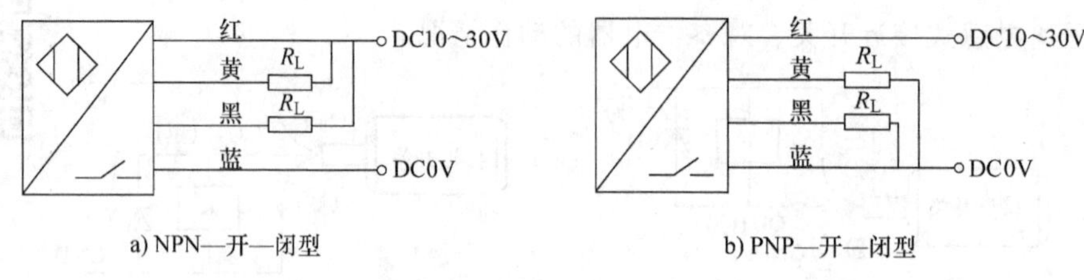

图 4-9 直流四线输出接近开关与继电器线圈的接线图

>> **注意** ①在使用接近开关之前，一定要看清接近开关上的铭牌，否则可能会因为电压不相称而烧坏设备；②使用直流/交流二线输出电感式接近开关时，必须连接负载。如不经负载直接连接电源，内部元器件将会烧坏，且无法修复。

【知识学习】

电感式接近开关的测量原理。

1. 涡流效应实验

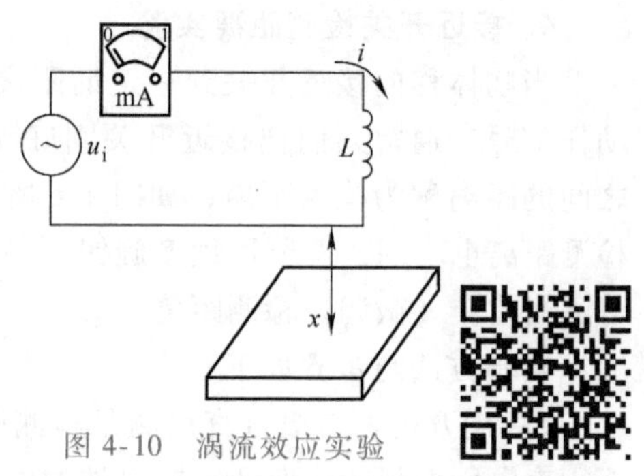

图 4-10 涡流效应实验

如图 4-10 所示，当金属导体置于交变的磁场或在磁场中运动时，导体会发热，导体中有感应电流 i 产生，此感应电流在导体内部闭合，好像水中漩涡，我们称此感应电流为涡流，将该效应称为涡流效应。当金属板与电感线圈的距离 x 减小时，涡流效应加强（即涡流增大），导体发热加剧，流过电感线圈的电流 i 增大。这说明整个电感线圈的等效电阻 R 增大，电源提供的能量在增大。

人们日常生活中的电磁炉就是利用涡流效应工作的，它将工频交流电通过内部电路转换成高频交流电，高频交流电流通过励磁线圈，产生交变磁场，在铁质锅底产生无数的电涡流，使锅底自行发热，烧开锅内的食物。电磁炉的工作原理示意图如图 4-11 所示，其内部励磁线圈如图 4-12 所示。涡流效应被广泛地应用于工农业生产、国防等领域。例如，人们利用涡流效应制成了电感式接近开关、探雷器等，图 4-13 是电感式探雷器的实物。

2. 电感式接近开关的测量原理

图 4-14 是电感式接近开关的工作框图，它由 LC 高频振荡器探头和放大处理电路组成，接通电源后探头形成固定频率的交变振荡磁场。当金属物体靠近接近开关达到检测距离时，金属物体内产生涡流，吸收振荡器的能量，使接近开关的振荡能力衰减而停振，开关的状态

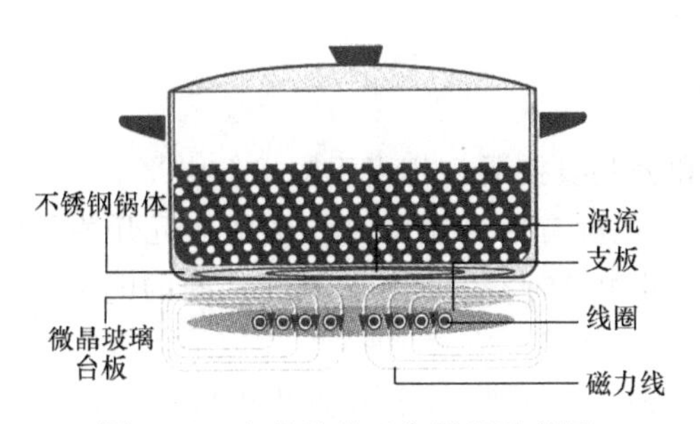

图 4-11　电磁炉的工作原理示意图

图 4-12　电磁炉的内部励磁线圈

a) 手持式探雷器

b) 近距离探雷标示机器人

图 4-13　电感式探雷器的实物

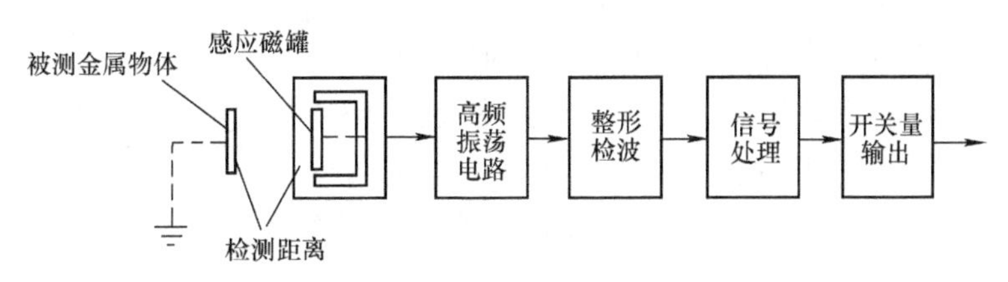

图 4-14　电感式接近开关的工作框图

发生变化，从而识别出金属物体。因此，电感式接近开关又称为电涡流式接近开关。

由电感式接近开关的测量原理可知，**电感式接近开关只能用来检测金属物体。**

【知识拓展】

电感式接近开关的类型

电感式接近开关分为 PNP 型与 NPN 型两大类，它们一般都有三条引出线，即电源线、公共线、信号输出线。

1. PNP 型

PNP 型是指当有信号触发时，信号输出线和电源线接通，相当于输出高电平的电源线。

1）PNP-NO 型（常开型）。如图 4-5b 所示，在没有信号触发时，这种接近开关的输出线是悬空的，即电源线和信号输出线断开；有信号触发时，发出与电源相同的电压，也就是信号输出线和电源线接通，输出高电平。

2）PNP-NC 型（常闭型）。在没有信号触发时，信号输出线与电源线接通，输出高电平；当有信号触发后，输出线是悬空的，也就是信号输出线和电源线断开。

3）PNP-NC+NO 型（常开、常闭共有型）：其实就是多出一个输出线，使用时可根据

需要取舍。

2. NPN 型

NPN 型是指当有信号触发时，信号输出线和公共线接通，相当于输出低电平。

1）NPN-NO 型（常开型）。如图 4-5a 所示，在没有信号触发时，这种接近开关的输出线是悬空的，即信号输出线和公共线断开；有信号触发时，发出与公共线相同的电压，即信号输出线和公共线接通，输出低电平。

2）NPN-NC 型（常闭型）。在没有信号触发时，信号输出线与公共线接通，输出低电平；当有信号触发后，输出线是悬空的，就是地线和信号输出线断开。

3）NPN-NC+NO 型：和 PNP-NC+NO 型类似，多出一个输出线，使用时可根据需要取舍。

任务二 金属物体位置的检测

【任务引入】

电感式接近开关依靠变化的电磁场来检测金属物体，它不与被测物体接触，大大提高了检测的可靠性与检测效率，延长了接近开关的使用寿命。它在现代制造业中，尤其在制造工业生产线上，电感式接近开关应用更为广泛。如图 4-15 所示，电感式接近开关固定在支架上，工件在传送带上依次自左向右运动，当工件进入接近开关的检测距离时，接近开关动作，即常开触点闭合，常闭触点断开。接近开关的动作可以触发其他的机械动作或程序处理，从而对工件进行统计、加工、分类等。图 4-16 所示是一个材料分拣实验装置实物，就用到了电感式接近开关。

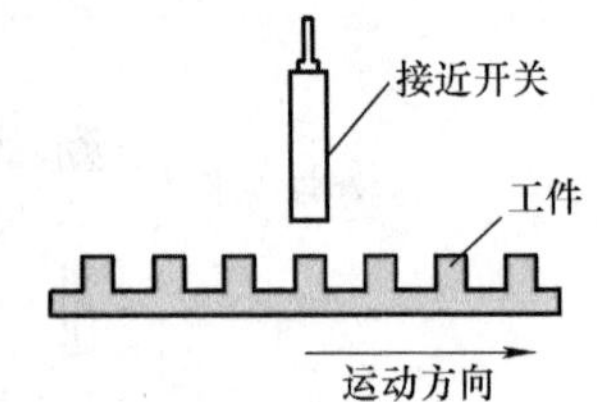

图 4-15 接近开关应用示意图

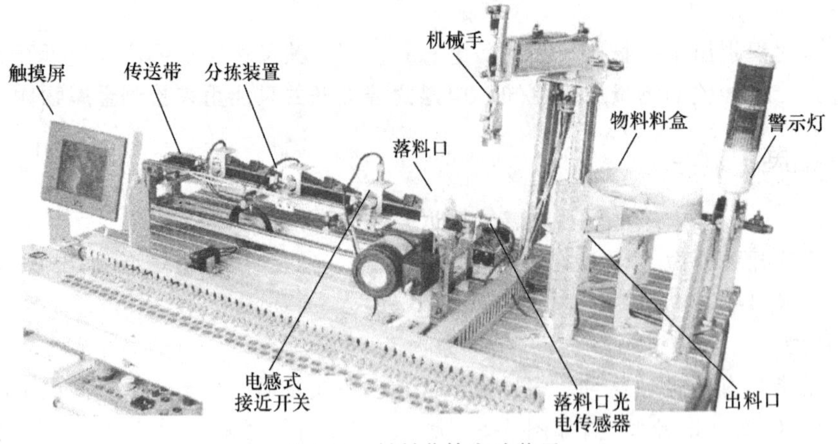

图 4-16 材料分拣实验装置

【技能训练】

1. 器材准备

主要器材见表 4-2。

表 4-2　主要器材

名　称	型号与规格	数量	名　称	型号与规格	数量
电感式接近开关	NPN-NO 型 直流 24V /交流 220V	2	继电器	直流 24V	1
				交流 220V	1
PLC	FX 或 FP 系列	1	指示灯	220V	1
交直流稳压电源	0~25V	1	万用表、金属块		

2. 三线输出电感式接近开关与 PLC 连接，检测金属导体

1）电感式接近开关与三菱 PLC 连接。由于三菱 FX 系列 PLC 为低电平有效，因此，选择 NPN-NO 型电感式接近开关。图 4-17a 为三线输出电感式接近开关与 FX_{1N} 系列 PLC 的接线图，需要注意的是，必须将 PLC 的+24V 电源 COM 端与输入 COM 端相连接，否则输出信号不能与 PLC 输入端形成回路，图中 PLC 接线端子上的粗线是用来区分输出与 COM 端的。对于 FX_{2N} 系列 PLC，其+24V 电源 COM 端与输入 COM 端同侧，在 PLC 内部已完成连接，接线如图 4-17b 所示。

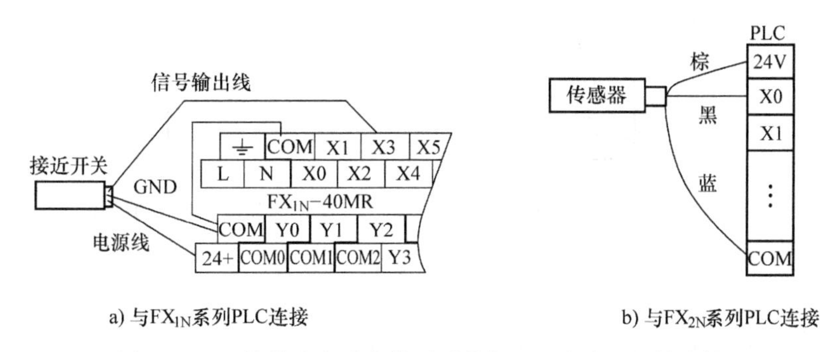

a) 与 FX_{1N} 系列PLC连接　　b) 与 FX_{2N} 系列PLC连接

图 4-17　三线输出电感式接近开关与 FX 系列 PLC 的连接

2）三线输出电感式接近开关与松下 FP 系列 PLC 连接。图 4-18 为三线输出电感式接近开关与松下 FP 系列 PLC 的接线图。

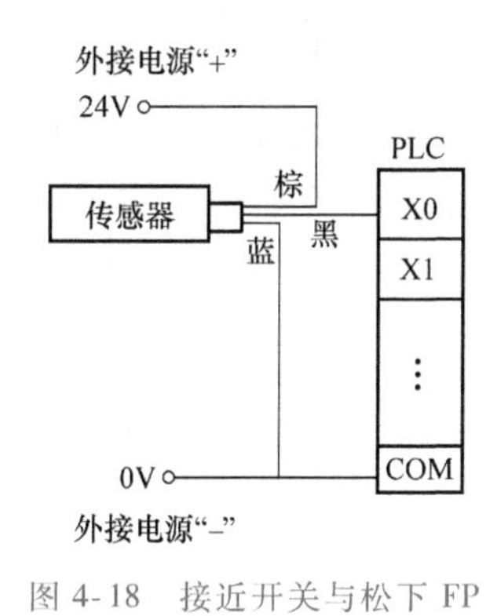

图 4-18　接近开关与松下 FP 系列 PLC 的接线图

3）连接好 PLC 后，检查线路，确认无误后再上电测试。

4）和任务一一样，用一个小金属块靠近接近开关，观察 PLC 输入端指示灯的点亮情况。

指示灯点亮说明接近开关检测到金属物体，输出信号；否则，说明没有检测到金属物体。

3. 二线输出电感式接近开关实验

二线输出电感式接近开关分为交流二线制和直流二线制两种，使用时需根据主要技术参数指标（如工作电压等级）和工作环境选用。

1）交流二线制实验。选用额定电压为 220V 的交流二线制电感式接近开关，接线如图 4-19 所示。图中信号灯最好为氖灯泡，不可用普通灯泡代替，否则，会因电流过大烧坏接近开关。

当有金属物体接近电感式接近开关时，继电器吸合或灯泡点亮，否则，继电器不动作或

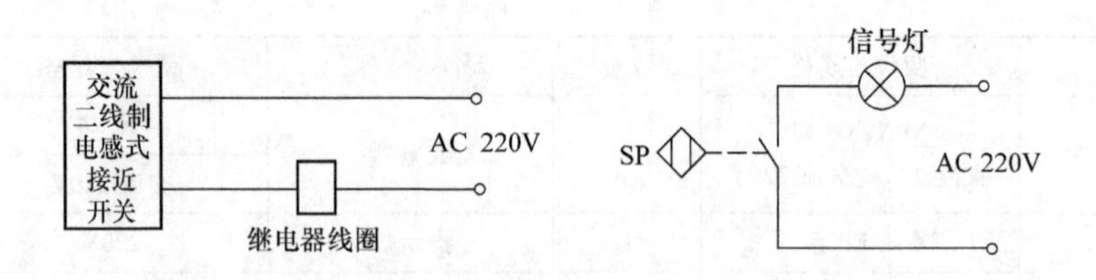

图 4-19 交流二线制实验接线图

灯泡不亮。

2）直流二线制与 PLC 连接实验。图 4-20 所示为直流二线制接近开关与 FX 系列和 FP 系列 PLC 的连接实验图。

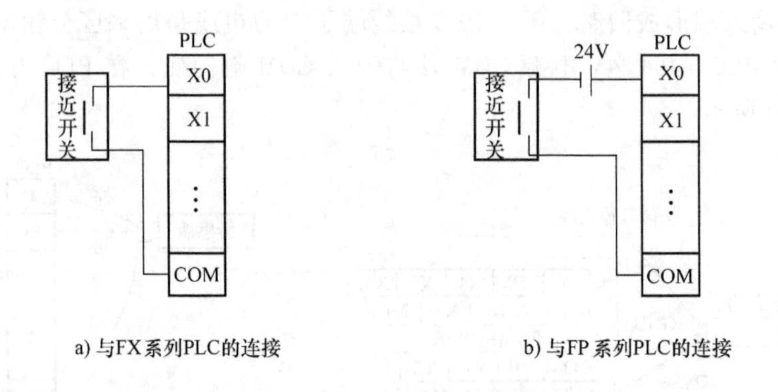

图 4-20 直流二线制接近开关与 FX 系列和 FP 系列 PLC 的连接实验图

当有金属物体接近接近开关时，PLC 输入端 X0 的指示灯会点亮。

【知识拓展】

1. 电感式接近开关在生产中的应用

电感式接近开关结构简单、使用方便，可进行非接触测量，在生产中得到了广泛的应用，如位移、振幅、转速测量、金属探伤等。图 4-21 所示为位移与振幅测量图，其实质是

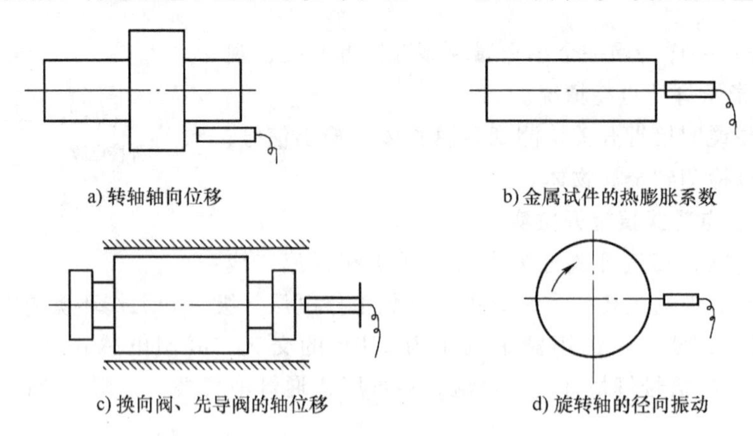

图 4-21 位移与振幅测量图

位移的测量，其测量范围可以从 0~1mm 到 0~30mm。图 4-21a 是轮机等转轴主轴的轴向位移测量；图 4-21b 是金属试件的热膨胀系数测量；图 4-21c 是磨床换向阀及先导阀的轴位移测量；图 4-21d 是旋转轴的径向振动测量。

2. 使用注意事项

电感式接近开关在测量过程中，对于工作环境和被测物体有一定的要求：

1）如果被测物体是很薄的金属镀层，应注意减小检测距离，否则很难检测到。

2）电感式接近开关不要放在有直流磁场的环境中，以免发生误动作。

3）接近开关应避免接近化学溶剂，特别是在强酸、强碱的生产环境中。

4）注意对检测探头应定期清洁，避免有金属粉尘粘附。

3. 接近开关的型号

接近开关类的传感器种类很多，常用的主要有电感式接近开关、霍尔接近开关、光电接近开关、电容式接近开关、热释电式接近开关等。国产型号意义如下，其中，第四项的数字表示传感器的检测距离，例如，8 表示该传感器的检测距离为 8mm。

□□	□□	□	□	□	□□
接近开关代号 LJ—电感式 CJ—电容式 SJ—霍尔式	结构形式 M—圆柱形 B—小方形 C—大方形	感应形式 T—埋入式 S—左侧式 K—右侧式	检测 距离	电源类型 Z—直流 J—交流	输出形式 N—NPN型 P—PNP型 K—常开 H—常闭

【项目评价】

项目评价标准见表 4-3。

表 4-3 项目评价标准

项目	配分	评价标准	得分
接近开关与 PLC 的连接实验	30	1. 三线制接线方法正确、操作熟练 2. 二线制接线方法正确、操作熟练	
接近开关与继电器的连接实验	30	1. 三线制接线方法正确、操作熟练 2. 二线制接线方法正确、操作熟练	
接近开关的参数测试	10	测试方法正确、数据准确	
知识学习	20	懂得电感式接近开关的特性、类型和接近开关的型号意义	
团队协作与纪律	10	遵守纪律、团队协作好	

【思考与提高】

1. 涡流效应是指____。

2. 电感式接近开关分为____________________与____________________两大类。

3. 金属和非金属混合材质的物料________（能、不能）被电感式接近开关检测到。

4. 试分别画出三线、二线输出接近开关与 PLC、继电器的连接图。

项目二　磁性物体位置的检测

职业岗位应知应会目标

1. 懂得霍尔接近开关的工作原理和特性。
2. 会用霍尔接近开关进行转速和物体运动位置的检测。
3. 懂得干簧管接近开关的结构与特性。
4. 能根据控制要求安装、调试霍尔接近开关和干簧管接近开关。

任务一　利用霍尔接近开关检测磁性物体

【任务引入】

在有些环境中，运动部件和支承运动部件的物体均为同一材质的物体。例如气缸，其缸体和活塞均为同一材质的合金金属，在这种情况下，如用电感式接近开关检测活塞的运动状态，显然是不可行的。如果在运动的活塞端部装上磁性物质如磁铁，采用霍尔接近开关即可检测其运动状态。本任务学习、探究霍尔接近开关的工作原理、特性与应用。

【做中学】

1. 器材准备

直流二线式霍尔接近开关、FX 或 FP 系列 PLC、MF47 型万用表、永久磁铁。

2. 认识霍尔接近开关

1）常用霍尔接近开关外形及图形符号如图 4-22 所示。

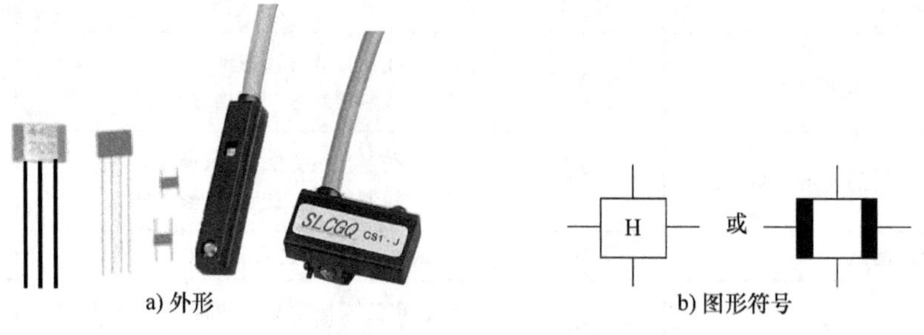

图 4-22　霍尔接近开关外形及图形符号

2）霍尔接近开关实验。将霍尔接近开关按图 4-20 与 PLC 连接，当有磁性物体接近它时，PLC 输入端相应指示灯点亮，同时霍尔接近开关上的指示灯也点亮。

实验结论：当磁铁靠近霍尔接近开关时，开关接通；当磁铁离开时，开关断开。

【知识学习】

1. 霍尔效应与霍尔位置传感器

1）霍尔效应。将一块矩形半导体薄片置于磁感应强度为 B 的磁场中，磁场方向垂直于

半导体薄片，如图 4-23a 所示，当在 a、b 方向通入电流时，运动电荷在磁场力（洛仑兹力）作用下，使垂直于电流和磁场方向的 c、d 面分别聚集正、负电荷，形成电动势 E_H（称为霍尔电动势），这种现象称为霍尔效应。若改变 I 或 B，或两者同时改变，都会引起 E_H 的变化，利用这一原理可以制成各种霍尔传感器。

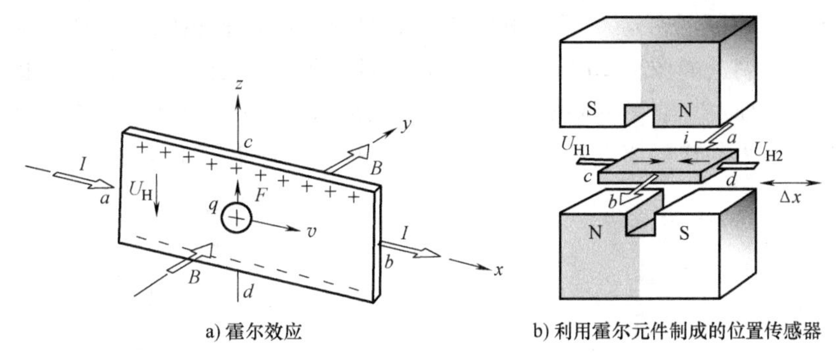

图 4-23　霍尔效应与霍尔位置传感器原理图

2）霍尔位置传感器。图 4-23b 所示为利用霍尔元件制成的位置传感器。霍尔元件置于两个相反方向的磁场中，当在 a、b 方向通入控制电流时，霍尔元件左右两边产生的电压 U_{H1} 和 U_{H2} 方向相反。设在初始位置时 $U_{H1}=U_{H2}$，则输出电压为零。当霍尔元件相对于磁极作 x 方向位移时，$\Delta U_H=U_{H1}-U_{H2}$，ΔU_H 的数值正比于位移量 Δx，正负值取决于 Δx 的方向。所以，这种位置传感器不仅能测量位移的大小，还能鉴别位移的方向。

2. 霍尔接近开关

(1) 霍尔接近开关工作原理

霍尔接近开关就是利用这种半导体的磁电转换原理，将磁场信息变换成相应电信息的元器件。当磁性物体靠近霍尔接近开关时，开关检测面上的霍尔元件因产生霍尔效应而使开关内部电路状态发生变化，由此识别磁性物体的存在，进而控制开关的通或断。

霍尔接近开关工作原理电路如图 4-24 所示，当磁性物体靠近霍尔元件时，霍尔元件产生电动势 E_H 与基极直流电压叠加使晶体管 VT 饱和导通，其集电极的继电器吸合或光耦合器工作，使霍尔接近开关动作，改变电路原来的通、断状态，即接通或断开电路。

注意：霍尔接近开关检测的对象必须是磁性物体。

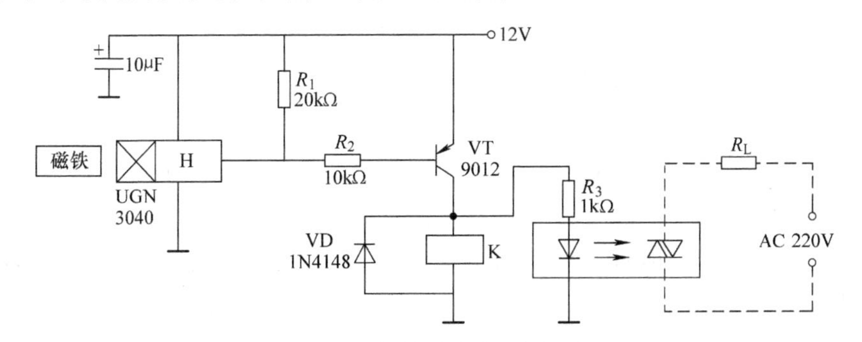

图 4-24　霍尔接近开关工作原理图

(2) 霍尔接近开关的应用

霍尔接近开关可以直接测量磁场及微小位移量，也可以间接测量液位、压力等工业生产

过程参数。目前，霍尔式传感器已从分立元件发展到集成电路阶段，越来越受到人们的重视，广泛应用于各个测量与控制技术领域。

1）测量、控制气缸活塞运动的位置。图 4-25 为气缸活塞运动位置的测量、控制元件实物。在气缸活塞的顶端装上磁性物质（如磁铁），在气缸两端安装霍尔接近开关（也称磁性开关）即可检测、控制活塞运动的极限位置。类似的极限位置控制在生产中应用较多，如机械手极限位置控制，如图 4-26 所示，在机械手的手臂上安装两个磁极，磁极与霍尔接近开关处于同一水平面上，当磁铁随机械手运动到距霍尔开关几毫米时，霍尔接近开关工作驱动电路使控制机械手动作的继电器或电磁阀释放，控制机械手停止运动，起到限位的作用。

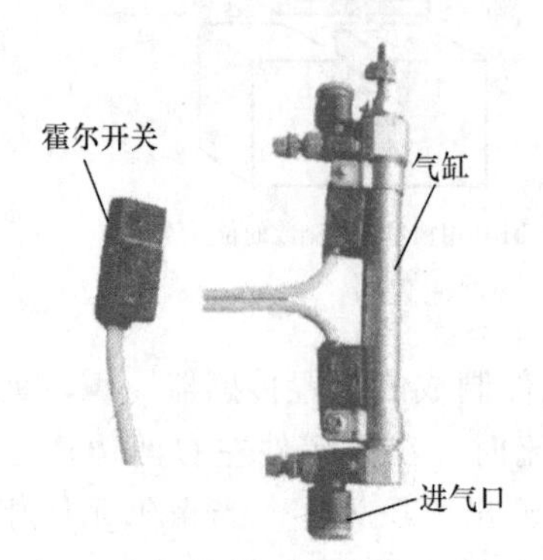

图 4-25　气缸活塞运动位置测量、控制元件实物

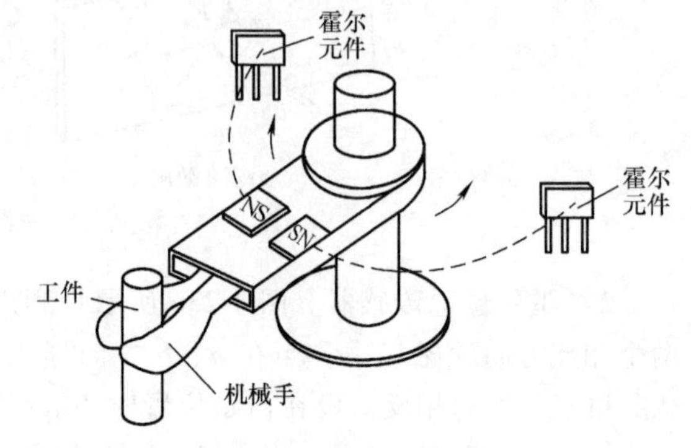

图 4-26　霍尔接近开关在机械手控制中的应用

2）转盘（转轴）的速度测量。在转盘上均匀地固定几个小磁铁，如图 4-27 所示，当转盘转动时，固定在转盘附近的霍尔接近开关（传感器）便可在每一个小磁铁通过时产生一个相应的脉冲，检测出单位时间内脉冲数即频率，结合转盘上小磁铁的数目便可测定转盘的转速。

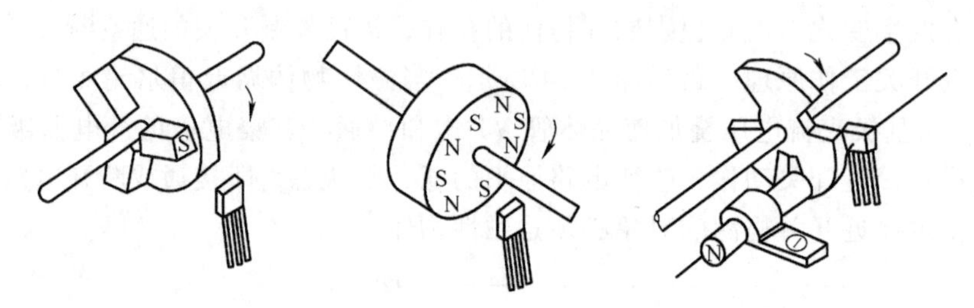

图 4-27　霍尔接近开关测定转盘转速

3）霍尔汽车点火器。

① 霍尔汽车点火器工作原理。如图 4-28 所示为霍尔汽车点火器工作原理图。图 4-28a 所示为汽车点火器的外形，其内部有初、次级两组线圈。图 4-28b 所示为霍尔汽车点火器结构示意图。汽车点火器的初级线圈一端经开关装置 S 与车上低压直流电源正极连接。汽车点火器的线圈在断开的瞬间，感应出高电压将火花塞点火间隙的燃油混合气体击穿形成火花，点燃气缸中的燃油混合气做功，使发动机开始转动。

图 4-28b 中磁轮鼓圆周装有永磁铁和软铁构成的磁路。磁路和霍尔传感器 SL3020 保持适当的间隙。永磁铁按磁性交替排列并等分嵌装在磁轮鼓圆周上。当磁轮鼓转动时，磁铁 N 极和 S 极交替地在霍尔传感器的表面通过，霍尔传感器会输出一串脉冲信号。这些脉冲信号

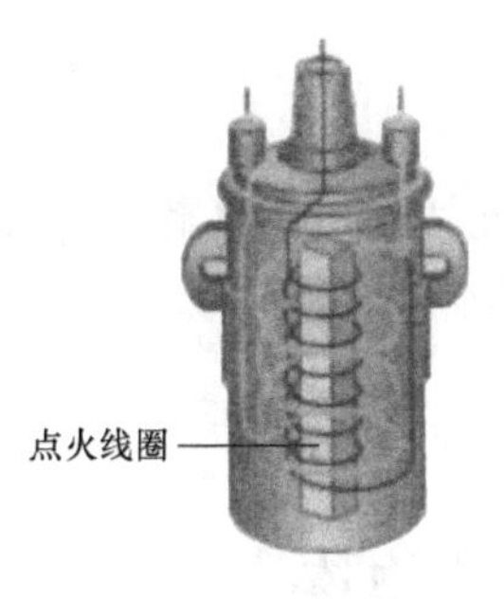

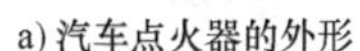

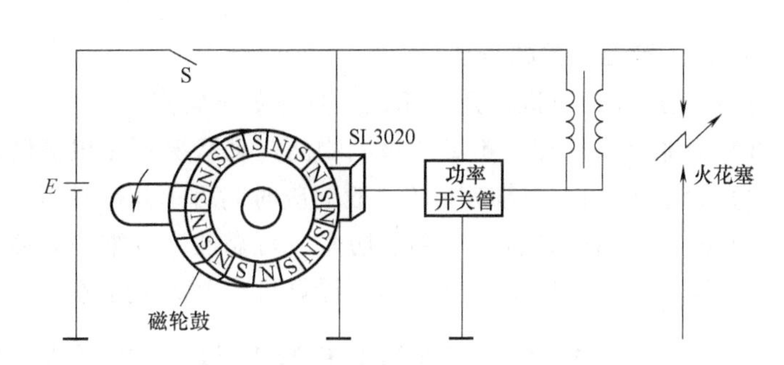

a) 汽车点火器的外形　　b) 霍尔汽车点火器结构示意图

图 4-28 霍尔汽车点火器工作原理图

触发功率开关管，使它导通或截止，在点火线圈中就可输出 30~50kV 的感应高电压，点燃气缸中的燃油，使发动机工作。

② 霍尔汽车点火器的应用。图 4-29 所示为霍尔汽车点火器在桑塔纳汽车中的应用。当触发器叶片遮挡在霍尔集成电路前面时，电路输出低电平，功率开关管处于导通状态，点火器一次绕组有大电流通过并以磁场能量的形式储存起来。当触发器叶片的槽口（缺口）转到霍尔集成电路前面时，电路跳变为高电平输出，经反相变为低电平，功率开关管处于截止状态，切断点火器一次绕组的电流，则在二次绕组中感应出 30~50kV 的高电压。随着发动机的转动，带动分电器转轴使分火头按照一定的顺序点燃气缸，发动机做功连续运行。

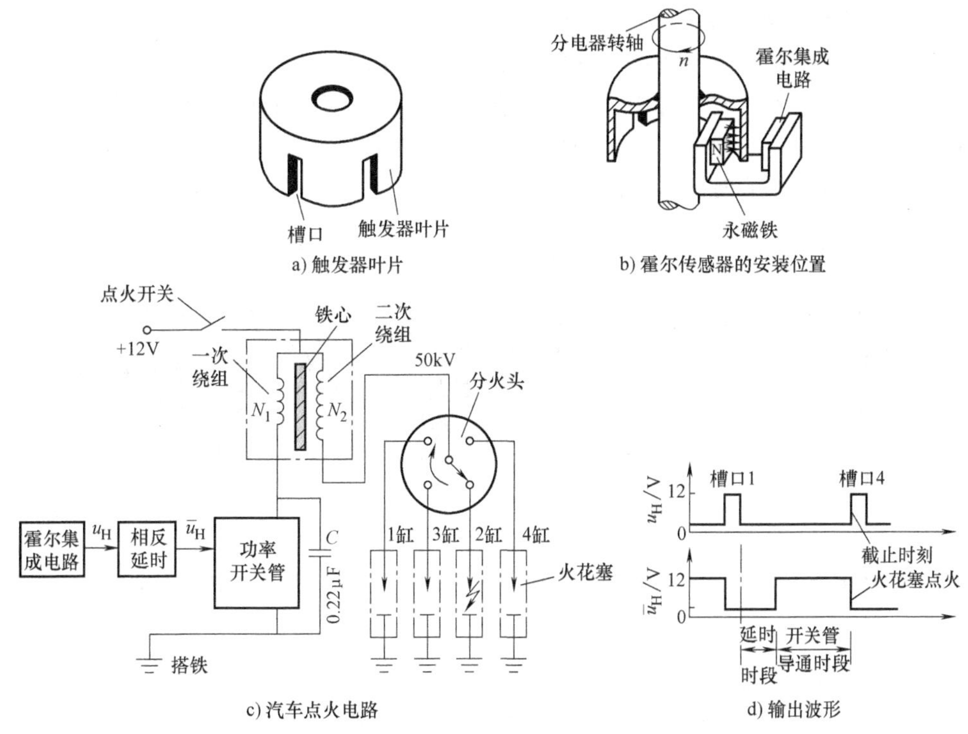

图 4-29 桑塔纳汽车霍尔点火器结构示意图

采用霍尔传感器制成的霍尔汽车点火器为无触点开关，使用寿命长，点火能量大，气缸中气体燃烧充分，点火时间准确，可提高发动机的性能。

3. 霍尔接近开关的特点

霍尔接近开关与机械开关相比，具有如下特点：

1）为非接触检测，不影响被测物的运动状况；无机械磨损和疲劳损伤，工作寿命长。

2）为电子器件，响应快（一般响应时间可达几毫秒或几十毫秒）。

3）采用全封闭结构，防潮、防尘，可靠性高且维护方便。

4）可以输出标准电信号，易与计算机或 PLC 配合使用。

任务二　利用干簧管接近开关检测磁性物体

【任务引入】

磁性物质的检测除了可以用霍尔接近开关外还可用干簧管接近开关进行，干簧管接近开关功耗小、灵敏度高、响应快，广泛用于电子电路和自动控制设备中。本任务学习、探究干簧管接近开关的工作原理、特性与应用。

【做中学】

1. 器材准备

干簧管（带线圈、无线圈两种）、永磁铁、气缸（活塞端部装磁铁）、水槽或水杯、细线、滑轮、万用表等。

2. 认识干簧管接近开关

干簧管接近开关简称为干簧管，或称为干式舌簧管，其结构如图 4-30 所示，它的舌簧片密封在充有惰性气体的玻璃管中，由铁镍合金做成，舌簧片的接触部分（触点）通常镀以贵重金属（如金、铑、钯等），接触良好，具有优良的导电性能。干簧管能防止尘埃的污染，减少触点的腐蚀，从而提高工作的可靠性。

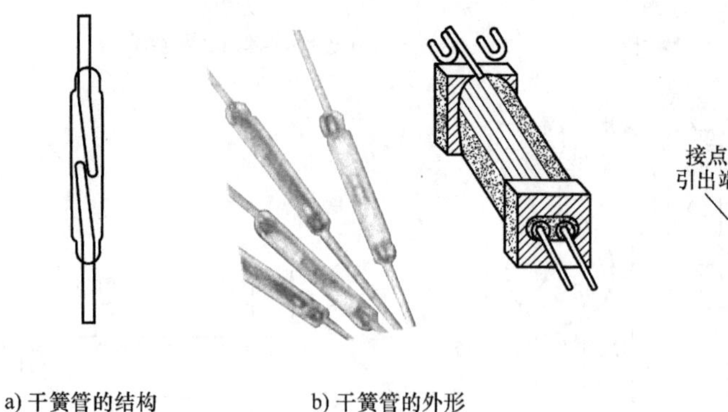

a) 干簧管的结构　　b) 干簧管的外形　　c) 外加驱动线圈的干簧管结构

图 4-30　干簧管

3. 干簧管工作特性实验

如图 4-31 所示，当永久磁铁靠近干簧管时，观察到干簧管的舌簧片闭合；移开永久磁铁，干簧管的舌簧片断开。

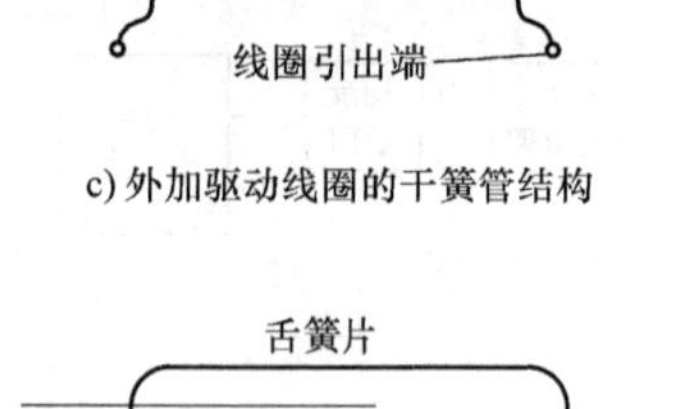

图 4-31　永磁干簧管工作特性实验

实验结论：干簧管可以用铁磁物质的磁性来驱动它的舌簧片闭合，如在电路中则可控制

电路的通断。

4. 用干簧管接近开关测量水箱水位

图 4-32 所示为利用干簧管测量水箱水位的原理图，整个测量系统由浮球、滑轮、干簧管、永磁铁等组成。当浮球由于液面的升降而上、下运动时，滑轮和绳索将带动永磁铁上下移动，当磁铁移动到干簧管的设定位置时，干簧管内的常开触点在永磁铁磁场的作用下接通；当永磁铁移开时，触点释放。根据干簧管触点的通、断情况即可得知水位信号。

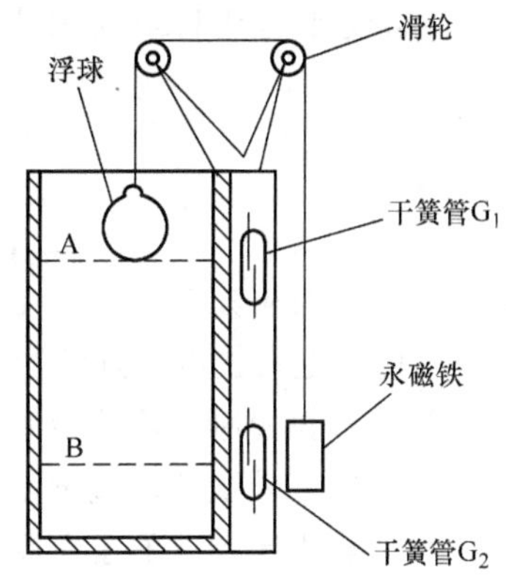

图 4-32　利用干簧管测量水箱水位的原理图

正常情况下，水箱的水位在 A、B 之间时，干簧管 G_1 和 G_2 不受永磁铁磁场的作用，G_1、G_2 内部的常开触点都处于断开状态，水泵电动机不工作。

当液位下降到低于 B 点的位置时，永磁铁接近干簧管 G_2，G_2 内部的常开触点接通。在 G_2 常开触点接通的瞬间，控制电路使水泵电动机开始工作，向水箱内注水。随着水位不断升高至高于 A 点的位置时，永磁铁接近干簧管 G_1，G_1 内部的常开触点闭合，控制电路使水泵电动机停止工作，即停止注水。随着水量的消耗，水位再次下降，永磁铁再次接近干簧管，使水泵电动机工作，向水箱内注水，依此循环工作。

【知识学习】

干簧管的工作原理：干簧管在工作时，由永磁铁或线圈产生的磁场施加于干簧管上，使干簧管的两个舌簧片磁化而动作。当磁性物质靠近干簧管或线圈通电后，干簧管中两舌簧片的自由端分别被磁化成 N 极和 S 极而相互吸引，接通被控制的电路；磁性物质远离干簧管或线圈断电后，舌簧片在本身弹力作用下分开复位，控制电路被断开。

干簧管用永磁体驱动时可反映非电信号，用于限位及行程控制、非电量检测等，常做成磁控开关，用于报警装置、门磁开关等。当干簧管用线圈驱动时，即可作为继电器使用。电子电路中只要使用自动开关，基本上都可以使用线圈驱动式干簧管，以迅速切换电路。它比一般的继电器性能更好，具有吸合功率小、灵敏度高、响应快、行程小、触点电气寿命长的优点，广泛应用于卫星天线、程控交换机、复印机、冰箱、电子煤气表、水表中。

【项目评价】

项目评价标准见表 4-4。

表 4-4　项目评价标准

项　　目	配分	评 价 标 准	得分
气缸活塞定位测控	30	霍尔接近开关接线正确、操作熟练	
水箱水位测量实验	30	接线方法正确、操作熟练	
新知识学习	20	懂得霍尔接近开关、干簧管的特性及使用方法	
团队协作与纪律	20	遵守纪律、团队协作好	

【思考与提高】

1. 霍尔接近开关只能检测______________，常用来检测____________________。

2. 干簧管按驱动方式可分为__________________。分别用于__________________
____。

3. 试分别画出霍尔接近开关与 PLC、继电器的检测连接图。

4. 试设计出图 4-30 所示的利用干簧管测量水箱水位的控制电路，并分析其工作原理。

项目三　一般物体位置的检测

职业岗位应知应会目标

1. 理解电容式接近开关的结构、工作原理和特性。
2. 能根据控制设备和控制要求选择合适的电容式接近开关。
3. 能按要求安装、调试电容式接近开关。
4. 理解光电器件的工作原理和特性。
5. 会制作、调试路灯控制器。
6. 了解光电接近开关的结构。
7. 掌握光电接近开关的工作原理和检测物体的特点。
8. 能按要求安装、调试光电接近开关。
9. 了解光纤传感器、热释电红外传感器检测物体的特点。

任务一　认识电容式接近开关

【任务引入】

检测金属物体的位置时，可以选择电感式接近开关；检测磁性物质的位置时，可以选择霍尔接近开关或者干簧管接近开关。那么，当检测绝缘介质如塑料、谷物、油的液面等的位置时，应选择哪种检测器件？电容式接近开关可以检测金属、非金属、液位高度、粉状物高度、塑料、烟草等。本任务主要学习、探索电容式接近开关的特性与工作原理。

【做中学】

1. 器材准备

NPN-NO 型电容式接近开关（直流 24V）、24V 直流继电器、0~25V 交直流稳压电源。

2. 认识电容式接近开关

常用电容式接近开关的外形如图 4-33 所示，它可分为超小结构、标准结构、防水结构和长检测距离结构等，外形上与电感式接近开关很类似，接线方法与电感式接近开关相同。

3. 电容式接近开关检测物体的实验

1）按图 4-5 或图 4-17 所示将电容式接近开关与继电器或 PLC 连接，检查接线正确后给电路上电。

2）将金属、塑料圆柱体慢慢靠近电容式接近开关到一定的距离时，观察到继电器动作或 PLC 相应的输入指示灯点亮。

这一实验表明：电容式接近开关可以检测金属与非金属物质。

a) 方形

b) 圆形

c) 长检测距离

图 4-33　常用电容式接近开关的外形

3）重做上述实验，观察检测距离。

观察发现：电容式接近开关对金属物体可以获得最大的检测动作距离，对非金属物体的检测动作距离小于金属物体。

4）将电容式接近开关固定在玻璃杯中一定的高度，如图 4-34 所示，向玻璃杯中慢慢加入水，观察电容式接近开关对水的检测距离。

通过比较发现：电容式接近开关对非金属物体的动作距离决定于材料的相对介电常数 ε_r，材料的相对介电常数越大，可检测的动作距离越小。

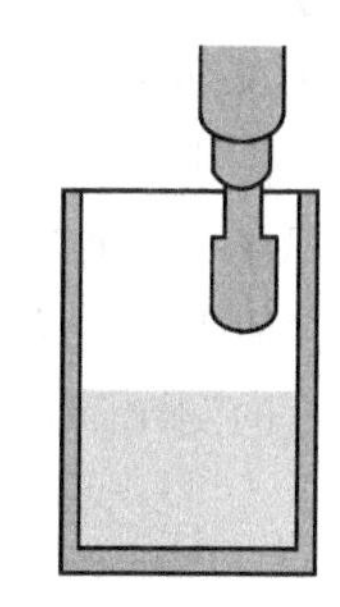

图 4-34　对水检测距离测定

常用材料的相对介电常数见表 4-5。

表 4-5　常用材料的相对介电常数

材料	ε_r	材料	ε_r	材料	ε_r	材料	ε_r
水	80	软橡胶	2.5	合成树脂	3.6	米	3.5
大理石	8	松节油	2.2	赛璐璐	3	聚丙烯	2.3
云母	6	木材	2~7	普通纸	2.3	纸碎屑	4
陶瓷	4.4	酒精	25.8	有机玻璃	3.2	石英玻璃	3.7
硬橡胶	4	电木	3.6	聚乙烯	2.3	硅	2.8
玻璃	5	电缆	2.5	苯乙烯	3	石英砂	4.5
硬纸	4.5	石蜡	2.2	空气	1	汽油	2.2

【知识学习】

1. 电容式接近开关的基本结构及原理

电容式接近开关是由一个或几个具有可变参数的电容器组成。它的特点是可动部分的移动力非常小、能耗少、测量准确度高、结构简单、造价低廉，被广泛应用于直线位移、角位移及介质的几何尺寸等非电量的测量；它还可测量金属的表面状况、距离尺寸、油膜厚度、原油及粮食中的含水量，以及测量压力和加速度等。在自动检测和自动控制系统中也常用作位置信号发送器。

电容式接近开关的基本工作原理可用图 4-35 所示的平板电容器来说明。当忽略边缘效应时，平板电容器的电容为

$$C=\frac{\varepsilon A}{d}$$

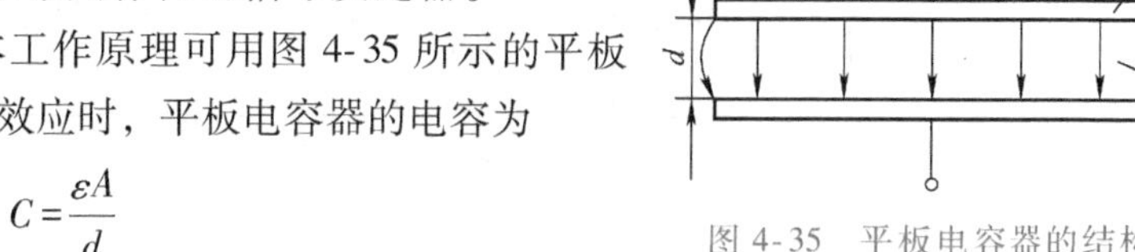

图 4-35　平板电容器的结构

式中　A——两极板相互遮盖的面积；

d——极板间距离；

ε——极板间介质的介电常数。

当 d、A 和 ε 中的某一项或某几项有变化时，电容器的电容量 C 也随之改变，从而改变输出电压或电流。d 和 A 的变化可以反映线位移或角位移的变化，也可以间接反映弹力、压力等变化；ε 的变化则可反映液面的高度、材料的温度等变化。

实际应用时常使 d、A、ε 三个参数中的两个保持不变，而改变其中一个参数来使电容器的电容量 C 发生变化。所以电容式接近开关（传感器）可以分为三种类型：改变极板距离 d 的变极距式；改变极板面积 A 的变面积式；改变介电常数 ε 的变介电常数式。

图 4-36 是电容式传感器改变参数的几种形式，其中图 4-36a 通过改变极距来改变电容量，可用作线位移传感器；图 4-36b 通过改变平板相对面积改变电容量，也可用作线位移传感器；图 4-36c 通过改变扇形面积改变电容量，可用作角位移传感器；图 4-36e 通过改变极板间的介质即改变介电常数来改变电容量，常用于固体或液体的物位测量以及各种介质的湿度、密度的测定。

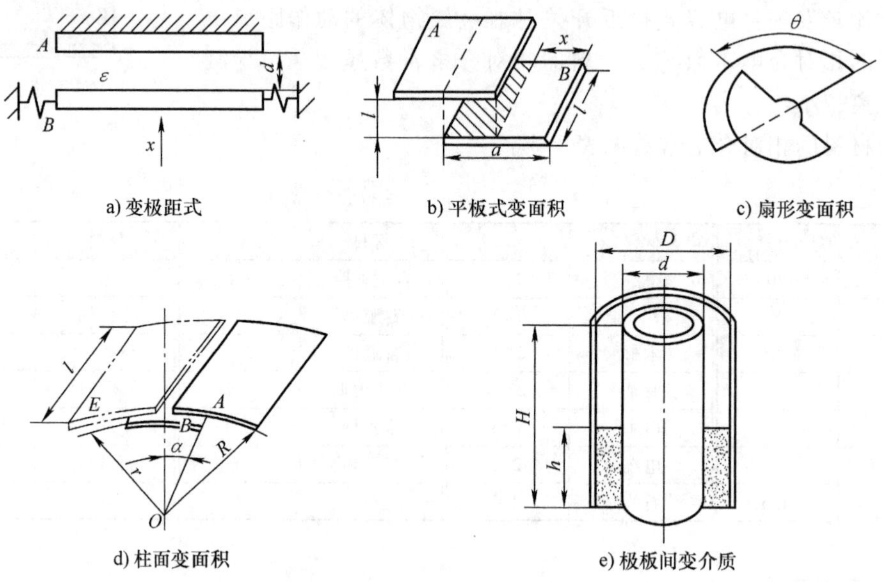

a) 变极距式　b) 平板式变面积　c) 扇形变面积

d) 柱面变面积　e) 极板间变介质

图 4-36　电容式传感器改变参数的几种形式

2. 电容式接近开关的工作原理

电容式接近开关的工作原理与电感式接近开关的工作原理类似，如图 4-37 所示。二者都是感应到被测物体后改变振荡电路的工作状态从而改变输出状态，不同的是电感式接近开

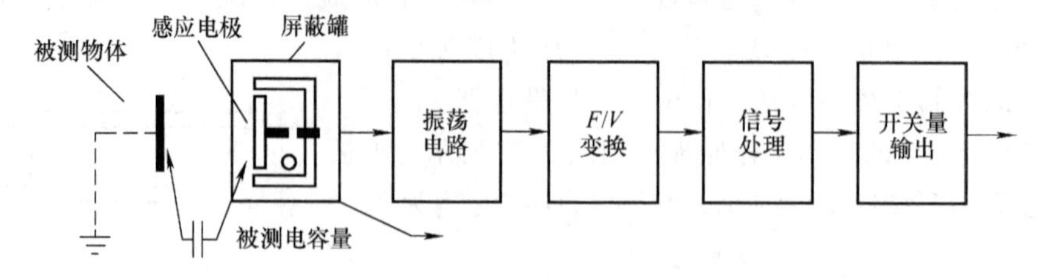

图 4-37　电容式接近开关的工作原理

关感应到被测物体后产生涡流效应，电容式接近开关检测到被测物体时是改变被测电容量而改变电路的工作状态。

任务二 利用电容式接近开关检测物体位置

【任务引入】

生产中人们常常需要检测物体（物料）的位置，如容器中液体的液面或仓库中物料的高度等，由于它们不导电、不导磁，需选用电容式接近开关进行检测。

【技能训练】

1. 器材准备

带玻璃连通管的水箱或热水器1个、电容式接近开关2个、UYB-1型电容式液位变送器、万用表、0~25V可调直流电源。

2. 观测水箱水位

如图4-38所示，水箱与可观测的玻璃管相连通，通过检测玻璃管的水位即可检测水箱内的水位。在水箱的不同高度处，安装两个电容式接近开关。手动打开进水阀门（假设水箱中液位为零），观察水箱液位由低到高分别经过两个电容式接近开关时它们的动作情况（观察接近开关上指示灯的变化）。然后手动打开放水阀门，观察水箱液位由高到低经过两个电容式接近开关时它们的动作情况并做记录。

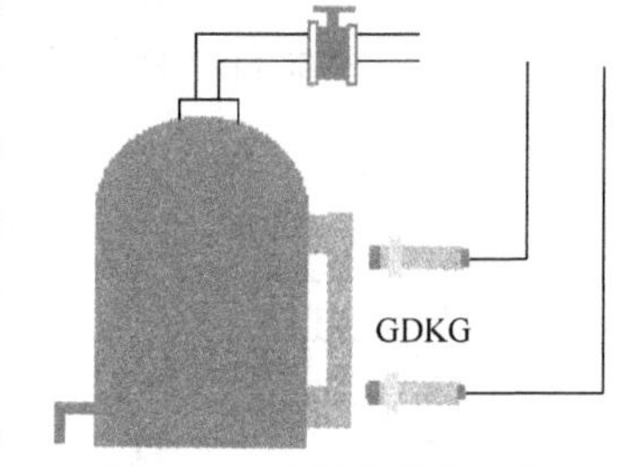

图4-38 水箱水位的观测

注意：当接近开关与检测体之间隔有不灵敏的物体如玻璃、纸带等时，调节接近开关上的电位器可使之不检测夹在中间的物体，调节该电位器还可以调节工作距离。当接近开关检测到待测物时，接近开关动作，工作状态指示灯亮。

3. 安装、调试电容式液位变送器

（1）认识液位变送器。UYB-1型杆式与缆式电容式液位变送器的结构示意图如图4-39所示，它们分别适用于各种储液容器中导电液体和非导电液体的液位测量。变送器由电容式液位传感器和信号转换器两部分组成。被测液体浸没电容式液位传感器的内、外两电极的高度，即为液位的高度，与两电极间的电容量C相对应。图4-40所示为电容式液位变送器的电路接线及电位器位置示意图，变送器采用射频电容法测量原理，输出为两线制DC4~

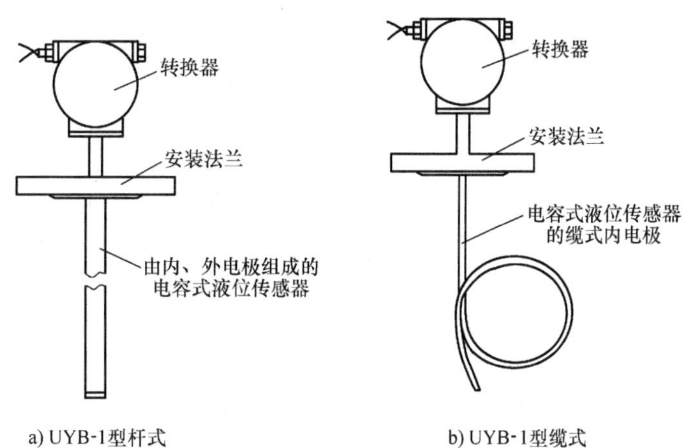

图4-39 UYB-1型杆式与缆式电容式液位变送器的结构示意图

20mA 标准电流信号。图 4-41 所示为电容式液位变送器的外形。

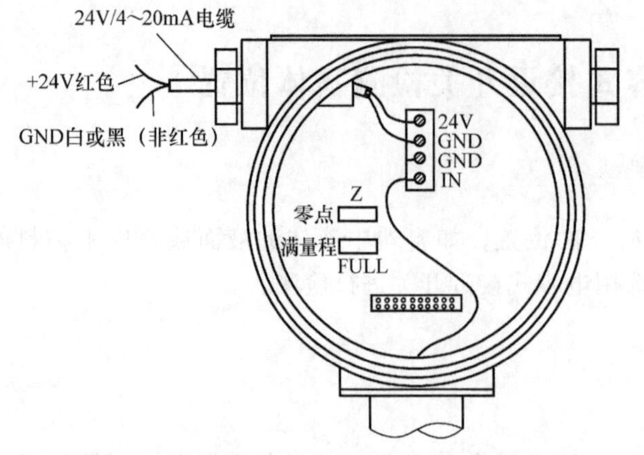

图 4-40 电容式液位变送器的电路接线及电位器位置示意图

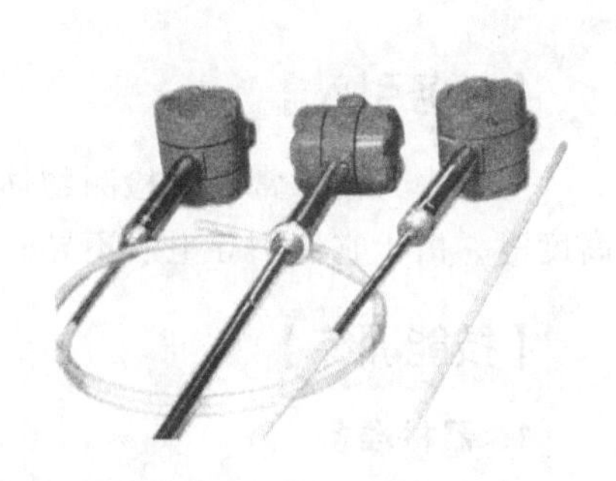

图 4-41 电容式液位变送器的外形

（2）液位变送器的安装。

1）在金属或非金属容器中安装杆式液位变送器。杆式液位变送器在金属或非金属容器中的安装如图 4-42a 所示。由于杆式变送器的电容式液位传感器自身已具有齐全的内、外两个电极，不论容器材料是否是金属的，都无需另设外电极。

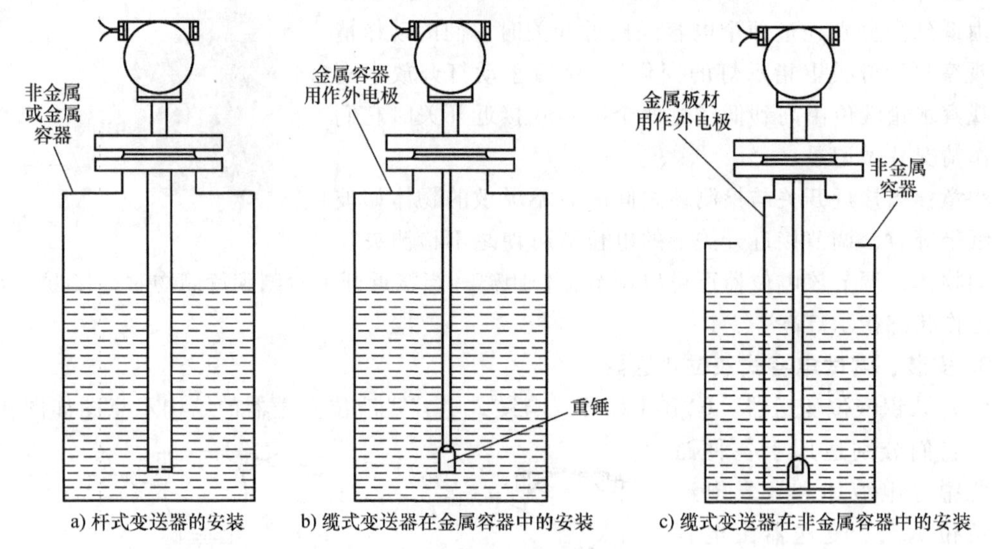

图 4-42 UYB 系列电容液位变送器的安装

2）在金属容器中安装缆式液位变送器。缆式液位变送器在金属容器中的安装如图 4-42b 所示。安装时，应使缆式电极周围远离金属容器内壁，以免电极晃动影响测量结果。必要时可用绝缘性能好的材料对缆式电极设置支撑，也可加装内径不小于 50mm 的金属保护管。采取这些措施时，要避免损伤缆式电极表面的绝缘层。加装的金属保护管兼作传感器的外电极，必须与变送器的外壳有良好的电气接触。保护管的下端必须有进液孔，上端必须有排气孔。

3）在非金属容器中安装缆式液位变送器。缆式液位变送器在非金属容器中的安装如图 4-42c 所示，图中作为外电极的金属板材表面不得有绝缘涂层，它与变送器外壳，以及与被测液体之间，都必须有良好的电气接触。

（3）电路接线。杆式、缆式变送器的电路接线相同，如图 4-40 所示。

杆式变送器在出厂前已将零点和量程校准，其测量结果与安装现场无关。如果用户不需要改变量程，安装后即可直接使用，无需在安装现场重新调整。若发现零点有变动，只需重新校准零点，无需重新校准量程。若要改变量程，则应先调整零点，后调整量程，反复调整几次，使零点和满量程都准确。

缆式变送器自身不具有外电极，其外电极需要在安装现场根据具体安装条件另外设置。因此，缆式变送器在出厂前只能模拟安装现场的条件调试零点和量程。一般，在安装后应利用现场液位可以上、下变化的条件重新调整零点和量程，要反复调整几次。

调试方法：可在 DC24V 电源的同一条电源线上串接标准毫安表，直接测量电流；也可在配套显示仪表 4~20mA 输入端的 1~5V 信号采集电阻（250Ω 标准电阻）上，用数字电压表测量电压，以间接测量电流。调试时，使液位上、下变化，反复调整零点和量程。当液位处于用户认定的零位时，调整零点电位器“Z”，使输出为 4mA；当液位处于用户认定的满量程位置时，调整满量程电位器“FULL”，使输出为 20mA。反复调整几次，使零点和满量程输出都准确。调试时所需调整的零点电位器“Z”和满量程电位器“FULL”在印制电路板上的位置如图 4-40 所示。

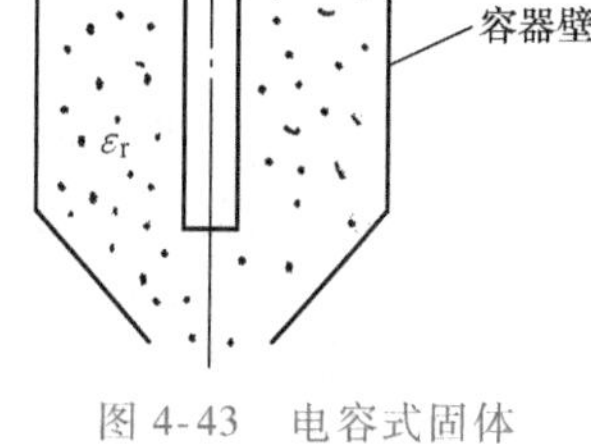

图 4-43　电容式固体料位传感器

生产中用这种类似的方法也可以测量固体块状、颗粒体及粉料的粒位。由于固体的摩擦系数较大，容易产生滞留现象，一般用极棒和容器壁组成电容器的两个电极来测量非导电固体物料的料位，如图 4-43 所示。当固体物料的料位发生变化时，会引起极间不同介电常数介质的高度发生变化，因而导致电容变化，达到测量的目的。

如果测量物是导电固体物料，应在电极外套上绝缘套管。

【知识拓展】

1. 电容式液位限位仪

在生产生活中，常需对贮存罐中的固体颗粒或液体等存储到某一位置时进行限定并发出报警信号和控制信号，这种仪器就是限位仪，如贮存罐（塔）的液位限位仪。液位限位仪与液位变送器的区别在于它不给出模拟量，而是给出开关量。当液位到达设定值时，液位限位仪输出低电平或高电平。图 4-44 所示为某电容式液位限位仪的实物。智能化液位限位仪的设定方法十分简单，如图 4-45 所示，液体快到需限定的位置时，用手指压住设定按钮，当液位达到设定值时，放开按钮，智能限位仪器就记住该设定。正常使用时，当水位高于该点后，液位限位仪即可发出报警信号和控制信号。液位限位仪的按钮布置如图 4-46 所示。

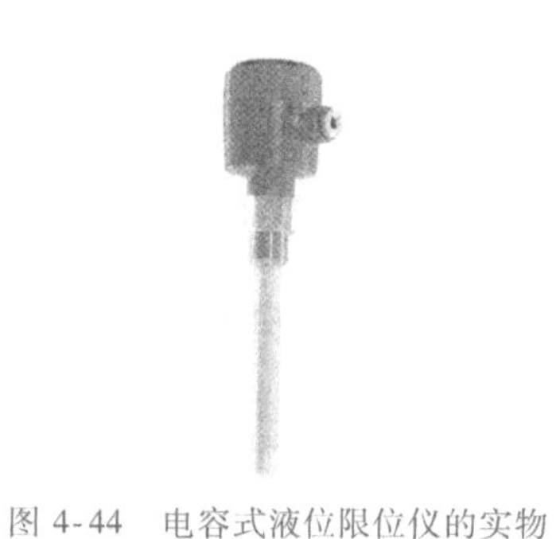
图 4-44　电容式液位限位仪的实物

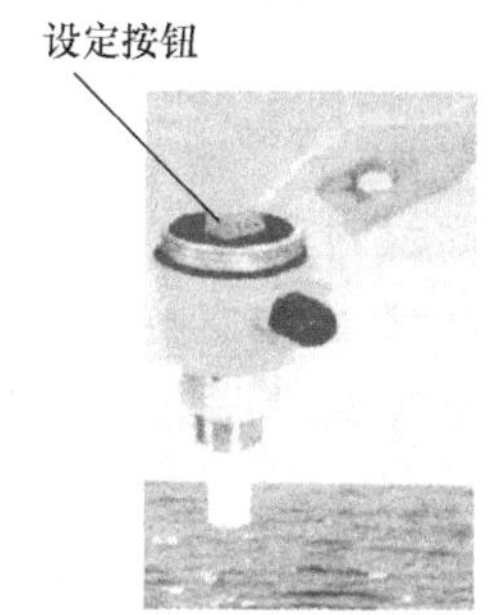

图 4-45　智能化液位限位设定

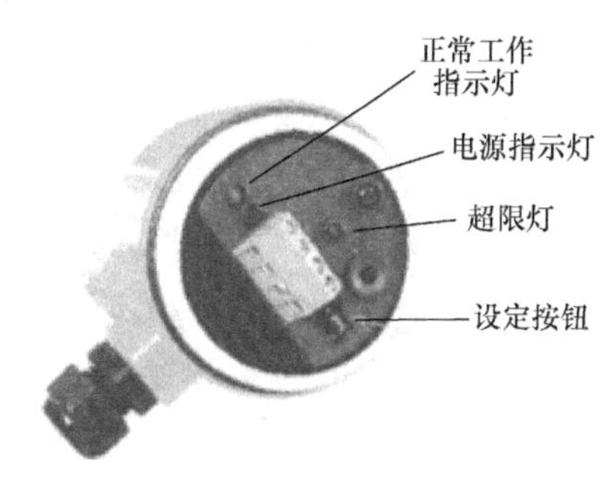

图 4-46　液位限位仪的按钮布置

电容式传感器不仅可用于料位、位移等长度量的精密测量，还广泛应用于压力、转速、荷重、角度、振动、成分含量及热工参数的测量。

2．压力测量

电容式压力传感器的结构示意图如图4-47所示，图中膜片电极1为电容器的动极板，2为电容器的固定电极。当被测压力作用于膜片电极上时，膜片电极产生位移，两极板间距离发生改变，使电容器的电容量改变。当两极板间距离 d 很小时，压力和电容量之间为线性关系。

3．转速测量

在齿状物如齿轮旁边安装一个电容式传感器（接近开关），如图4-48所示，当转轴转动时，电容式接近开关周期地检测到齿轮的齿端端面，就能输出周期性的变化信号。该信号经放大、变换后，可以用频率计测出其变化频率，从而测出转轴的转速。若转轴上开有 z 个槽，频率计读数为 f（单位为Hz），则转轴的转速 n（单位为r/min）的数值为

$$n=\frac{60f}{z}$$

齿状物转速测量也可以用霍尔接近开关、电感式接近开关进行。

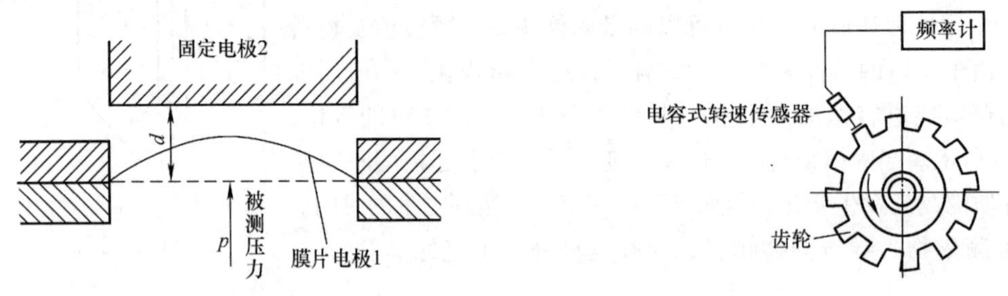

图4-47　电容式压力传感器的结构示意图　　图4-48　电容式转速传感器

4．带材厚度测量

图4-49所示是电容式传感器测量带材厚度示意图，被测金属带材与其两侧电容器极板构成两个电容 C_1 和 C_2，把两电容极板连接起来，它们和带材间的电容为 $C=C_1+C_2$。当带材厚度发生变化时，电容量也随之变化。

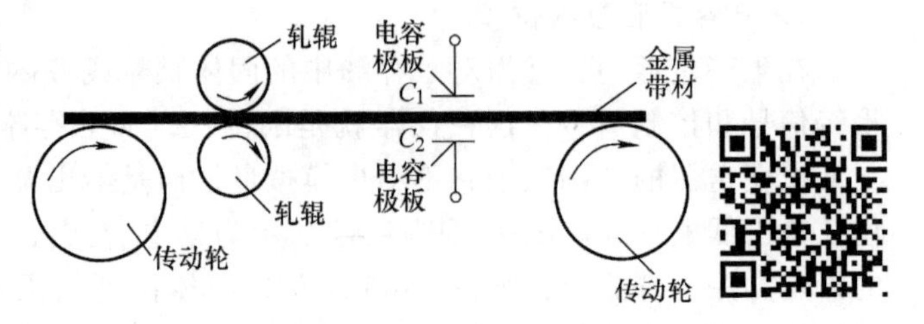

图4-49　电容式传感器测量带材厚度示意图

5．电容式接近开关的使用注意事项

1）击穿电压。电容式传感器极板之间的空气隙 d 很小，这样两极板间就有被击穿的危险，通常在两极板间加云母片来避免。

2）极片材料受温度的影响。由不同材料制造成的传感器，具有不同的温度膨胀系数，为此在决定传感器尺寸和选材时均要考虑温度的影响。

3）连接线问题。电容式传感器的电容值均很小，一般在皮法级，因而连接线通常使用分布电容极小的高频电缆。

4）不同的电容式接近开关，输出提供的端口数量也不一样，有两线、三线、四线，甚至五线。在使用之前，一定要看接近开关上的铭牌，否则可能会因为电压不相称而烧坏设

备。直流（DC）二线制的接近开关具有0.5～1mA的静态泄漏电流，在一些对DC二线制接近开关泄漏电流要求较高的场合下应尽量使用DC三线制接近开关。

5）电容式接近开关理论上可以检测任何物体，但当检测过高介电常数的物体时，检测距离会明显减小，这时即使增加接近开关灵敏度也起不到效果。

6）电容式接近开关的接通时间为50ms，所以，当负载和接近开关采用不同电源时，务必先接通接近开关的电源。

7）避免接近开关在化学溶剂，特别是在强酸、强碱的环境下使用。

8）由于受潮湿、灰尘等因素的影响比较大，为了使电容式接近开关长期稳定工作，请务必进行定期的维护，包括检测物体和接近开关的安装位置是否有移动或松动、接线和连接部位是否接触不良、是否有粉尘粘附等。

任务三　认识光电器件

【任务引入】

光电器件是光电传感器中将光信号转化为电信号的核心器件，它是利用半导体材料的光电效应进行工作的。常用的光电器件主要有光敏电阻、光电二极管、光电晶体管、光电池等。本任务主要学习常用光电器件的特性与应用。

【做中学】

1. 器材准备

GL3516型光敏电阻、3DU5型光电晶体管、0～25V交直流稳压电源、干簧管、开关、直流电动机、万用表。

2. 认识光敏电阻

常用的光敏电阻以CdS（硫化镉）为主要成分，它的外形、结构和图形符号如图4-50所示。为了吸收更多的光线，光敏电阻通常制成薄膜结构，呈梳状，以增强光电导体的受光面积，获得更高的灵敏度。为防止光电导体受潮而影响光敏电阻的灵敏度，一般是将光电导体严密封装在玻璃壳体中。

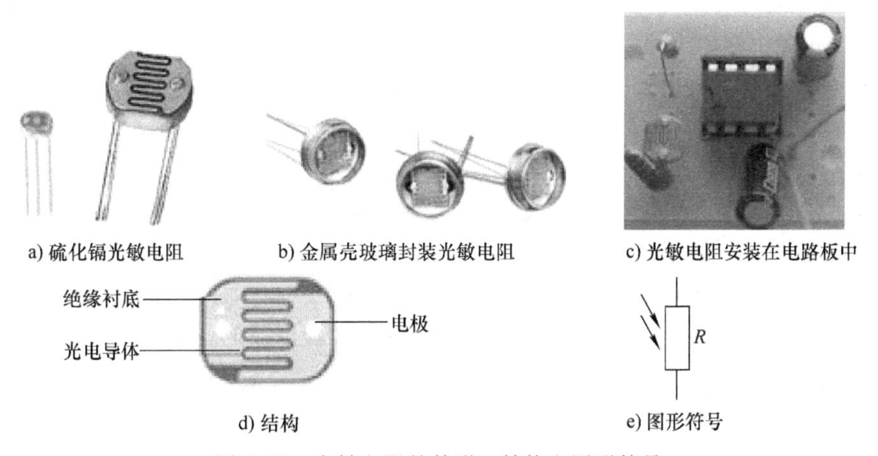

图4-50　光敏电阻的外形、结构和图形符号

1）测试光敏电阻的亮电阻与暗电阻。用万用表电阻档测量光敏电阻受光照时的电阻，这种状态下的电阻称为亮电阻。再用黑纸将光敏电阻严密包封起来，露出引脚，测量其电阻值，这种没有光照时的电阻，称为暗电阻。比较亮电阻与暗电阻，对于同一光敏电阻，暗电阻一定大于亮电阻。例如，GL3516 型硫化镉光敏电阻的亮电阻为 5~10kΩ，暗电阻为 0.6~1MΩ。

同一个光敏电阻，亮电阻与暗电阻的差值越大，其灵敏度就越高。

2）光敏电阻的应用。车库光控门电路如图 4-51 所示，该电路中光敏电阻被装到车库旁并保证汽车的灯光能照射到，把带动大门的电动机接在干簧管电路中。晚上汽车开到大门前，灯光照射到光敏电阻时，干簧管继电器接通电动机电路，电动机带动大门开启。

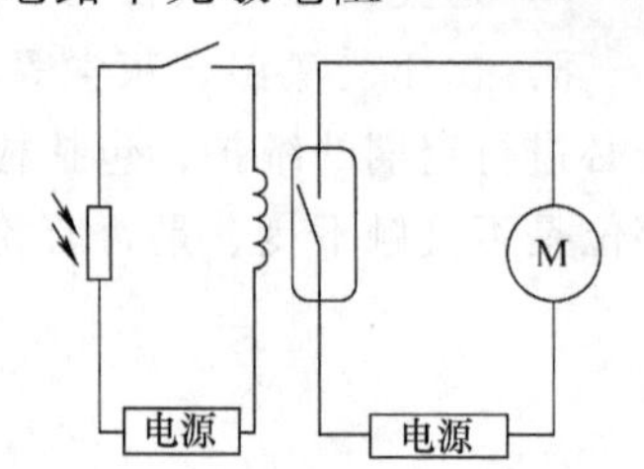

图 4-51 车库光控门电路

3. 认识光电二极管

光电二极管是一种将光能转变为电能的敏感性二极管，它广泛地应用于各种自动控制系统中，其外形与图形符号如图 4-52 所示。

a) 普通光电二极管

b) 安装在电路板上的红外光电二极管

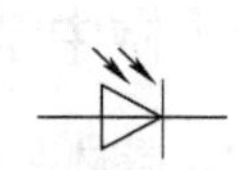
c) 图形符号

图 4-52 光电二极管的外形与图形符号

（1）光电二极管的类型与用途。常用的光电二极管有普通光电二极管、红外光电二极管和视觉光电二极管三种类型。

普通光电二极管可作为光电转换器、近红外光探测器，也可用在光纤通信中接收光信号。

红外光电二极管可将红外发光二极管等发射的红外光转为电信号，用于遥控接收系统以及自动控制系统中。

视觉光电二极管对人眼可见光电感，对红外光无反应，即接收红外光时完全截止。

（2）实验。

1）测试光电二极管的极性。测试方法与测试普通二极管极性的方法一样，此处不再赘述。

2）测试光电二极管在有、无光照射时的反向电阻。测试无光照射时的反向电阻可采用黑纸包封的方法。

测试结论：在无光照射时，光电二极管反向电阻可达到几兆欧；有光照射时，下降到几百欧姆。根据这一特性，在实际应用时，光电二极管常被反向连接在电路中，这与普通二极管的接法是相反的，如图 4-53 所示。

在图 4-53 中，当没有光照射到 VD 上时，反向电阻很大，VD 不导通。当有光照射到 VD 上时，反向电阻减小，VD 导通，R_L 上有电压输出。

(3) 光电二极管的应用。图 4-54 所示是一种防入侵式的防盗报警器的结构示意图。在该结构的通道中设置了多组直射式光电传感器（图示为其中的一组），由 LED 发出的红外光照射到光电二极管 VD 上，VD 的连接方式如图 4-55a 所示。光电检测电路的工作原理框图如图 4-55b 所示，输出信号经过适当的延迟后加到与门的输入端，由与门输出信号去控制报警电路。

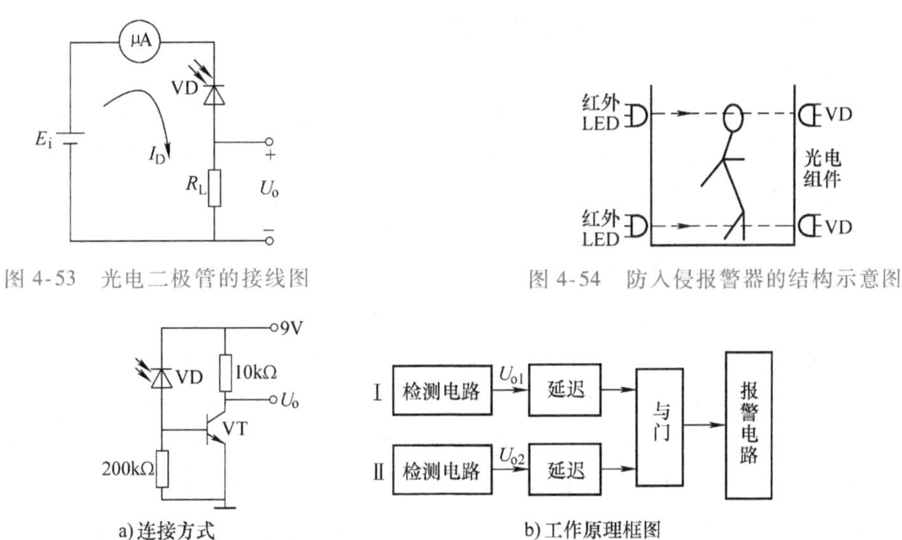

图 4-53 光电二极管的接线图

图 4-54 防入侵报警器的结构示意图

a) 连接方式 b) 工作原理框图

图 4-55 光电检测电路

1) 当有人入侵挡住光路时，VD 不导通，VT 截止，U_o 输出高电平。

2) 当有人迅速经过传感器时，由于挡住光路的时间比较短，电路输出的是一个窄脉冲，该窄脉冲受到延迟电路作用后对后级电路不会产生影响。

3) 当人体通过上、下两个光电传感器时，将有两个脉冲信号输出，这两个脉冲信号有一定的时间差，经过延迟处理后，输出信号为高电平，该信号会触发报警电路工作。

4) 设置两路光电传感器的目的是为了提高防盗报警电路的可靠性，避免夜间有小动物经过光电传感器时而导致误报警。

图 4-54 中直射光源为红外光，因为红外光人眼看不到，其隐蔽性好。如果采用大功率的红外发射二极管，则电路的警戒距离可以增大到几十米。

【知识拓展】

1. 光电晶体管

光电晶体管是具有放大功能的光电转换晶体管，其外形与图形符号如图 4-56 所示。光

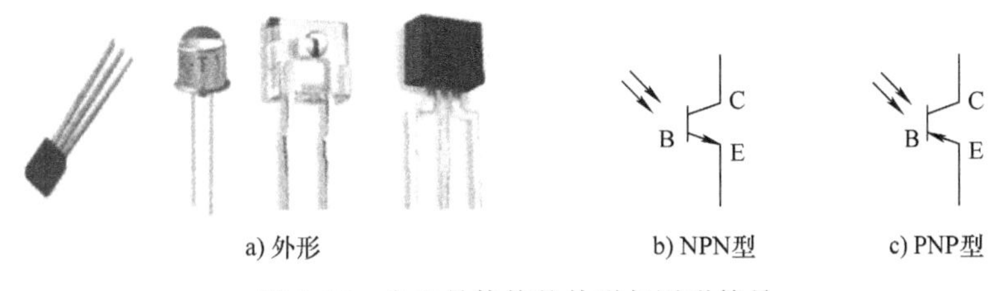

a) 外形 b) NPN型 c) PNP型

图 4-56 光电晶体管的外形与图形符号

电晶体管和普通晶体管相似，也分为 NPN 型和 PNP 型两种类型。为了增大管子的驱动功率，可采用达林顿结构的连接方式，如图 4-57 所示。

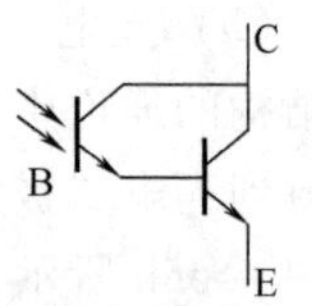

图 4-57 达林顿结构连接方式

光电晶体管有三引脚的，也有双引脚的。在三引脚的结构中，基极是可以利用的；在双引脚的结构中，光窗口就是管子的基极。

光电晶体管在无光照时和普通的晶体管一样，处于截止状态，当光信号照射到基极时，形成的光电流从基极输入晶体管，电流被放大后输出。

光电晶体管广泛应用于各种自动控制系统中，如光控继电器、光耦合器等。

（1）光控继电器。图 4-58 所示为光控继电器，当有光线照射到光电晶体管 VT_1 时，光电流经放大使晶体管 VT_2 饱和导通，继电器 K 得电，其开关 K 闭合，负载工作；当没有光线照射到 VT_1 时，VT_2 截止，继电器 K 失电。继电器 K 失电瞬间，其线圈产生的瞬时电磁感应电动势由二极管 VD 提供释放回路。

（2）光电晶体管控制电路如图 4-59 所示，光电晶体管 3DU5 的暗电阻（无光照射时的电阻）大于 1MΩ，亮电阻（有光照射时的电阻）约为 2kΩ。开关管 3DK7 和 3DK9 共同作为光电晶体管 3DU5 的负载。当 3DU5 上有光照射时，它被导通，从而在开关管 3DK7 的基极上产生信号，使 3DK7 处于工作状态；3DK7 则给 3DK9 的基极上加一信号使 3DK9 进入工作状态，并输出约 25mA 的电流，使继电器 K 通电工作，即它的常闭触点断开，常开触点闭合。当 3DU5 上无光照射时，电路被断开，3DK7、3DK9 均不工作，也无电流输出，继电器不动作，即常闭触点闭合，常开触点断开。因此通过有无光照射到 3DU5 上即可控制继电器的工作状态，从而控制与继电器连接的工作电路。

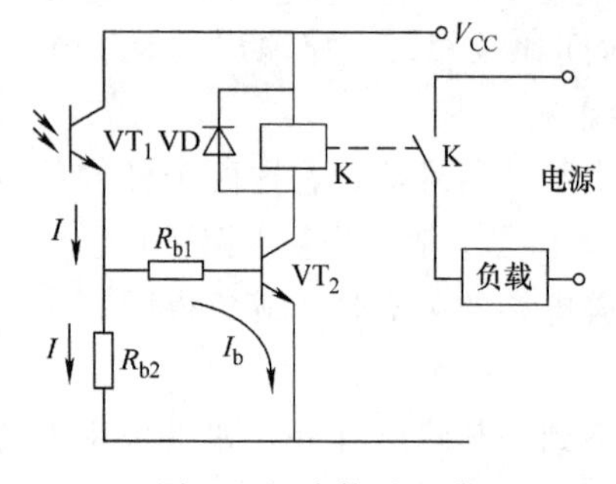

图 4-58 光控继电器

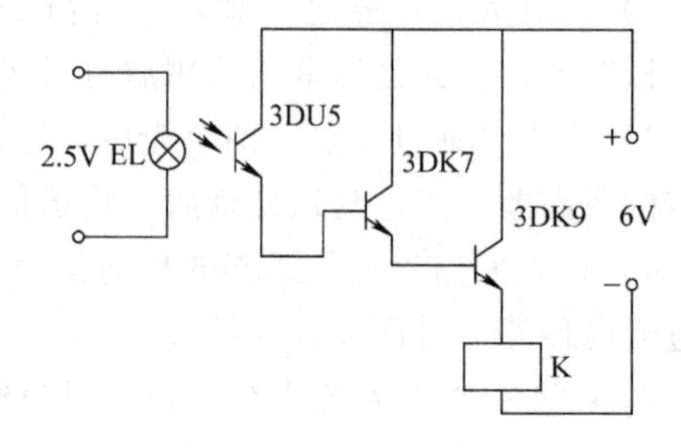

图 4-59 光电晶体管控制电路

2. 光耦合器

为了将输入与输出在电气上完全隔离，人们根据光电器件的特点研制出光耦合器，实物如图 4-60 所示。

图 4-60 光耦合器

光耦合器具有体积小、无触点、使用寿命长、工作温度范围宽、抗干扰性能强等特点，广泛应用于各种电子设备上，可用于隔离电路、负载接口及各种家用电器等。光耦合器从结构上可分为光电晶体管型、交流输入型和光电达林顿管型三种类型，其结构分别如图 4-61a、b、c 所示。

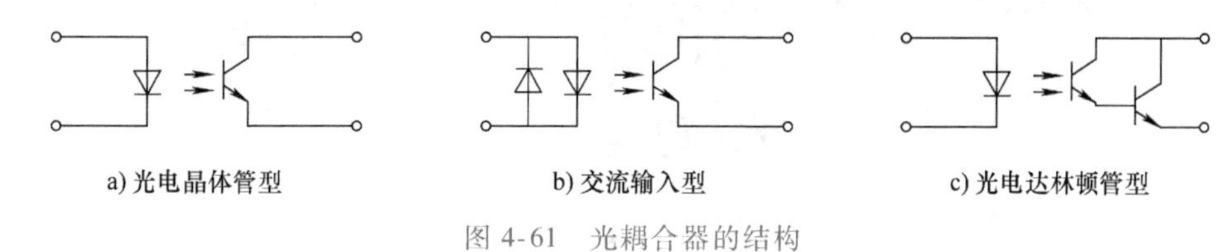

a) 光电晶体管型　　b) 交流输入型　　c) 光电达林顿管型

图 4-61　光耦合器的结构

例如，图 4-62 所示是由 4N25 光电晶体管型光耦合器驱动的接口电路。当输入端 U_i 为高电平时，4N25 输入端电流为 0，输出相当于开路，74LS04 输入端为高电平；输出为低电平；当输入端 U_i 为低电平时，74LS04 输出为高电平。

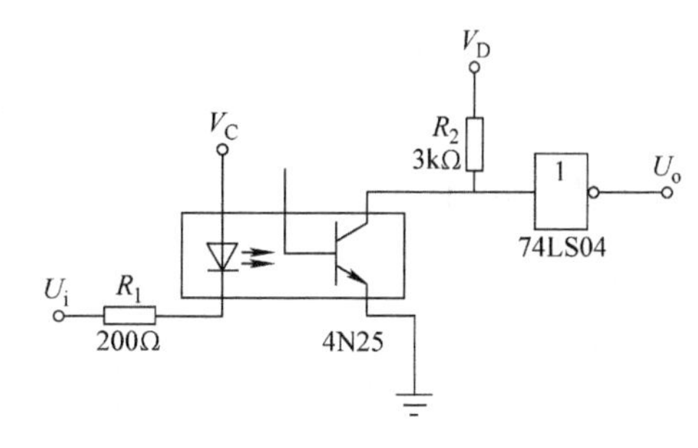

图 4-62　光电晶体管型光耦合器驱动的接口电路

3. 光电池

光电池又称为太阳电池，它是利用光线直接感应出电动势的光电器件，它能够接收不同强度的光照射，从而产生大小不同的电流。常见的太阳电池有硒光电池和硅光电池，其中硅光电池的光电转换效率高，应用也较广泛。常见光电池的实物与图形符号如图 4-63 所示。

光电池的结构类似于一个半导体二极管，为了增大受光量，其工作面都很大。

 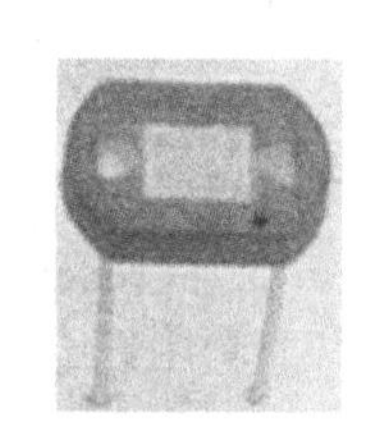 

a) 实物

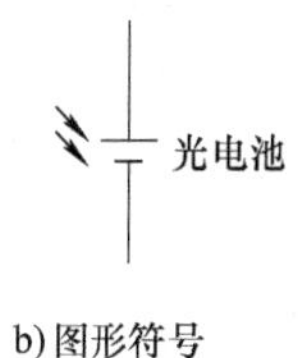

b) 图形符号

图 4-63　常见光电池的实物与图形符号

任务四　简易路灯控制器的制作

【任务引入】

城镇街道的路灯，企事业单位如工厂、学校的路灯基本上采用了路灯控制设备，它们有的采用定时设置的方法控制路灯的开与关，这种设备须根据季节的变化进行更新设置。有的则采用光电器件根据昼夜变更情况自动调节，还有的是将二者有机地结合起来制成智能型控制设备。图 4-64 所示是常用的路灯控制设备。本任务制作、调试采用光电器件控制路灯开、

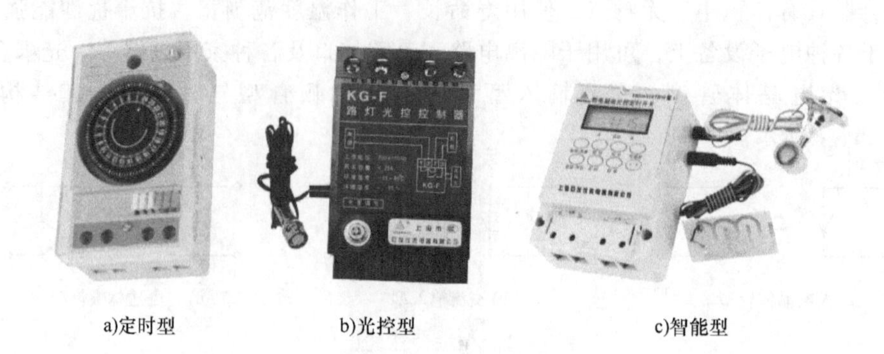

a)定时型　　b)光控型　　c)智能型

图 4-64 路灯控制设备

关的基本电路。

【技能训练】

1. 器材准备

主要器材见表 4-6。

表 4-6 主要器材

名称	代号	型号与规格	数量	名称	代号	型号与规格	数量
电阻	R_1	100Ω,1/2W	1	电容	C_1、C_2	0.1μF	2
可变电阻	RP	47kΩ	1	双向晶闸管	VS	BCR3M	1
光敏电阻	R	MG41~MG45	1	双向二极管	VD	2CTS 或 DB3	1
万用表		MF47	1	灯泡	EL	220V,15W	1

2. 光敏电阻控制的路灯电路的制作

(1) 工作原理分析。图 4-65 所示是光敏电阻控制的路灯电路，图中 VD 为双向二极管，VS 为双向晶闸管（选用 3A/400V）。可变电阻 RP 和光敏电阻 R 构成分压电路向电容器 C_2 充电，改变 RP 和 R 的分压能改变 VS 的导通角。当夜晚降临时光线减弱，光敏电阻 R 呈高电阻，C_2 充电达到一定的数值，VS 导通。光线越弱，VS 的导通角越大，灯 EL 越亮。当白昼到来时光线增强，光敏电阻 R 阻值减小，C_2 上的电压下降，双向二极管截止，VS 失去触发电压，在交流电的作用下截止，灯 EL 熄灭。

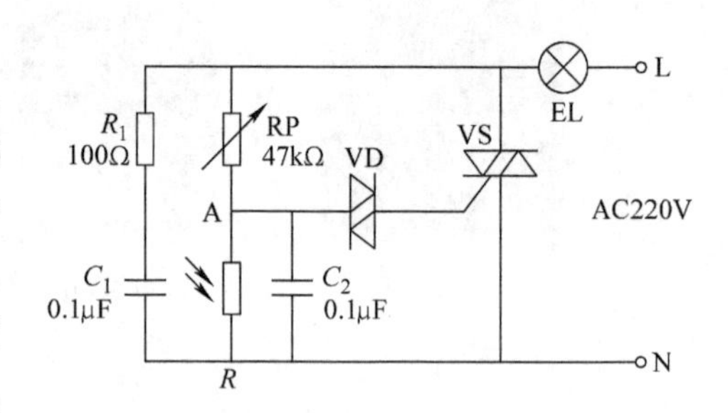

图 4-65 光敏电阻控制的路灯电路

(2) 制作与调试方法：

1) 在万能电路板上安装、焊接元器件。

2) 用黑纸包裹好光敏电阻 R，加电，调节 RP，使灯点亮并达到一定的亮度。

3) 断电，去掉包裹光敏电阻 R 的黑纸，再加电，观察灯是否点亮。

【知识拓展】

在某些大型设备中，只有上一级设备起动且工作正常后，工作指示灯发光照射到下一级电路的光敏元件上，下一级电路才进入工作或准备状态。这类控制方法称为亮通光电控制（一般制成光耦合器），电路如图 4-66 所示。电路中的光电二极管为光敏控制器件，由晶体管 VT_1 放大光信号，VT_2 驱动继电器 K 工作。当有光照射 VD_1 时，VD_1 呈现低阻抗，VT_1 导通，放大光信号，VT_2 饱和导通，继电器 K 得电，常开触点 K 闭合，负载工作。无光照射 VD_1 时，VD_1 呈现高阻抗，VT_1、VT_2 截止，继电器 K 失电，负载不工作。图中二极管 VD_2 为续流二极管，用来保护 VT_2，VT_2 相当于开关，工作时为饱和状态。

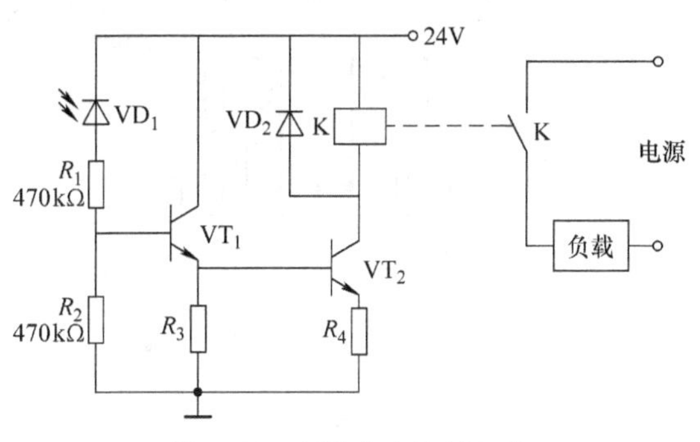

图 4-66　亮通光电控制电路

任务五　利用光电接近开关检测物体位置

【任务引入】

在环境条件比较好、无粉尘污染，被测物对光的反射能力好的场合，人们一般采用光电接近开关检测被测物。光电接近开关工作时不接触被测对象，几乎对被测对象无任何影响，它主要用来检测直接引起光量变化的非电量，如光强度、光辐射；也可以用来检测能转换成光量变化的其他非电量，如位移、表面粗糙度、振动等。因此，光电接近开关在要求较高的传真机、烟草机械和微量变化的检测上被广泛地使用。本任务主要学习光电接近开关的特性与应用。

【知识学习】

1. 光电接近开关的工作原理与结构

光电接近开关是一种利用感光器件对变化的入射光加以接收，进行光电转换，然后对信号进行放大、控制，输出可控制开关信息的器件。

光电接近开关简称光电开关，由光发射器、光接收器以及转换电路组成。光发射器是将电能转换为光能的器件，如发光二极管（LED）；光接收器是把光信号转变为电信号的一种器件，主要有光电二极管、光电晶体管、光敏电阻、光电池等。光电开关一般采用功率较大的红外发光二极管（红外 LED）作为红外光发射器。为防止荧光灯的干扰，可在光敏元件表面加红外滤光透镜。

光电开关可分为遮断型和反射型两种，图 4-67 所示是它们的基本结构。图 4-67a 为遮断型光电开关，它的发射器和接收器相对安放，轴线严格对准。当有物体在两者之间通过时，红外光束被遮断，接收器因接收不到红外线而产生一个电脉冲信号，这样就起到了检测作用。图 4-67b 为反射型光电开关，它的发光元件和接收元件的光轴在同一平面且以某一角度相交，交点一般即为待测物所在处。当物体经过时，接收元件将接收到从物体表面反射的光，没有物体时则接收不到。图 4-68 所示是光电开关的实物。

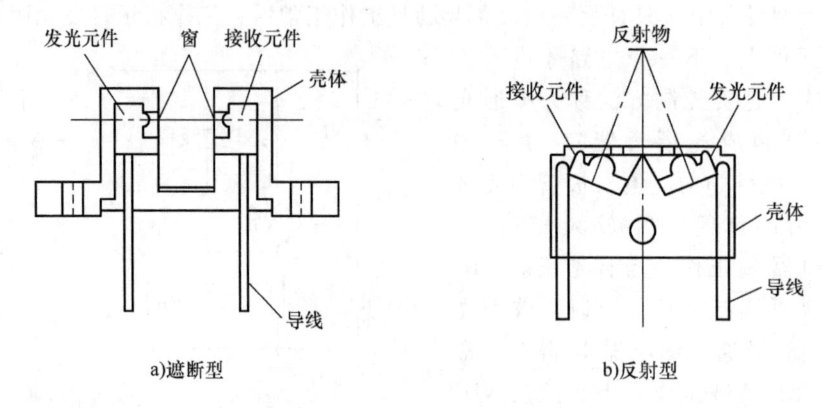

图 4-67　光电开关的基本结构

图 4-68　光电开关的实物

2. 光电开关的应用

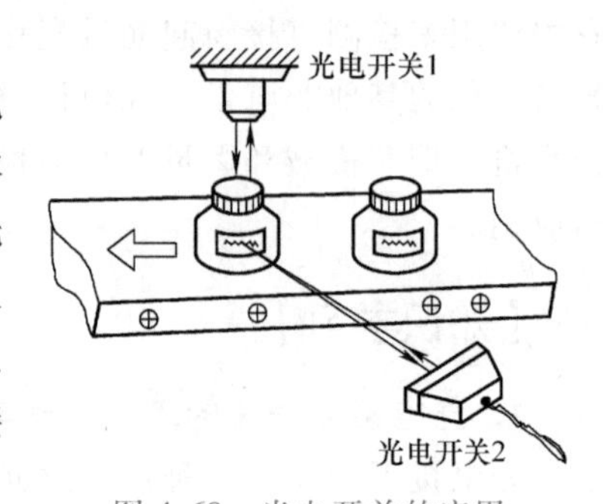

图 4-69　光电开关的应用

光电开关能对靠近或通过的物体状态进行检测，实现设备的自动控制。它广泛应用于自动化生产线、机电一体化设备中实现对非电量的检测、控制。图 4-69 所示是光电开关在自动化生产线上的应用。图中用光电开关 1 对通过自动传输机的药瓶数量进行检测计数，同时还采用光电开关 2 对药瓶标签的封装情况等进行检测。光电开关的接线方法与其他的接近开关相同。

光电开关响应快且可以输出标准电信号，易与计算机、PLC 配合使用。在生产实践中它广泛应用于自动包装机、自动灌装机、装配流水线产量的统计及装配件到位与否和装配质量的检测，还可用于交通运输、安全防盗、自动门等控制中。

【技能训练】

测试光电开关的接线方法与电感式接近开关的接线方法相同，其与继电器的连接可参考图 4-5。测试三种物料的检测距离的方法也可参考电感式接近开关的方法与步骤。它们都是接近开关类型。检测白色金属、白色塑料、黑色塑料等物体的检测距离，总结光电开关的检测特性。

任务六　利用光纤传感器区分颜色

【任务引入】

光纤即光导纤维，是传光的导线。光导纤维能大容量、高效率地传输光信号，实现以光代电传输信息。它自20世纪70年代问世以来，主要应用于通信领域，由此形成了光纤通信方式革命性的变化。在检测领域中将光导纤维的应用与传统的光电检测技术相结合，就产生了一种新型传感器——光导纤维传感器，简称光纤传感器。图4-70为光导纤维，图4-71为光纤传感器及其放大器的组合。

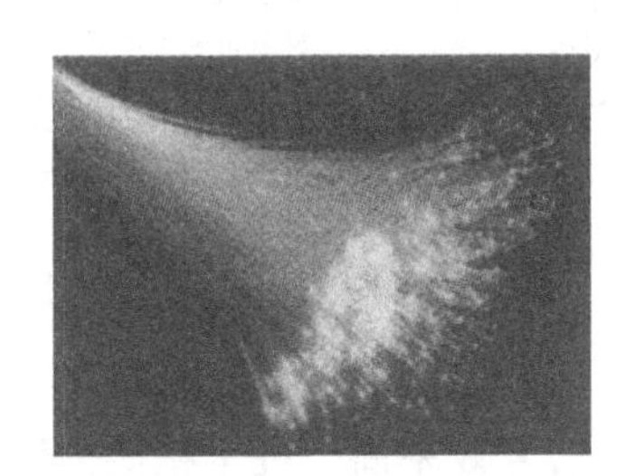

图4-70　光导纤维

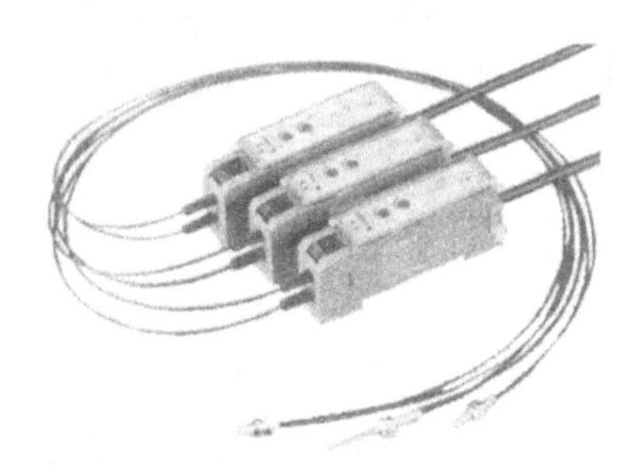

图4-71　光纤传感器及其放大器的组合

【知识学习】

1. 光导纤维的结构

光导纤维一般用石英玻璃或塑料制成，结构简单，如图4-72所示，它由导光的芯体玻璃（简称纤芯）和包层组成，纤芯位于光纤的中心部位，其直径为5~100μm，包层可用玻璃或塑料制成。包层外面常有塑料或橡胶的外套，它保护纤芯和包层并使光纤具有一定的机械强度。

光主要在纤芯中传输，光纤的导光能力（即它们的折射率）主要取决于纤芯和包层的性质。如图4-73所示，纤芯的折射率 n_1 稍大于包层的折射率 n_2。纤芯和包层为一个同心圆双层结构，可以保证入射到纤维内的光波集中在纤芯内传输。

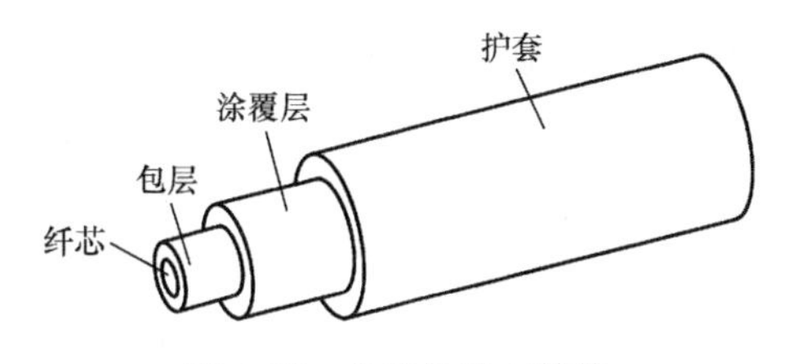

图4-72　光纤的基本结构

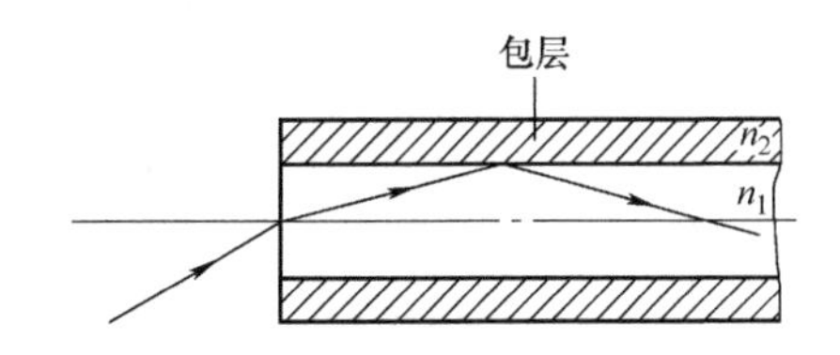

图4-73　光在光导纤维中的传输

2. 光纤传感器的工作原理与分类

光纤传感器主要由光导纤维、光源和光探测器组成。光纤传感器的理想光源是半导体光源，它体积小、质量轻、寿命长、耗电少，常用的有半导体发光二极管和半导体激光二极管。光纤传感器的光探测器一般为半导体光敏组件。光纤传感器的核心部件是光导纤维，它是利用光的完全内反射原理传输光波的一种媒质。在图 4-73 中，当通过纤维轴线的子午光线（与光纤轴线相交的光线）从光密物质射向光疏物质，且入射角大于全反射临界角时，光线将产生全反射，即入射光不再进入包层，全部被内、外层的交界面所反射。如此反复，光线通过光纤能很好地进行传输。

由于光纤既是一种电光材料又是一种磁光材料，它与电和磁存在某些相互作用的效应，因此它具有“传”和“感”两种功能。按照光纤在传感器中的作用，光纤传感器可分为传光型和功能型两种类型，如图 4-74 所示。

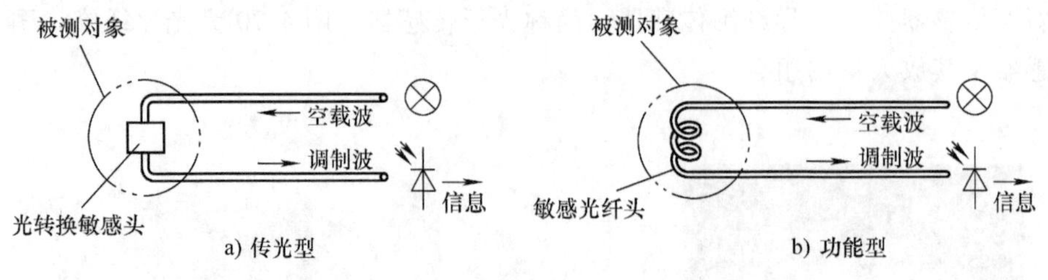

图 4-74　光纤传感器基本类型

在传光型光纤传感器中，光纤仅起传输光信号光学通路的作用，被测参数均在光纤之外，由外置敏感组件调制到光信号中去。由于光纤传输光信号效率高、抗干扰能力强，可挠曲，使光学通路的设置更加灵活、可靠，大大改善了传统光电检测技术的不足。

在功能型光纤传感器中，光纤在被测物理量的作用下，光纤本身及其传输光信号的某些特性发生变化，从而对被测参数进行转换和检测。在这类传感器中，光纤不仅起传光的作用，它本身又是敏感组件，这些光纤一般是经特殊设计、特殊制造的特殊光纤。它的出现和应用极大地拓展了光电检测适用的对象和领域。

目前光纤传感器已经应用于位移、振动、转速、温度、压力、电场、磁场等 10 种参量的检测，且有进一步广泛应用的潜力。光纤传感器的独特优点可以归纳如下：

1）光纤绝缘性能好、耐腐蚀，传输光信号不受电磁干扰，因此光纤传感器适应性强。

2）光纤传感器检测灵敏度高、精度好，便于利用光通信技术进行远距离测量。

3）光纤细、可挠曲，能深入设备内部或人体弯曲的内脏进行测量，使光信号沿需要的路径传输，使用更加方便、灵活。

3. 光纤传感器的应用

1）利用光纤传感器检测电路板放置方向是否正确。其工作原理如图 4-75 所示，当光纤发出的光穿过标志孔时，若无反射，说明电路板方向放置正确，否则，电路板放置方向不正确。

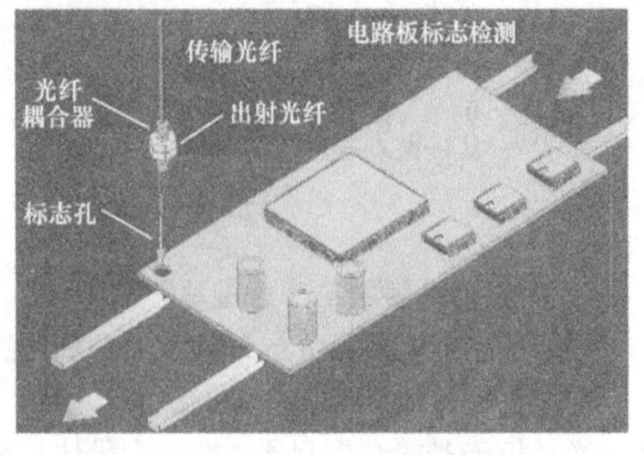

图 4-75　电路板放置方向检测原理示意图

2）光纤位移传感器一般用来测量小位移，最小能检测零点几微米的位移量。图 4-76 所示是光纤传感器对 IC 芯片引脚进行检测的工作原理示意图。IC 芯片引脚外观检测是电子集成电路器件生产线上的一个重要环节，光电自动检测系统可以实现引脚的内外倾角、左右倾角和横向尺寸的检测。

3）光纤温度传感器是一种用于测量各种温度的测量装置。该装置采用一种和光纤折射率相匹配的高分子温敏材料涂覆在两根熔接在一起的光纤外表面，使光能由一根光纤的反射面输入，再由另一根光纤的外表面输出，由于这种新型温敏材料受温度影响，折射率会发生变化，因此输出的光功率与温度呈函数关系。它结构简单，抗干扰性能好，防爆，应用广泛，如图 4-77 所示。

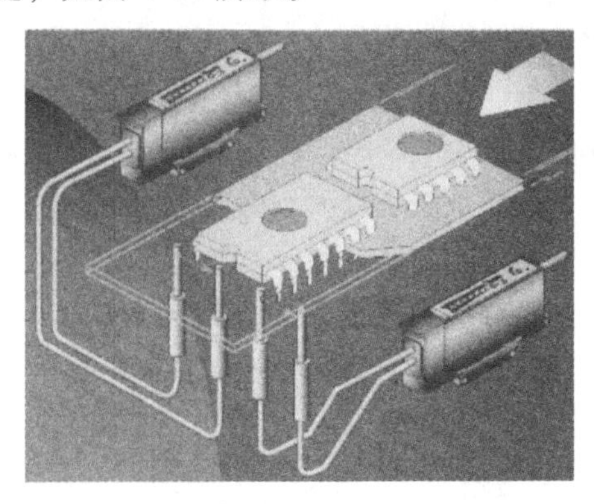

图 4-76　IC 引脚检测原理示意图

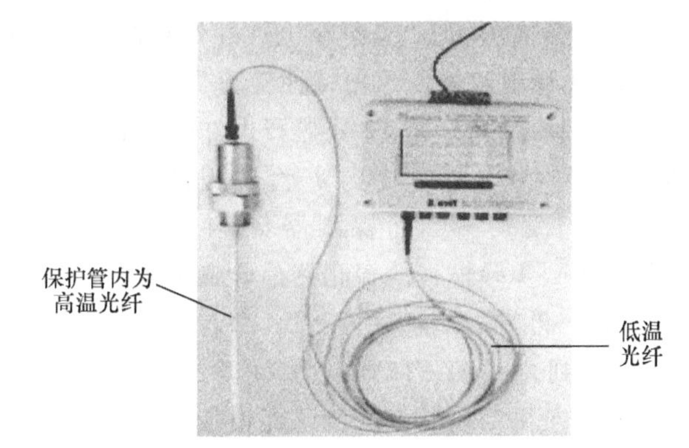

图 4-77　光纤温度传感器

【技能训练】

1. 器材准备

亚龙 YL-235 型光机电设备或其他材料分拣设备。

2. 黑白物体检测实验

用两个光纤传感器分别检测出黑色、白色物体，实验时，需调整光纤放大器的颜色灵敏度，如图 4-78 所示。调整放大器的要求：检测白色物体的光纤传感器不能检测到黑色物体，检测黑色物体的能检测白色物体，这是由于黑色、白色物体的反光度不一样所致。

图 4-78　黑、白物体检测实验

任务七　认识热释电红外传感器

【任务引入】

凡是自然界的物体，如人体、冰、火焰等都会发出不同波长的红外线。红外传感器就可以检测这些物体所发射的红外线。由于红外线不受可见光的影响，可不分昼夜进行检测，同

时被测对象自身能发射红外线，不必另设光源，大气对某些特定波长的红外线吸收甚少，因此，检测红外线要比检测可见光方便。

【做中学】

1. 器材准备

传感器实验箱 12 号热释电红外传感器模块、±12V 电源、导线等。

2. 热释电红外传感器特性实验

如图 4-79 所示是 12 号热释电红外传感器模块的右边部分电路图，将热释电红外探测器的 1、3 号线分别连接到实验模板的+12V 与“⊥”上，将探测器 2、4 号线分别接到实验模板的探测器信号输入端口上。再将实验模板的+12V 和“⊥”接到主机箱+12V 电源和“⊥”上。开启主机箱电源，待传感器模板稳定后，人体从传感器探头前移过，蜂鸣器报警。逐点移远人与传感器的距离，直到蜂鸣器不报警，此距离即为传感器能检测到的红外物体的探测距离。该传感器探测距离约为 1.5m。

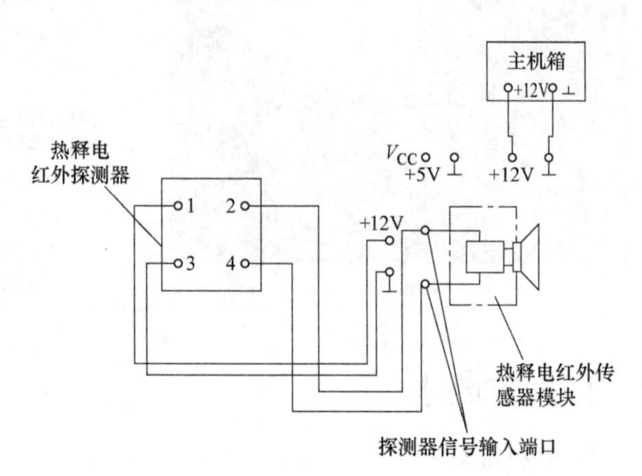

图 4-79 12 号热释电红外传感器实验电路

之后，再用手放在探头前不动，蜂鸣器无反应。

上述实验说明热释电红外传感器的特点：在一定的范围（探测距离）内，只有当外界的辐射引起传感器本身的温度变化时才会输出电信号，蜂鸣器才报警，即热释电红外传感器只对变化的温度信号敏感，这一特性就决定了它的应用范围。

【知识学习】

1. 热释电红外传感器

热释电红外传感器是利用热释电效应制作的红外传感器。所谓热释电效应，就是由于温度的变化而产生电荷的一种现象。

热释电红外传感器不受波长的影响，能在室温下工作，但其灵敏度低、响应速度慢。近年来，热释电型红外传感器在家庭自动化、保安系统以及节能等领域应用广泛，如公共洗手间的自动干手机、厕所内的自动冲水等。图 4-80 所示为热释电红外传感器的结构与实物。热释电红外传感器的敏感组件是 PZT（或其他材料），在其上、下表面的电极上加涂一层黑色氧化膜，同时配合滤光镜片，可以提高其转换效率。

热释电红外传感器能够以非接触的形式检测出人体或其他物体所发射出的红外线变化量，并且将其转化成电信号输出。使用时，除了要装菲涅尔透镜提高灵敏度外，还需要配备必需的电路，才能组成完整的检测电路。

实验证明：不加菲涅尔透镜的传感器检测距离为 2m 左右，加透镜后，有效的检测距离可以达到 12~15m。

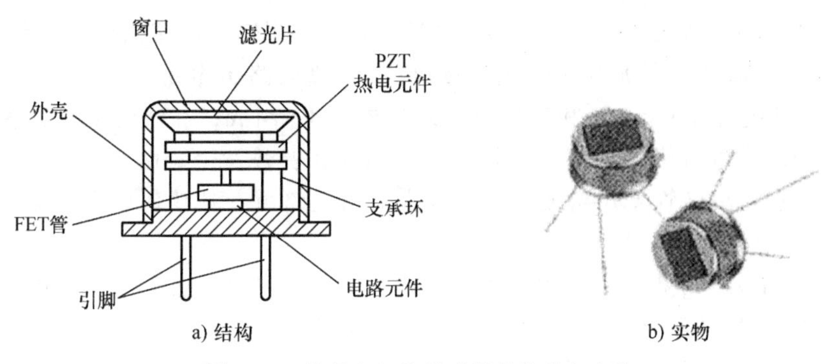

图 4-80 热释电红外传感器的结构与实物

2. 应用实例

1）在非典时期，为了防止感染，测温不得靠近人体。在这样的特殊要求下，非接触式的温度监测器发挥了其巨大作用，它将热释电红外传感器作为温度检测传感器，可进行遥测，不从被测物上吸收热量，不会干扰被测对象的温度场。红外线传感器温度检测仪被广泛应用于各种场合的测温，如超市食品等。红外线传感器温度检测仪的实物请参阅图 2-32。

2）热释电红外传感器在卫浴设备中得到了广泛的应用，如图 4-81 所示。为了保持卫浴室内的卫生和节约用水，当人们的手靠近水龙头或热风机时，红外传感器检测到变化的温度信号后打开开关，就会有水喷出或吹出热风。当人们离开时开关关闭，达到了节约用水和节约能源的目的。

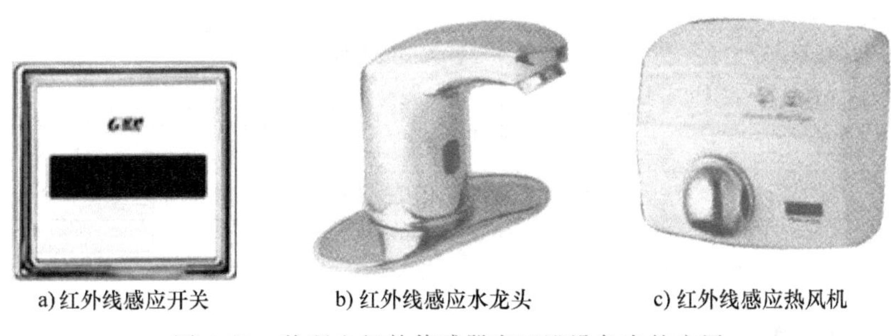

图 4-81 热释电红外传感器在卫浴设备中的应用

3）红外线反射式防盗报警器。红外线反射式防盗报警器采用反射式红外探测组件（其最大探测距离可达 12m）来触发报警器，其电路如图 4-82 所示。当检测到盗情时，报警器

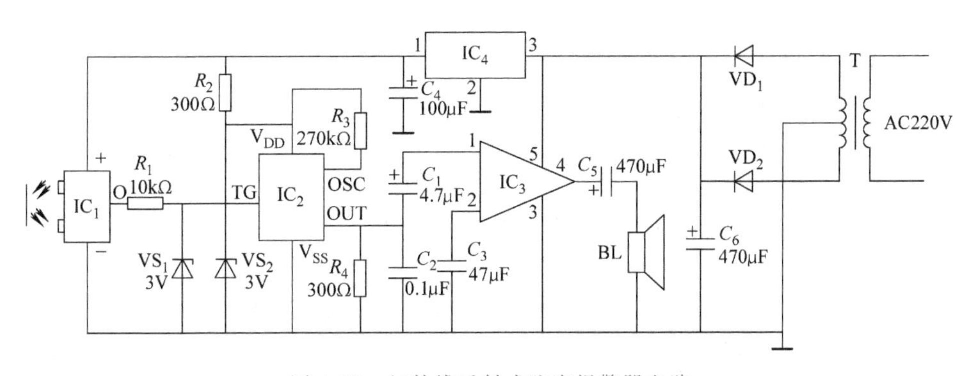

图 4-82 红外线反射式防盗报警器电路

会发出逼真的狗叫声，提醒用户有“外人入侵”。该防盗报警器电路由电源电路、红外线探测电路、语音发生器和音频放大输出电路组成。电源电路由电源变压器 T、整流二极管 VD_1、VD_2、滤波电容器 C_4、C_6 和三端稳压集成电路 IC_4 组成；红外线探测电路由红外线反射式探测模块 IC_1、电阻器 R_2、稳压二极管 VS_1 组成；音效发生器由音效集成电路 IC_2、电阻器 R_2、R_3 和稳压二极管 VS_2 组成；音频放大输出电路由音频功率放大集成电路 IC_3，电容器 $C_1 \sim C_3$、C_5 和扬声器 BL 组成。

电源电路一路为 IC_3 提供 15V 脉动直流电压；另一路经 IC_4 稳压后，为 IC_1 提供 12V 工作电压。该 12V 电压还经 R_2 限流及 VS_2 稳压后，为 IC_2 提供 3V 工作电压。平时，IC_1 输出低电平，IC_2 不能触发工作，BL 不发声。当有外人进入 IC_1 的探测区域时，IC_1 发射的红外线信号经人体反射回来，IC_1 接收到人体反射回来的红外信号并对该信号进行处理后，输出高电平触发信号，使 IC_2 受触发工作，输出音效电信号。该电信号经 IC_3 放大后，驱动 BL 发出响亮的狗叫声，通知用户有“情况”。

【项目评价】

项目评价标准见表 4-7。

表 4-7 项目评价标准

项　目	配分	评价标准	得分
电容式传感器检测物料位置	20	开关接线正确、操作熟练	
光敏器件的测试	15	暗通、亮通参数检测正确	
光电开关检测物料位置	20	开关接线正确、操作熟练	
光纤传感器区分黑、白物体	20	开关接线正确、放大器调整正确	
观察红外感应开关	5	观察、试验红外感应开关	
新知识学习	15	懂得霍尔接近开关、干簧管的特性及使用方法	
团队协作与纪律	5	遵守纪律、团队协作好	

【思考与提高】

1. 光敏电阻的亮电阻是指__________，GL3516 型光敏电阻的亮电阻值一般为__________；暗电阻是指__________，GL3516 型光敏电阻的暗电阻一般为__________。

2. 电容式接近开关的特点是__________。

3. 光电二极管的特点是__________。

4. 电容式传感器分为________、________和________三种类型。

5. 光导纤维一般由________和________组成。

6. 按照光纤在传感器中的作用，光纤传感器可分为________和________两种类型。

7. 光导纤维中纤芯的折射率 n_1 应________于包层的折射率 n_2。

8. 光导纤维是利用光的________内反射原理传输光波的一种媒质。

9. 试画出电容式接近开关、光电式接近开关、光纤传感器与 PLC、继电器的检测连接图。

10. 光电传感器属于非接触测量，依据光电传感器的工作原理，简述下列事件工作原理：

1）光电传感器检测复印机走纸故障。

2）洗手间红外反射式干手机。

3）放电影时利用光电元件读取影片胶片边缘“声带”的黑白宽度变化来还原声音。

4）超市收银台激光扫描仪检测商品的条码。

11. 总结本模块的知识点。

应知应会要点归纳

物体位置（物位）检测与控制广泛应用于航空航天技术和工业生产的过程控制中，主要对运动部件进行检测、定位或判断是否有工件存在。目前，物位检测主要是使用各种接近开关。

1）常用接近开关、传感器及其特点。接近开关是利用位移传感器对接近物体的敏感特性，控制开关通断的一种装置。人们根据不同的原理和工艺做成了各种不同类型的接近开关或传感器，以适应对不同特性物体的“感知”与检测。本模块中常用接近开关或传感器的特性见表 4-8。

表 4-8　常用接近开关特性

接近开关类型	特　　点
电感式接近开关	被测物体必须是金属导体
电容式接近开关	被测物不限于金属导体，可以是绝缘的液体或粉状物
霍尔接近开关	被测物体必须是磁性物体
干簧管接近开关	被测物体必须是磁性物体或通电
光电式接近开关	对环境要求严格，无粉尘，被测物对光的反射能力好
光纤传感器	能区分不同颜色和微小变化
热释电式接近开关	被测物体的温度必须和环境温度有差异或运动的被测物体使环境温度发生瞬间变化

常用传感器的性能比较见附录 A。

2）常用接近开关、传感器的选用。

电感式（电涡流式）接近开关和电容式接近开关在工业生产中使用得较多，因为这两种接近开关对环境条件的要求较低。

当被测对象是金属导体或可固定在一块金属物上的物体时，一般选用电感式接近开关。

若所测对象是非金属（或金属）、液位高度、粉状物高度、塑料、烟草等，则应选用电容式接近开关。

若被测物为导磁材料，或者为了区别和它一同运动的物体而把磁钢埋在该被测物体内时，应选用霍尔接近开关或干簧管接近开关。

在环境条件比较好、无粉尘污染的场合，可采用光电接近开关或光纤传感器。光电接近开关与光纤传感器工作时对被测对象几乎无任何影响。因此，在要求较高的传真机、烟草机械上被广泛地使用。

在防盗系统、自动门或运动的被测物体使某一小范围环境温度发生变化时通常使用热释电红外传感器。

有时为了提高识别的可靠性，上述几种接近开关往往被复合使用。无论选用哪种接近开关，都应考虑工作电压、负载电流、响应频率、检测距离等各项具体的性能指标。

3）常用接近开关、传感器的安装接线与调试。

三线制电感式、电容式、光电式接近开关与继电器的接线方法如图 4-5 或图 4-7 所示，与三菱 FX 系列 PLC 的接线方法如图 4-17 所示，与松下 FP 系列 PLC 的接线方法如图 4-18 所示。二线制电感式、电容式、光电式接近开关与继电器线圈的接线方法如图 4-8 所示，接线时接近开关必须与继电器的线圈串联，否则会烧坏接近开关。二线制接近开关与 PLC 的接线方法如图 4-20 所示，霍尔接近开关与 PLC 连接常用二线制。

安装调试时，可通过调整接近开关的固定螺母改变与被测物体间的位置（距离），通过调节接近开关的灵敏度旋钮可微调检测距离。

光纤传感器与 PLC 的接线方法与接近开关相同，可通过调节光纤放大器来改变对颜色识别的灵敏度。

4）光电器件是光电传感器中将光信号转化为电信号的核心器件，它是利用半导体材料的光电效应进行工作的。常用的光电器件主要有光电电阻、光电二极管、光电晶体管、光电池等。光敏电阻、光电二极管、光电晶体管等光敏元器件可以在亮光与暗光条件下测试其亮电阻与暗电阻，以判断其好坏。

红外光不受日光影响，人眼看不到，其隐蔽性好。因此，红外光—电系统常用于工业检测、防盗等。如果采用大功率的红外发射二极管，则检测距离可以达到几十米。

利用光电器件可进行路灯自动控制，还可制成光耦合器、光控继电器、光电接近开关等。

模块五 力和压力的检测

力和压力的检测、调节与控制在生产生活中的应用非常广泛。例如，家用高压锅、液化汽罐体上的减压阀等都是大家熟悉的压力调节装置。火力发电厂锅炉蒸汽压力的监测与控制是保证发电设备安全、经济运行的重要措施。在生产、科研和日常生活中进行压力监测与控制是保证生产工艺要求、设备和人身安全所必须的，也是提高产品质量和生产效率的重要手段。检测力的传感器主要有电阻应变式传感器、压电式传感器、压阻式传感器和电容式传感器等。图 5-1 所示是利用高精度压力传感器构成的整车称重系统，当车辆进入称重系统时，称重管理部可通过系统监测称重与结算，驾驶员可通过大显示屏看到称重量，这样极大地提高了称重与结算效率。

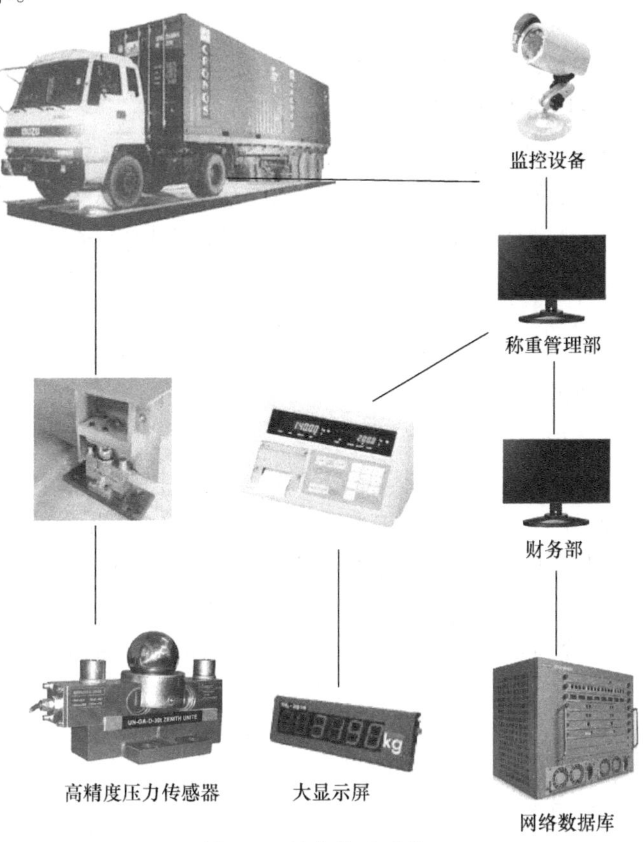

图 5-1 整车称重系统

项目一　利用电阻应变式传感器测力

职业岗位应知应会目标

1. 掌握电阻应变式传感器与弹性敏感元件的特性。
2. 能根据生产现场实际情况选择合适的测力传感器。
3. 能对应用于工业生产中的测力传感器进行安装接线。

任务一　认识电阻应变片

【任务引入】

1856 年，英国著名的物理学家开尔文在铺设横贯大西洋的海底电缆时，发现电缆张力会对电缆的电阻值产生影响，这就是金属材料应变现象的电阻效应，这主要是由导体几何形状的改变所引起的电阻值的变化。1938 年，人们发明了金属电阻应变片（计）及测力仪器，这种应变现象得到应用。

【做中学】

1. 器材准备

长 1m 的 1.5mm^2 铝芯线、钢丝钳、电桥等。

2. 金属丝拉伸与电阻值变化的实验

取长 1m 的 1.5mm^2 铝芯线，用电桥测量其电阻值，并作记录。然后用钢丝钳分别钳住该导线的两端，用力缓慢拉伸，可观察到铝芯线受拉力作用变细变长，即截面积 S 变小，长度 L 增加。当铝芯线拉到一定的程度（不能拉断）时，再用电桥测量其电阻值，发现其电阻值明显增大。根据欧姆定律，得

$$R=\rho\frac{L}{S}$$

式中　ρ——金属导体的电阻率（$\Omega\cdot m$）；

S——导体的截面积（m^2）；

L——导体的长度（m）。

可知，当金属丝受外力作用时，因其长度和截面积发生变化，其电阻值随着发生改变。如果金属丝受外力作用而伸长，其长度增加，而截面积减小，电阻值增大；如果金属丝受外力作用而缩短，其长度减小而截面积增加，电阻值则会减小。

因此，只要测出与金属丝电阻相关的电量变化（通常是测量电阻两端的电压），即可获得金属丝的受力情况。

【知识学习】

1. 电阻应变片及其用途

电阻应变片是一种将被测件上的应变变化转化为电阻变化，并通过测量电路转化为电信

号输出的敏感器件。电阻应变片是压阻式应变传感器的主要组成部分，金属电阻应变片的工作原理是吸附在基体材料上的应变电阻随机械形变会产生阻值变化，这种现象称为电阻应变效应。

通常将应变片通过特殊的粘合剂紧密地粘合在产生力学应变的基体上，当基体受力发生应力变化时，电阻应变片也一起产生形变，应变片的阻值跟着发生改变，从而使加在电阻上的电压发生变化。这种应变片在受力时产生的阻值变化通常较小，所以一般都组成应变电桥，并通过后续的仪表放大器进行放大，再传输给处理电路（通常是 A-D 转换电路和 CPU）、显示或执行机构。

电阻应变片应用最多的是金属电阻应变片和半导体应变片两种。金属电阻应变片又有丝状应变片和金属箔状应变片两种。

2. 电阻应变片的结构

（1）金属电阻应变片的结构。金属电阻应变片由敏感栅（应变丝）、基体（基底）、保护层（覆盖层或盖片）和引线组成，其结构如图 5-2 所示。敏感栅做成栅状，对沿着栅条纵轴方向的应力变化最敏感，粘接在胶质膜基底上，上面粘有盖片，基底和盖片起着保护敏感栅和传递弹性体表面应变和电气绝缘的作用。金属电阻应变片不能直接测力，需要用聚丙烯酸酯等有机粘合剂或者耐高温的磷酸盐等粘贴在弹性元件受力表面，用来传感元件表面应力的变化。

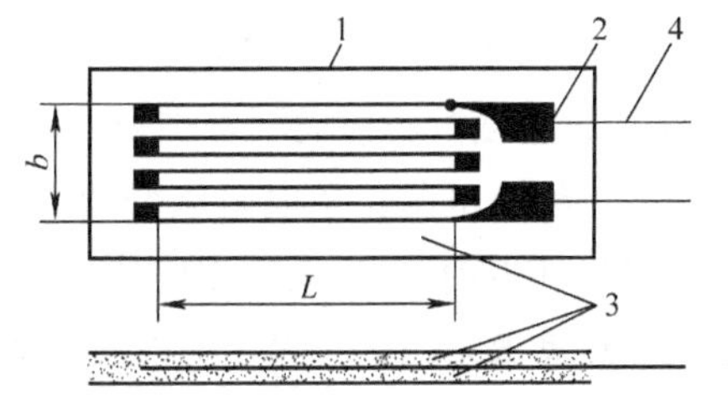

图 5-2　金属电阻应变片的结构

1—基体　2—敏感栅（应变丝）

3—保护层（覆盖层）　4—引线

敏感栅有两种制作方式：一种是由直径为 0.02~0.05mm 的康铜或镍铬等金属丝绕成栅状，其电阻片被称为丝状应变片；一种是如图 5-3 所示的用 0.003~0.01mm 厚的康铜或镍铬箔片利用光刻技术腐蚀成栅状，其电阻片被称为箔状（箔式）应变片。丝状应变片多采用纸基体和纸覆盖层，且这种敏感栅不易制成小尺寸栅长，所以这种应变片标距较大，适用范围不宽，价格较低。而箔状应变片的栅箔薄而宽，因而粘贴牢固、散热性好，能较好地反映构件表面的变形，测量精度高，同时易于制成栅长很小或各种形状的应变片，所以在各个测量领域得到广泛的应用。金属箔状应变片的构造如图 5-3 所示。

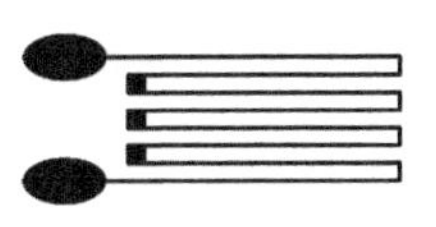

a) 单轴应变片

b) 测扭矩应变片

c) 同轴多栅应变片

d) 多轴应变片(应变花)

图 5-3　金属箔状应变片的构造

按照敏感栅的结构形状，金属箔状应变片又可分为单轴应变片和多轴应变片。单轴应变片即在一个基底上只有一个敏感栅，只能测量构件表面沿敏感栅长度方向的应变。而多轴应变片常称为应变花（见图 5-3d），是将由 2 个或 3 个以上轴线相交成一定角度的敏感栅制作在一个基底上，可测量构件表面贴片处沿几个敏感栅长度方向的应变。应变花有 90°应变花（两个敏感栅互成 90°）、45°应变花、120°应变花（三个敏感栅互成 120°，见图 5-3d）和 60°应变花（三个敏感栅互成 60°）等几种规格。

（2）半导体应变片。半导体应变片的优点是灵敏度高、体积小；缺点是温度稳定性和可重复性不如金属应变片。一般场合下常用金属电阻应变片作传感器。

（3）应变片的主要参数。

1）几何参数（敏感栅尺寸）：指应变片敏感栅的标距长度（栅长）和宽度（栅宽）。

2）标称电阻（初始电阻）R：也称应变片的原始电阻值，是指应变片未粘贴前在室温下测得的静态电阻值，常见的有 60Ω、120Ω、200Ω、250Ω、600Ω 和 1000Ω 等类型。其中 120Ω 电阻片在实验中最为常用。

3）允许工作电流 I：应变片的允许工作电流又称为最大工作电流，是指允许通过应变片而不影响其工作特性的最大电流值。一般应变片静态测量时的工作电流为 25mA 左右；动态测量时，允许工作电流可达 75~100mA，而箔状应变片的允许工作电流则可更大一些。如电流大，应变片温度将升高，会影响应变测量精度。

4）绝缘电阻：指电阻应变片（计）引出线与构件之间的电阻值。短期使用绝缘电阻应达到 50~100MΩ。长期使用绝缘电阻应保证在 500MΩ 以上。

5）灵敏系数 K：表示应变计变换性能的重要参数。灵敏度系数 K 值的大小是由金属电阻丝的材料性质决定的一个常数，它和应变片的形状、尺寸大小无关，该值由制造厂家用专门的设备抽样标定，并在成品上标明。不同材料的 K 值一般在 1.5~3.6 之间。

表示应变计性能的参数还有工作温度、滞后、蠕变、零漂以及疲劳寿命、横向灵敏度等。

任务二　认识弹性敏感元件

【任务引入】

弹性敏感元件是指传感器中由弹性材料制成的敏感元件。在传感器的工作过程中常采用弹性敏感元件把力、压力、力矩、振动等被测参量转换成应变量或位移量，然后再通过各种转换元件把应变量或位移量转换成电量。弹性敏感元件的形式可以是实心或空心的圆柱体、等截面圆环、等截面或等强度悬臂梁、扭管等，也可以是弹簧管、膜片、膜盒、波纹管、薄壁圆筒、薄壁半球等。弹性敏感元件在传感器中占有很重要的地位，其质量的优劣直接影响传感器的性能和精度。在很多情况下，它甚至是传感器的核心部分。

【做中学】

1. 器材准备

各种弹性敏感元件，如弹簧秤、波纹管、弹簧管等。

2. 认识弹性敏感元件

常用弹性敏感元件的结构如图 5-4 所示。

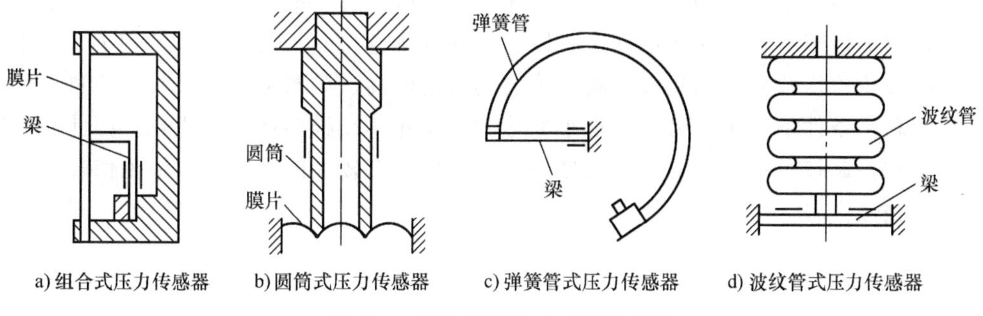

图 5-4　常用弹性敏感元件的结构

【知识学习】

1. 弹性敏感元件及其用途

1）作为弹性敏感元件，其作用是将被测参量力、压力、力矩转换成应变量或位移量（由弹性敏感元件），然后再转换成电量（电压、电流或电阻）。例如：弹簧秤、电子秤、压力表。

2）作为弹性支承，其作用是支承传感器中的活动部分（形变、位移不是测量量）。例如：动圈式传声器。

2. 弹性敏感元件的基本特性

变形（形变）：有外力作用时，物体改变尺寸或形状。

弹性变形：外力撤消时，物体恢复原尺寸或形状。

弹性敏感元件的基本特性可用刚度和灵敏度来表征。刚度是对弹性敏感元件在外力作用下形变大小的定量描述，即产生单位位移所需要的力（或压力）。灵敏度是刚度的倒数，它表示单位作用力（或压力）使弹性敏感元件产生形变的大小。

任务三　认识电阻应变式传感器

【任务引入】

应用电阻应变片为敏感元件制成的各种电阻应变式传感器（如测力、称重、位移、加速度及扭矩传感器）由于具有精度高、稳定性好、制作简单、价格便宜，以及电信号易与后续测控仪器相匹配等特点，在工业各部门中获得了广泛应用，并且在力学量传感器中，电阻应变式传感器至今仍占有主导地位。

【知识学习】

1. 电阻应变式传感器及其用途

电阻应变式传感器由弹性敏感元件、电阻应变片（计）、补偿电阻和外壳组成，可根据具体测量要求设计成多种结构形式。弹性敏感元件受到所测量的力而产生变形，并使附着其上的电阻应变片一起变形，电阻应变片再将变形转换为电阻值的变化，通过测量仪器，将此变化转变成和被测物理量成比例的电信号输出，从而可以测量力、压力、扭矩、位移、加速度和温度等多种物理量。常用的电阻应变式传感器有应变式测力传感器、应变式压力传感器、应变式扭矩传感器、应变式位移传感器、应变式加速度传感器和测温应变计等，图 5-5 是几种电阻应变式传感器。电阻应变式传感器具有精度高、测量范围广、结构简单、频响特性好、能在恶劣条件下工作、易于实现小型化和整体化、品种多样化等优点，因此广泛应用于自动测试和控制技术中。它的不足之处是对于大应变有较大的非线性，输出信号较弱，需采取一定的补偿措施。

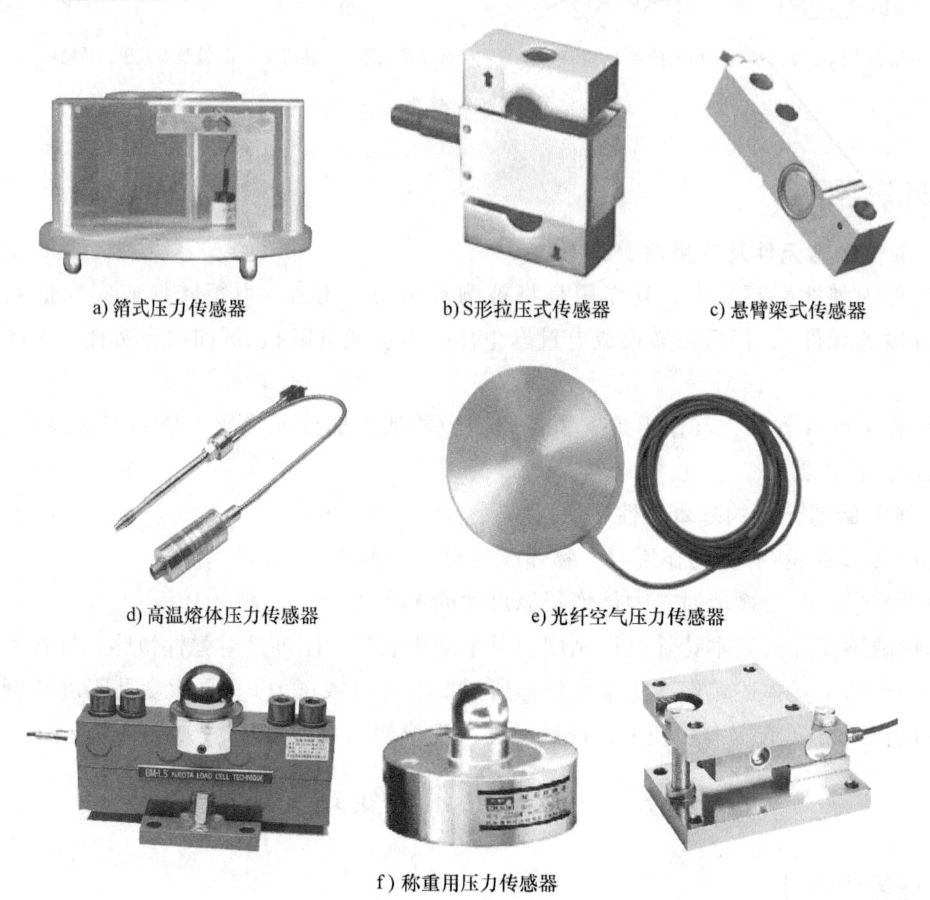
a) 箔式压力传感器　b) S形拉压式传感器　c) 悬臂梁式传感器

d) 高温熔体压力传感器　e) 光纤空气压力传感器

f) 称重用压力传感器

图 5-5　几种电阻应变式传感器

2. 电阻应变式传感器的结构

1）电阻应变式传感器的结构如图 5-6 所示。

2）应变片的安装。图 5-7 所示是应变片在传感器弹性材料上的安装示意图。图 5-8 所示是 PE-1 型称重传感器的实物。

3. 电阻应变式传感器的工作原理

电阻应变式传感器的工作原理是将被测物理量的变化转换成电阻值的变化，再经相应的测量电路显示或记录被测量值的变化。传感器中应变片的电阻变化很微弱，用万用表无法测量，为了便于显示和控制，需将变化的电阻值转换成电信号输出，所以通常采用电桥作为测量电路。电桥电路有惠斯通电桥、半桥双臂和全桥电路。惠斯通电桥电路和热敏电阻温度测量电路是一样的。

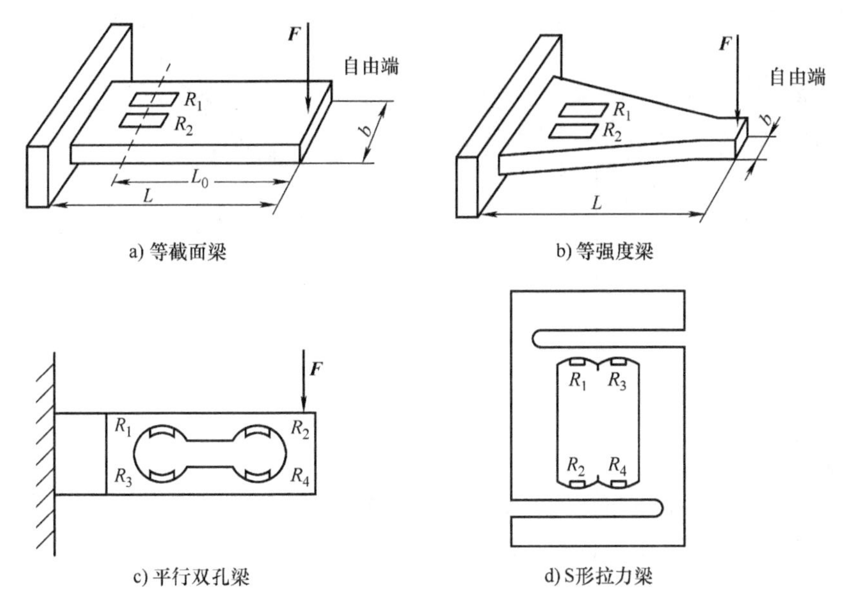

图 5-6 常见电阻应变式传感器的几种结构形式

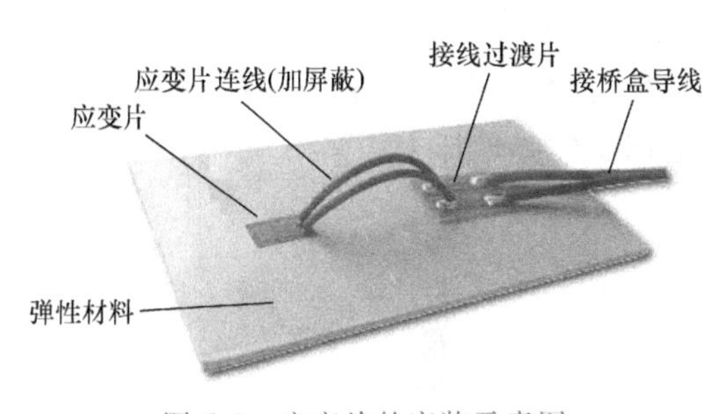

图 5-7 应变片的安装示意图

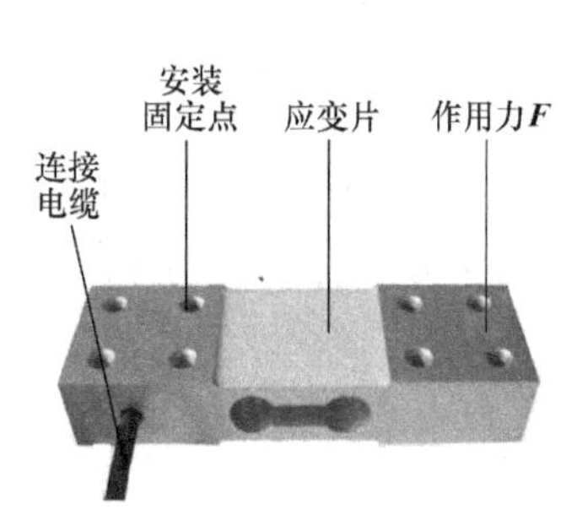

图 5-8 PE-1 型称重传感器

(1) 半桥双臂电路。半桥双臂的电路如图 5-9 所示，R_1 和 R_2 为相同规格的应变片，并接成差动形式，即 R_1 与 R_2 电阻变化大小相同但方向相反。则输出电压 U_o 为

$$U_o=\frac{R_1R_3-R_2R_4}{(R_1+R_2)(R_3+R_4)}U_i$$

初始时，$R_1=R_2=R_3=R_4=R$，电桥平衡，$U_o=0V$。

当 R_1、R_2 为应变片时，受力所产生的应变变化为 ΔR，由于 $\Delta R \ll R$，则输出电压为

$$U_o=\frac{U_i}{2}\frac{\Delta R}{R}$$

半桥双臂的灵敏度为
$$K=\frac{U_i}{2}$$

(2) 全桥电路。全桥电路如图 5-10 所示，R_1、R_2、R_3 和 R_4 为相同规格的应变片，并接成差动形式，即 R_1、R_2、R_3 和 R_4 电阻变化大小相同、方向相反。则输出电压为

$$U_o=U_i\frac{\Delta R}{R}$$

全桥电路的灵敏度为
$$K=U_i$$

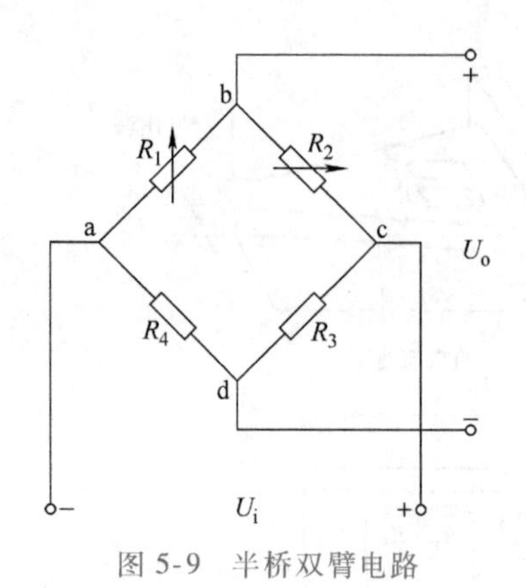

图 5-9 半桥双臂电路

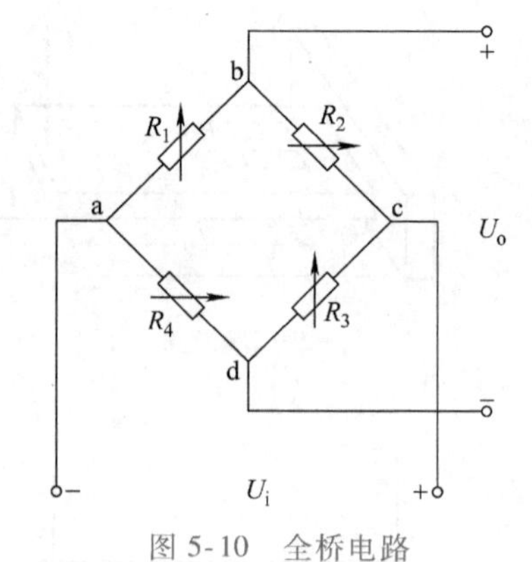

图 5-10 全桥电路

综上所述：

1）直流电桥的输出电压与被测应变量呈线性关系。

2）全桥电路的灵敏度是半桥的 2 倍。

3）半桥与全桥电路能够较好地解决温度漂移问题。

4. 工作过程

电阻应变式传感器的工作过程实际上是应变片的变化（电阻变化）和电信号的传输。图 5-11 给出了筒式荷重传感器的工作过程。荷重传感器是应力计中最具有代表性的压力传感器。筒式荷重传感器采用箔状应变片贴在合金钢做的弹性体上，当 ***F*** 向下作用时，R_2 与 R_4 受到压力应变，R_1 与 R_3 受到拉力应变。

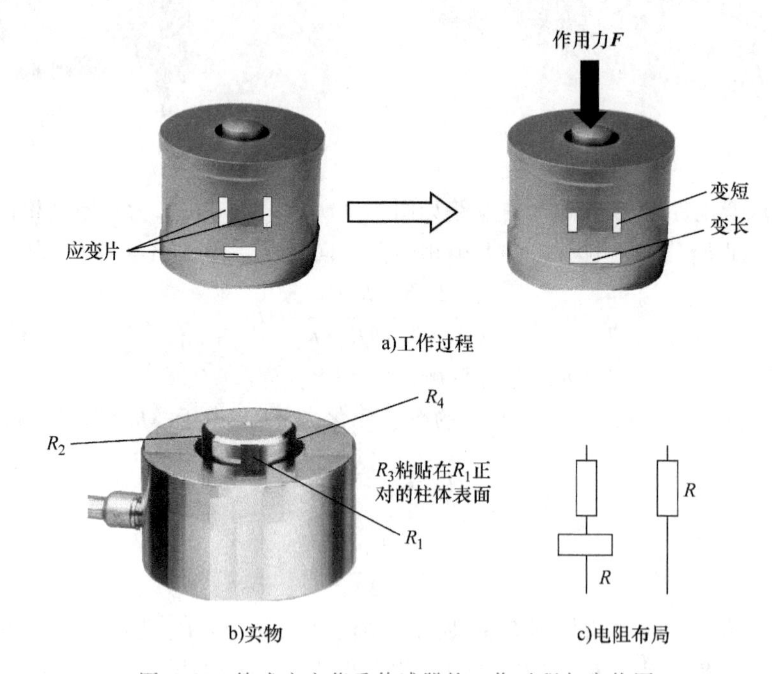

图 5-11 筒式应变荷重传感器的工作过程与实物图

5. 应变式传感器的类型

应变式传感器按其工作原理可分为变阻器及电位器式、电阻应变式、固态压阻式、热敏电阻式、气敏电阻式、磁敏电阻式等。电阻应变式传感器是基于测量物体受力变形所产生应变的一种传感器，最常用的传感元件为电阻应变片。

固态压阻式传感器用半导体单晶硅材料作为敏感元件，在受到外力作用时，即使产生极微小应变，由其材料制成的电阻也会出现极大变化，这种物理效应称为压阻效应。利用压阻效应原理，采用三维集成电路工艺技术及一些专用的特殊工艺，在单晶硅片上的特定晶向制成由应变电阻构成的惠斯通检测电桥，并同时利用硅的弹性力学特性，在同一硅片上进行特殊的机械加工，制成集应力敏感与力电转换检测于一体的力学量传感器，称为固态压阻式传感器。

固态压阻压力传感器以气、液体压强为检测对象，其主要特点有灵敏度高、精度高、体积小、重量轻、动态频响高等。

【技能训练】

1. 器材准备

PE-1 型铝制双孔悬臂梁式称重传感器或 LCD805 合金钢圆板式称重传感器一个、GE500 系列或 F701 型称重变送器一台、SK-1232 系列投入式液位变送器一台、水桶一个。

2. 称量系统的安装接线

（1）称重传感器的接线。图 5-12 所示为四线制称重传感器的接线图，其中红（+）、黑（-）为电源（也称激励）输入端，信号输出端为绿（+）、白（-），注意输入、输出端的极性。四线制接法的称重传感器对二次仪表无特殊要求，使用起来比较方便，但当电缆线较长时，容易受环境温度波动等因素的影响。称重传感器还有六线制接法，其接线要求与之配套使用的二次仪表具备反馈输入接口，使用范围有一定的局限性，但不容易受环境温度波动等因素的影响，在精密测量及长距离测量时具有一定的优势。由于四线制称重传感器使用得比较多，如果要将六线传感器接到四线传感器的设备上，可以把反馈、激励（EXN、EXC）的正极接到一起，反馈负极和激励负极接到一起，如图 5-13 所示。

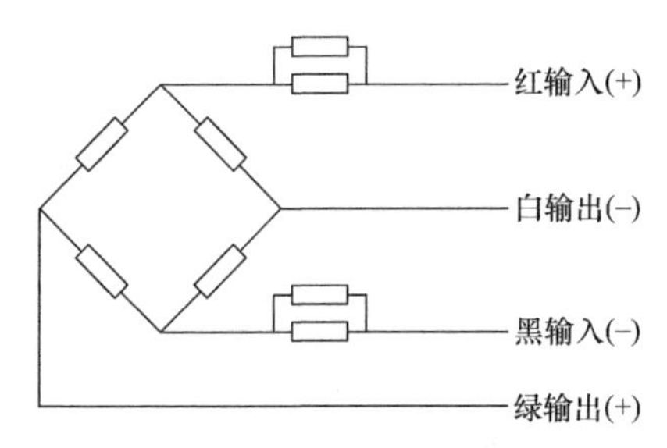

图 5-12　四线制称重传感器的接线图

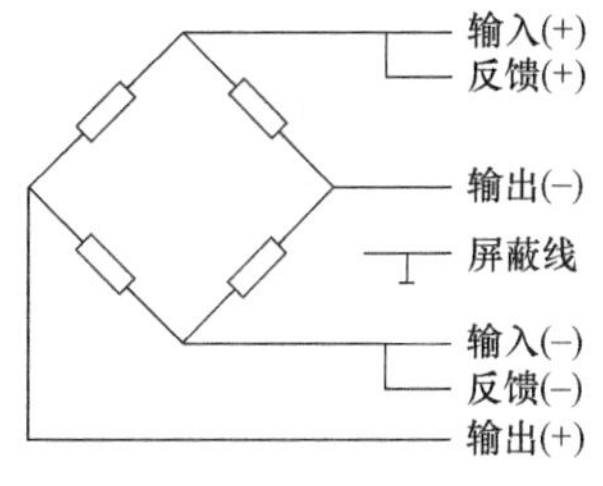

图 5-13　六线制改为四线制称重传感器的接线图

（2）GE500 系列称重变送器技术资料。GE500 系列称重变送器密封防水性好，可配接 2~4 只传感器。工作电压为 DC 12V、15V、24V，具有电压反接保护。输出信号：直流电流 0~10mA，直流电压 0~5V；或直流电流 4~20mA，直流电压 1~5V。GE500 系列称重变送器外形如图 5-14 所示。

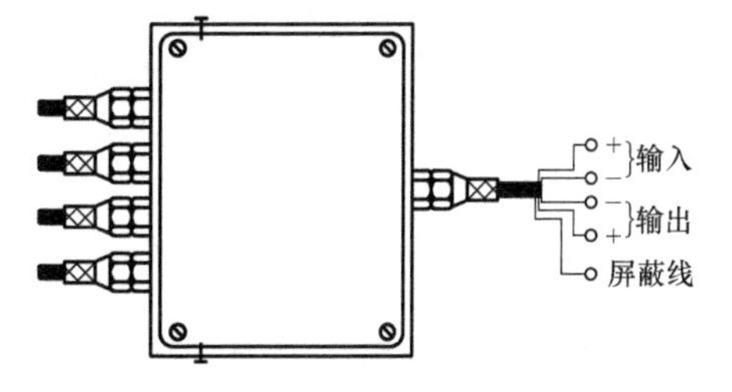

图 5-14　GE500 系列称重变送器外形

（3）称重传感器与变送器的连接。将称重传感器与变送器按图 5-15 所示的接线图连接起来。+E、-E 端子接称重传感器的电源输入端，+S1、-S1 端子接称重传感器的信号输出端，EA 接屏蔽线，也可不接。变送器的输出接线中绿线为公共端，可为信号或电源的负极，红线接电源正极，黄线为输出电压或电流信号。例如，以 0～10mA 模拟信号的形式送出到二次仪表或显示仪器，如系统设置为 0mA 对应 0kg，10mA 对应最大值 ××kg 即可完成称重。

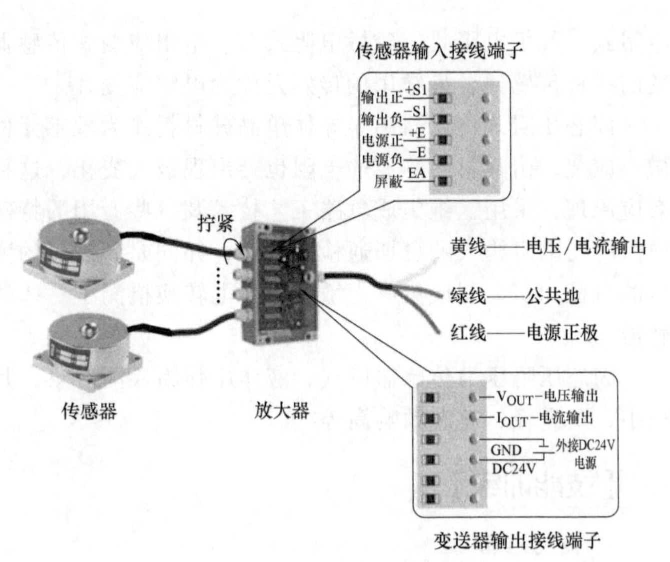

图 5-15 称重传感器与变送器的连接图

（4）称重传感器的安装与注意事项。

1）要安装一个准确的称量系统，必须确保所有传感器是垂直受力的，而且所有传感器受力是均匀的。如图 5-6 所示的传感器都是垂直向下受力。安装时定位要准确并考虑热胀冷缩等原因引起的水平侧向力，如图 5-16 所示。

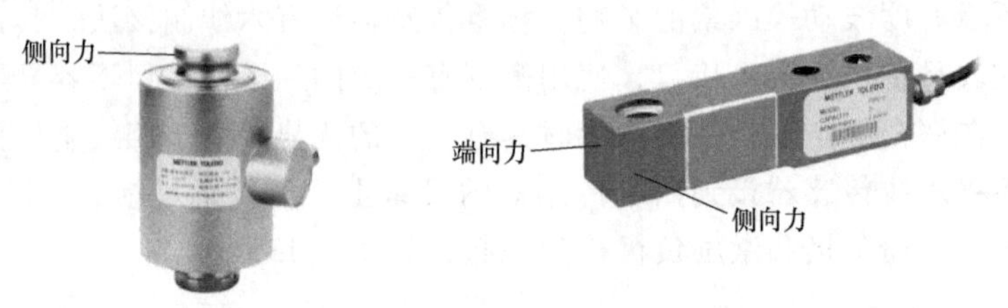

图 5-16 安装不正确，引起水平侧向力

2）称重传感器安装面与安装底座应保持水平或平行，不偏斜，否则，会形成偏载，严重影响传感器的计量精度，如图 5-17 所示。

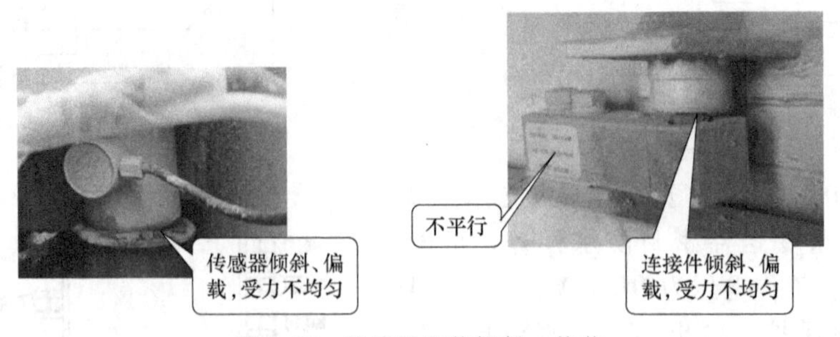

图 5-17 传感器安装倾斜、偏载

3）安装、更换传感器时，须选择合适的力矩扳手，调整至传感器所紧固的力矩要求。力矩过松会导致传感器计量不准确，重复性不好；力矩过紧会导致传感器紧固螺杆拉伸、变

形，起不到紧固作用。

4）需要安装垫圈的传感器，则需在螺杆上套上垫圈方可安装。在紧固螺杆前，需涂抹少许黄油，防止螺杆生锈及拆装方便。

5）严禁在安装传感器时，少装紧固螺杆，否则，螺杆会拉伸、变形，甚至可能造成安全事故。如图 5-18 所示。

6）严禁在多个传感器构成的称量系统中，随意加长或剪短某一部分传感器电缆。

7）传感器接线完成后，要用堵头堵死接线盒多余的接线孔并加以密封，否则，接线盒会进灰受潮导致电路板受污染、数据不规律跳动或上下漂移。图 5-19 所示为多余接线孔未加封堵。

图 5-18　少装紧固螺杆

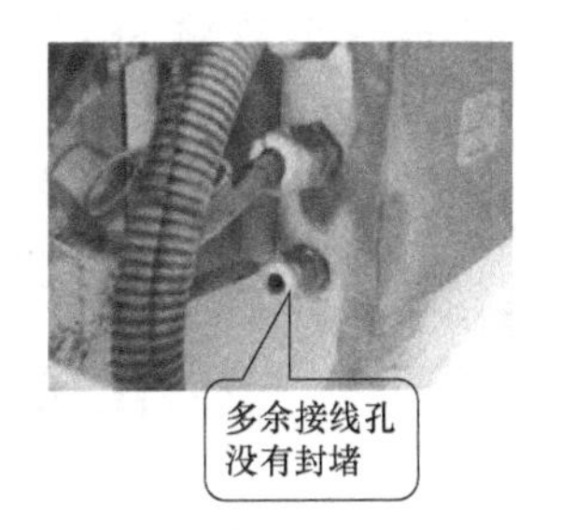

图 5-19　多余接线孔未加封堵

3. 液位（压力）变送器的安装接线

高性能扩散硅压阻式压力传感器可作为液体压力测量元件，能把与液位深度成正比的液体静压力准确测量出来，并经过信号调理电路转换成标准（电流或电压）信号输出，建立起输出信号与液体深度的线性对应关系，实现对液体深度的测量。

图 5-20 为 SK-1232 系列投入式液位变送器的外形与结构图，其精度高、有多重防护措施，防护能力高，直接投入液体中，即可测量出变送器末端到液面的液体高度，使用方便。适用于石油、化工、电厂、城市供水、水文勘探领域的液位测量与控制。

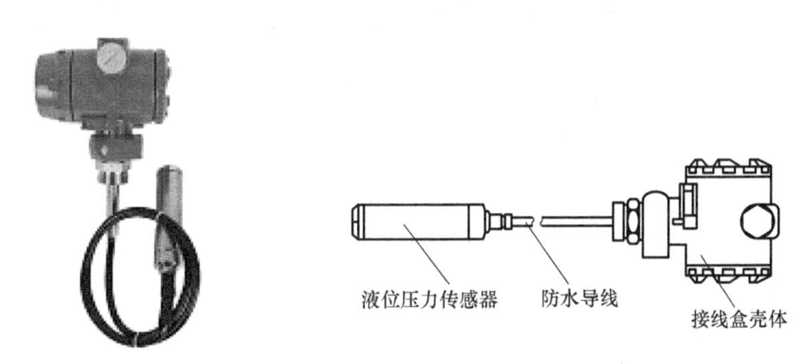

图 5-20　SK-1232 系列投入式液位变送器的外形与结构图

SK-1232 系列投入式液位变送器输入电压为 DC 24V，二线制输出信号为直流电流 4~20mA，电气接线图如图 5-21 所示，二线制端子接线不分极性。四线制输出信号为直流电压 0~5V 或 1~5V，电气接线图如图 5-22 所示。

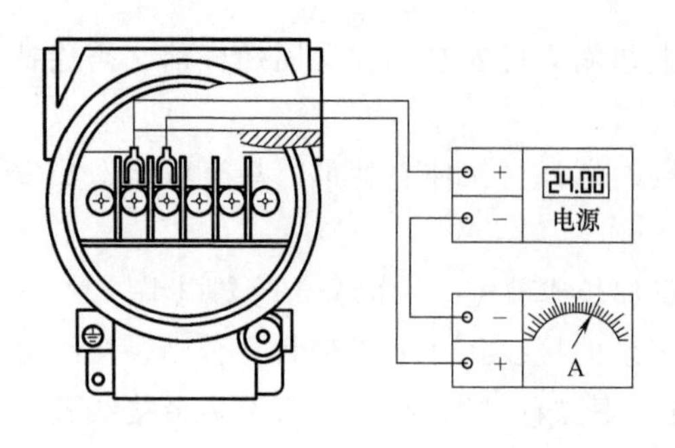

图 5-21 二线制电气接线图

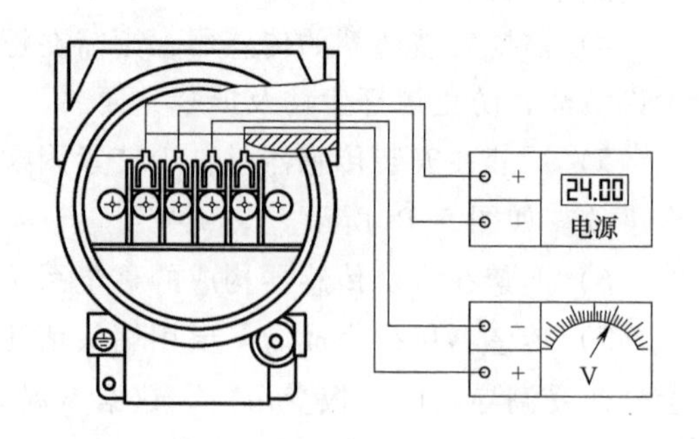

图 5-22 四线制电气接线图

按图 5-21 或图 5-22 将 SK-1232 系列投入式液位变送器进行电气连线，检查无误，将液位测量端直接投入盛满水的桶中，测量变送器末端到液面的液体高度。以四线制为例，输出 0~5V 直流电压模拟信号送到二次仪表或显示仪器，如系统设置为 0V 对应液位 0，5V 对应最大值××m，即可完成液面深度测量。

任务四 简易电子秤的制作

【任务引入】

电子秤是一种将重量转换成电信号的称重传感器。电子秤不仅能快速、准确地称出物品的重量，用数码显示出来，而且具有计算的功能，使用起来也很方便。

【技能训练】

1. 实验器材

主要使用的器材见表 5-1。

表 5-1 主要器材

名称	代号	型号与规格	数量	名称	代号	型号与规格	数量
金属应变片式电阻	R_1	120Ω,1/8W	1	碳膜电阻	R_2	150Ω	1
精密线性电位器	RP_1	2.2kΩ	1	碳膜电阻	R_6	33Ω	1
精密线性电位器	RP_2	120Ω	1	碳膜电阻	R_4、R_5	100Ω	各 1
				碳膜电阻	R_3	120Ω	1
数字微安表(三位半)	PA	量程 199.9μA	1	万用表		MF47	1
可调稳压电源	E		1	铁架台/烧瓶夹			1
辅材:5~20g 砝码、常见刮胡刀片、502 胶、细塑料管、细棉纱线、导线、透明塑料杯							

2. 实验电路及原理

（1）测量机构与实验电路。电子秤由传力机构、传感器、测量显示和电源组成。传力机构是将被称重物（本实验中为由透明塑料杯制作成的“吊斗”）的重力传递到称重传感器。称重传感器由刮胡刀片、电阻应变片和连接导线等组成。由于电阻应变片工作时电阻变化范围很小，相对变化量仅为±0.1%，常用桥式电路来测量这微小的电阻值变化。图 5-23 为电子秤电桥测量实验电路。

(2) 实验原理。左边相邻臂 R_1、R_3 分别为刮胡刀片上、下面粘贴的金属应变片，当刮胡刀片在向下拉力作用下发生弯曲应力时，凸面粘贴的应变片（如 R_1）被拉长（拉应变），电阻值增加，凹面应变片（如 R_3）则被压缩（压应变），电阻值减小，这种应变片使用方法不仅使电桥输出电压增加一倍，还具有温度补偿作用。电桥测量电路右边的两个相邻臂分别为电阻器 R_2 和电桥平衡零点调节电路，后者由电阻器 R_4、R_5、R_6 和零点调节电位器 RP_2 混联而成。调节 RP_2 时，其等效电阻值变化范围减小到 125~160Ω，可以实现电桥平衡精密调节。电桥检测部分由数字微安表 PA 和灵敏度调节电位器 RP_1 串联而成。电桥电路采用直流电源 E 供电，电压为 3V，电桥输出小于 9mV 时，传感器称重线性良好。

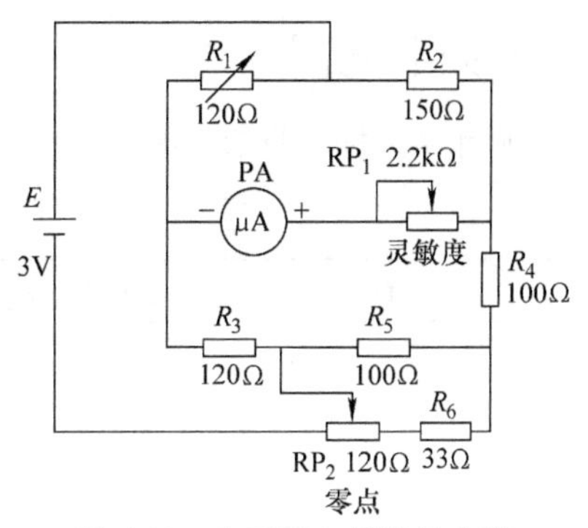

图 5-23 电子秤电桥测量电路

3. 实验步骤

电子秤电桥测量具体步骤如下：

1）应变片选用如图 5-3 所示的金属箔状应变片，其两条金属引出线分别套上细塑料套管，用 502 胶水把两片应变片分别贴在刮胡刀片（1/2 片）正、反面的中心位置上，要求胶水要涂得均匀且薄，多用反而不好。注意防止将电阻片的引线也粘在刀片上。敏感栅的纵轴应与刀片纵向一致。称重传感器的装配侧视图如图 5-24 所示。

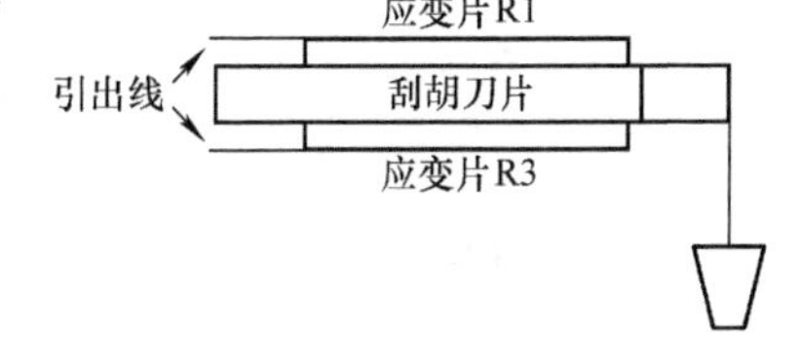

图 5-24 装配侧视图

2）安装好铁架台，并用烧瓶夹固定住刮胡刀片传感头根部及上面的引线，另一端悬空，吊挂好用棉纱线及塑料水杯制成的“吊斗”。

3）按图 5-23 连接好电路。检查电路无误后，接通电源。

4）接通电源 E 并稳定一段时间后，将灵敏度调节电位器 RP_1 的电阻值逐渐调至最小，此时电桥检测灵敏度最高。

5）再仔细调节零点电位器 RP_2，使数字微安表 PA 的读数恰好为零，此时电桥平衡。

6）在“吊斗”中轻轻放入 20g 砝码，调节灵敏度电位器 RP_1，使数字微安表读数为一个整数值，如 2.0μA，灵敏度标定为 0.1μA/g。

7）检测电子秤的称量线性。在“吊斗”内依次放入多个 20g 砝码，若数字微安表分别显示 4.0μA、6.0μA、8.0μA，说明传感器测力线性好。将称重砝码总质量与电流的关系填入表 5-2。

表 5-2 质量与电流的关系

砝码质量/g				
电流/μA				

8）若电子秤实验电路灵敏度达不到 0.1μA/g，则将电桥的供电电压提升到 4.5~6V，可大大增加其灵敏度。

【项目评价】

项目评价标准见表 5-3。

表 5-3 项目评价标准

项目	配分	评价标准	得分
知识学习	35	1. 懂得电阻应变片的结构 2. 了解弹性材料的特点 3. 懂得电阻应变式传感器的结构与工作原理 4. 能正确分析简易电子秤实验电路	
传感器的安装接线	25	能按说明书安装、调试荷重传感器,能正确接线	
简易电子秤的制作与调试	30	1. 能正确制作简易电子秤称重传感器 2. 能正确连接简易电子秤电路 3. 能正确装配简易电子秤 4. 调试简易电子秤达到称重要求	
团队协作与纪律	10	遵守纪律、团队协作好	

【思考与提高】

1. 电阻应变片是一种将被测件上的__________转换成为一种电信号的__________器件。

2. 通常将应变片通过特殊的粘合剂紧密地粘合在产生力学__________的基体上，当基体受力发生应力变化时，电阻应变片也一起产生__________，使应变片的__________发生改变，从而使加在电阻上的__________发生变化。

3. 电阻应变片应用最多的是__________应变片和__________应变片两种。__________应变片又有丝状应变片和__________应变片两种。

4. 金属电阻应变片由__________、__________、__________和引线组成。

5. 电阻应变式传感器由__________元件、__________、补偿电阻和外壳组成。

6. 在传感器的工作过程中常采用__________元件把力、压力、力矩、振动等被测参量转换成__________或__________量，然后再通过各种__________把应变量或位移量转换成__________。

7. 由于传感器中应变片的电阻变化很微弱，通常采用电桥作为测量电路，其电桥电路有__________、__________和__________电路。直流电桥输出电压与被测应变量呈__________关系。全桥电路的灵敏度是半桥的__________倍。

8. 电子秤由__________、__________、__________显示和__________组成。

9. 说说你见过的弹性元件。

10. 画出 PE-1 型称重传感器的接线图。

11. 试说明电阻应变式传感器的工作原理。

项目二　利用压电式传感器测力

职业岗位应知应会目标

1. 了解压电式传感器的材料及结构。
2. 熟悉压电式传感器的基本工作原理和应用。
3. 通过实训掌握压电式传感器的使用方法。

任务一　认识压电式传感器

【任务引入】

过去人们要用火柴给煤气灶点火，现在只要旋转煤气灶的开关就可以点燃燃气了。为什么呢？现在的煤气灶都安装上了压电点火装置，类似的还有气体打火机、燃气热水器等。压电点火装置的核心是压电材料，如压电晶体、压电陶瓷等，它不仅可以用来作点火装置，还可以用来测量力，尤其是对测量周期性瞬间变化的力或冲击压力更具优越性。例如，实践中工程技术人员常用压电式传感器测量发动机内部的燃烧压力；在军事工业中，用它来测量枪炮子弹在膛中击发的一瞬间膛压的变化和炮口的冲击波压力。压电式传感器既可以用来测量大的压力，也可以用来测量微小的压力。

【做中学】

1. 器材准备

压电晶体（陶瓷）蜂鸣片、指针式万用表、扬声器等。

2. 压电试验

将指针式万用表拨至 2.5V 档，左手食指与拇指轻轻捏住压电陶瓷蜂鸣片的两面，右手持两只表笔，连接于接线端子，眼睛注视仪表指针。左手食指与拇指用力紧压一下，可观察到指针向右摆——回零的现象；随即两手指放松，又可观察到指针向左摆——回零的现象，每次摆动幅度约 0.1~0.15V。若交换表笔位置后重新试验，指针摆动的顺序为向左摆—回零—向右摆—回零，如图 5-25a 所示。如将万用表换成扬声器连接于接线端子，如图 5-25b 所示，则两手指压、松时都能听到响亮的“咔、咔”声。

上述实验说明，压电晶体（陶瓷）在受力的情况下能产生电压信号，而且力的方向改变，电压信号的极性也改变。力不改变（静力）时，无电压信号。即压电晶体是一个力—电转换器件，而且力必须是动态的。

【知识学习】

1. 压电式传感器的工作原理

由物理学可知，一些离子型晶体的电介质（如石英、酒石酸钾钠、钛酸钡等）在电场力和机械力作用下都会产生极化现象，即在这些电介质的一定方向上施加机械力而产生变形时，就会引起它内部正、负电荷中心相对转移而产生极化，从而导致两个相对表面（极化

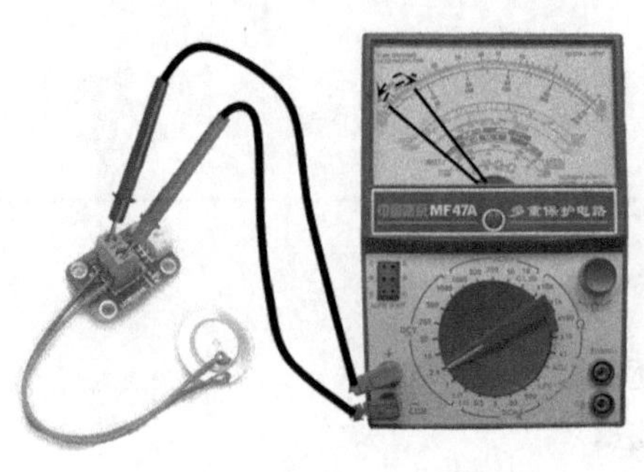

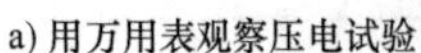

a) 用万用表观察压电试验

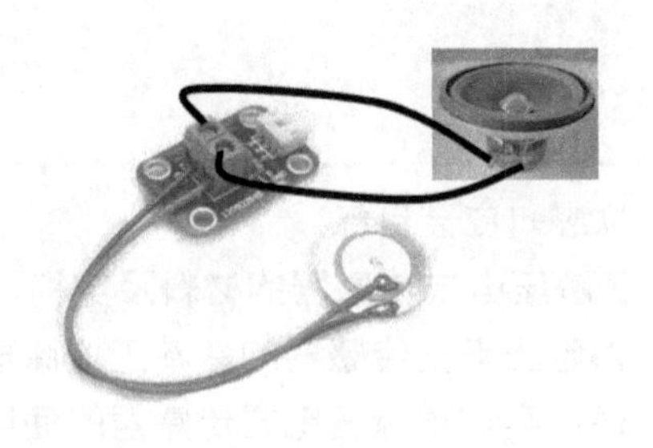

b) 用扬声器“听”压电试验

图 5-25 压电试验图

面）上出现符号相反的束缚电荷，且其电位移 D（在 MKS 单位制中即电荷密度 σ）与外应力张量 T 成正比；当外力消失，又恢复不带电状态；当外力变向时，电荷极性随之而变。这种现象称为正压电效应，或简称压电效应。

压电式传感器是依靠某些晶体材料的压电效应工作的，当这些晶体受压力作用发生机械变形时，在其相对的两个侧面上会产生异性电荷。

压电式传感器中主要使用的压电材料有石英晶体、酒石酸钾钠和磷酸二氢胺。其中石英晶体（二氧化硅）是一种天然晶体，压电效应就是在这种晶体中发现的。石英晶体在一定的温度范围之内，压电效应一直存在，但温度超过这个范围之后，压电效应完全消失（这个高温就是所谓的“居里点”）。由于随着应力的变化石英晶体的电场变化微小（也就说压电系数比较低），所以逐渐被其他的压电晶体所替代。酒石酸钾钠具有很高的压电灵敏度和很大的压电系数，但是它只能在室温和湿度比较低的环境下才能够应用。磷酸二氢胺属于人造晶体，能够承受高温和相当高的湿度，已经得到了广泛的应用。

现在压电效应也应用在多晶体上，比如现在常用的钛酸钡压电陶瓷、PZT、铌酸盐系压电陶瓷、铌镁酸铅压电陶瓷等。

压电效应是压电传感器的主要工作原理。压电元件在交变力的作用下，电荷可以不断补充，供给测量回路一定的电流，适用于测量动态的应力（一般必须高于 100Hz，但在 50kHz 以上时，灵敏度下降），不能用于静态测量。

2. 压电式传感器的结构

图 5-26 所示为压电式单向测力传感器的结构。图中压电晶片为力—电转换元件，晶片数目通常是使用机械串联而电气并联的两片，晶片的几何尺寸为合理的传力结构。压电晶片材料的选择则决定于所测力的量值大小。压电式单向测力传感器的压电晶片为 X 切割石英晶片，尺寸为 8mm×1mm，上盖为传力元件，其变形壁的厚度为 0.1～0.5mm，由测力范围（$F_{max}=500kg$）决定。

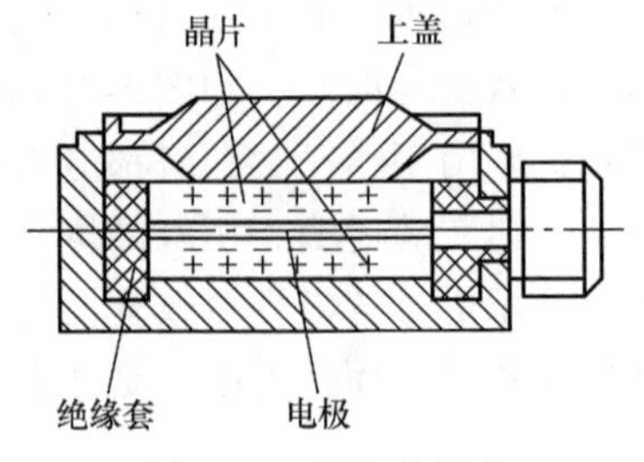

图 5-26 压电式单向测力传感器的结构

压电式单向测力传感器的绝缘套用来绝缘和定位。基座内、外底面对其中心线的垂直度，上盖及晶片、电极的上、下底面的平行度与表面光洁度都有极严格的要求，否则会使横向灵敏度增加或使片子因应力集中而过早破坏。为提高绝缘阻抗，传感器装配前要经过多次净化（包括超声波清洗），然后在超净工作环境下进行装

配，加盖之后用电子束封焊。

三向压电测力传感器内安装有三组石英晶片。其中两组石英晶片对剪切力敏感，分别测量 F_x 和 F_y 这两个横向分力；另一组石英晶片测量纵向分力 F_z。在载荷作用下，各组石英晶片分别产生与相应分力成正比的电荷，并通过电极引到外部输出插座。由于剪切力 F_x、F_y 是通过上、下安装面与传感器表面的静摩擦传递的，所以安装时传感器一定要预加载荷。图 5-27 为三向测力传感器的结构。

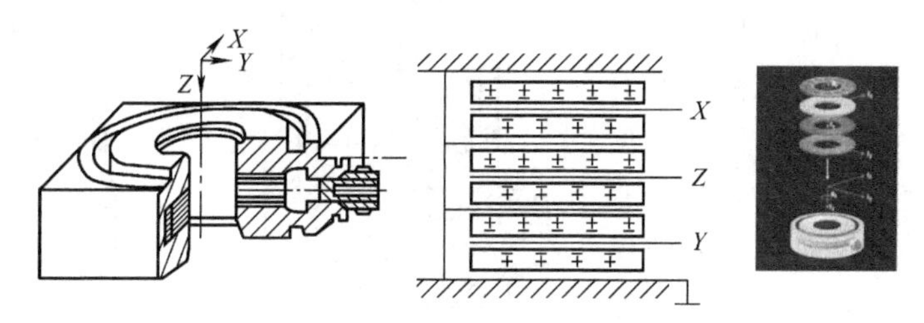

图 5-27　三向测力传感器的结构

用四个三向压电测力传感器可以组装六分量测力计，如图 5-28 所示。六分量压电测力计被用来进行机床切削力测量，生物力学实验中的步态测量分析及其他工业和科研领域中的碰撞、冲击力等动态测量。

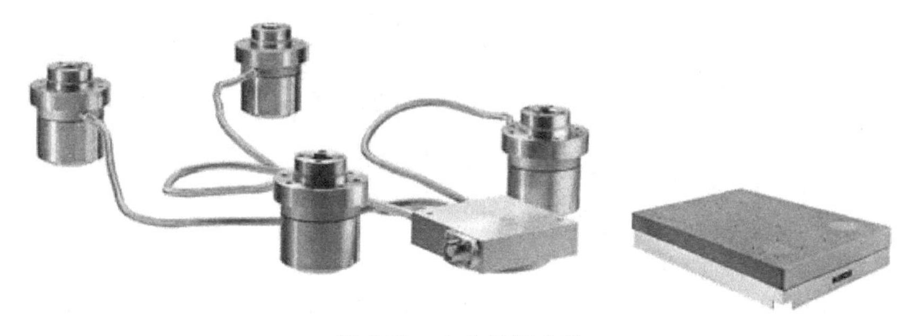

图 5-28　六分量测力计

图 5-29 为压缩型压电加速度传感器的结构示意图，压电元件一般由两片压电晶片组成。在压电片的两个表面上镀银层，并在银层上焊接输出引线，或在两个压电晶片之间夹一片金属，引线就焊接在金属片上，输出端的另一根引线直接与传感器基座相连。在压电晶片上放置一个比重较大的质量块，然后用一硬弹簧或螺栓、螺母对质量块预加载荷。整个组件装在一个厚基座的金属壳体中，为了隔离试件的任何应变避免传递到压电元件上去，产生假信号输出，一般要加厚基座或选用刚度较大的材料来制造。

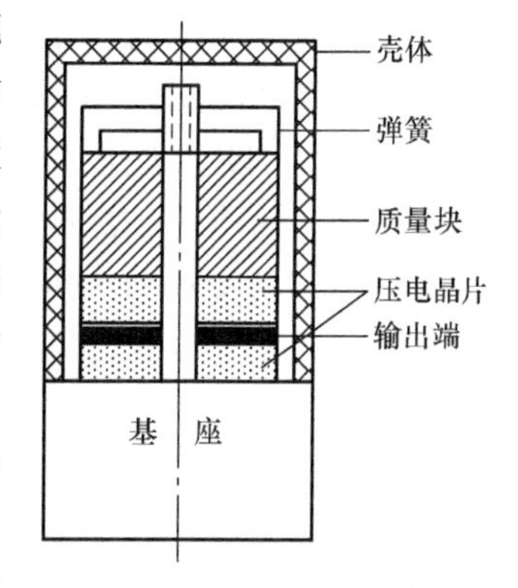

图 5-29　压缩型压电加速度传感器的结构示意图

测量时，将传感器基座与试件刚性固定在一起。当传感器受振动时，由于弹簧的刚度相当大，而质量块的质量相当小，可认为质量块的惯性很小。因此质量块感受与传感器基座相同的振动，并受到与加速度方向相反的惯性力的作用。这样，质量块就有一正比于加速度的交变力作用在压电晶片上。由于压电晶片具有压电效应，因此在它的两个表面上就产生交变电荷（电压），当振动频率远低于传感器的固有频率时，传感器的输出电荷（电压）与作用力成正比，亦即与试件的加速度成正比。输出电量由传感器输出端引出，输入到前置放大器后即可用普通的测量仪器测出试件的加速度，如在放大器中加进适当的积分电路，还可测出试件的振动位移或速度。

压电元件的受力和形变常见的有厚度形变、长度形变、体积形变和厚度剪切形变四种。按上述四种形变有相应的四种结构的传感器，但最常见的是基于厚度形变的压缩式和基于厚度剪切形变的剪切式两种，前者使用更为普遍。图 5-30 为四种压电式加速度传感器的典型结构。

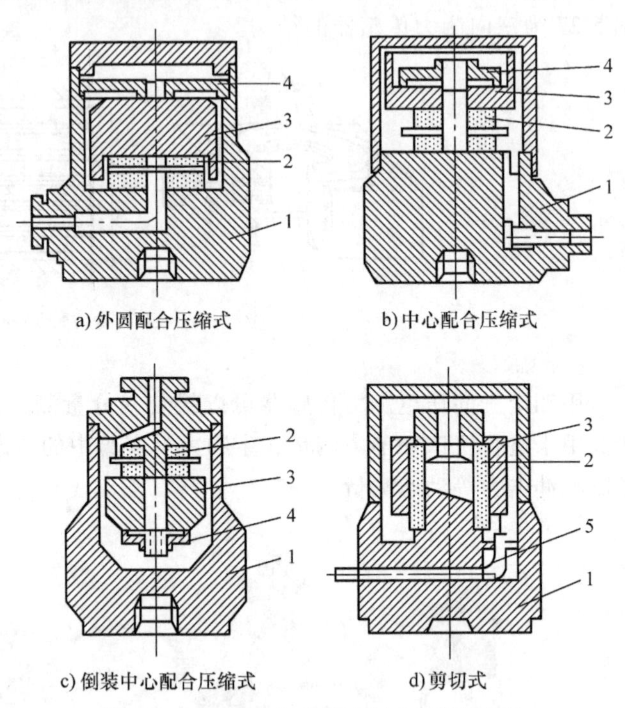

图 5-30 四种压电式加速度传感器的结构

1—基座 2—压电晶片 3—质量块 4—弹簧片 5—电缆

剪切式加速度传感器具有很高的固有频率，频响范围很宽，特别适用于测量高频振动，它的体积和重量都可做得很小，有助于实现传感器微型化。但是，由于压电元件与中心柱之间以及惯性质量环与压电元件之间要用导电胶黏结，要求一次装配成功，因此，成品率较低。

目前，优质的剪切式加速度传感器同压缩式传感器相比，横向灵敏度小一半，灵敏度受瞬时温度冲击和基座弯曲应变效应的影响都小得多，因此，剪切式加速度传感器有替代压缩式加速度传感器的趋势。

3. 压电式传感器的用途

压电式传感器结构简单、体积小、功耗小、寿命长，特别是它具有良好的动态特性，因此适合有很宽频带的周期作用力和高速变化的冲击力，它主要应用在加速度、压力和力等的测量中。如用压电式传感器制成加速度计，用于测量飞机、汽车、船舶、桥梁、建筑的振动和冲击力，特别是在航空和宇航领域中更有它的特殊地位。

压电式传感器也广泛应用在生物医学测量中，比如心室导管式微音器就是由压电式传感器制成的，因为测量动态压力的测量很普遍，所以压电式传感器的应用就非常广泛。

任务二 简易压电式传感器的制作

【任务引入】

压电陶瓷元件的自振频率高，特别适合测量变化剧烈的载荷。本任务通过制作、调试简易压电式传感器，体会其动态测力特性。

【技能训练】

1. 实验器材

主要器材见表 5-4。

表 5-4　主要器材

名称	代号	型号与规格	数量	名称	代号	型号与规格	数量
可调电阻	RP	20kΩ	1	碳膜电阻	R	4.7kΩ，1/8W	1
晶体管	VT	9014 型，$\beta \geqslant 100$	1	发光二极管	VL	颜色自定	1
压电陶瓷片	SP		1	可调稳压电源，导线若干			

2. 实验电路及原理

压电效应实验电路如图 5-31 所示。本实验采用基本的单管共发射极放大电路，由传感器 SP、R、RP 充当分压电路，当 VT 的基极电流 I_b 变化，且 $U_{be} \geqslant 0.7$V 时，控制 VT 导通，驱动发光二极管 VL 发光。注意，VT 的基极上接有 4.7kΩ 电阻，用它保护晶体管的发射结，以免短路时 I_b 电流过大损坏 VT。

3. 实验步骤

1）按照图 5-31 连接好实验电路。

2）用手指轻轻敲击或碰撞压电陶瓷片 SP 时，SP 由于弯曲形变而产生电荷，将机械能转换成电信号，VT 饱和导通，VL 闪亮。

3）再将压电陶瓷片 SP 的镀银表面向内，黄铜面向上。

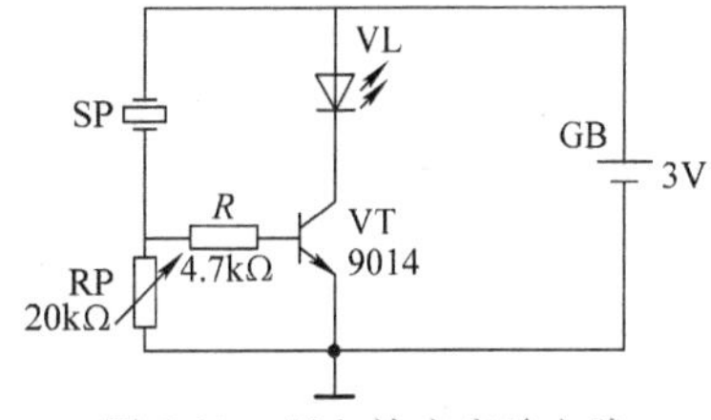

图 5-31　压电效应实验电路

4）让火柴棍从 1cm 以上的高处（不需要太高）自由落下，撞击压电陶瓷片黄铜面，可以“击”发 VL 发光。

本电路演示效果显著，由于传感器是短促触发，用红色发光二极管 VL 指示即可，可配合微调电阻 RP 调整触发灵敏度。

若将发光二极管 VL 换成直流 5V 电压表，用手指按压压电陶瓷片 SP，可观察指针的摆动变化过程。

【项目评价】

项目评价标准见表 5-5。

表 5-5　项目评价标准

项目	配分	评价标准	得分
新知识学习	40	1. 懂得压电式传感器的结构与工作原理 2. 了解压电式传感器的特点与应用 3. 能正确分析压电式传感器的实验电路	
压电式传感器的制作	45	1. 能正确连接压电式传感器电路 2. 调试压电式传感器达到使用要求	
团队协作与纪律	15	遵守纪律、团队协作好	

【思考与提高】

一、填空

1. 压电式传感器的压电材料主要有__________、__________和__________。

2. 压电式传感器基于__________原理工作。

3. 三向压电测力传感器内安装有__________组石英晶片。其中两组石英晶片__________力敏感，分别测量__________和__________这两个横向分力；另一组石英晶片测量__________。安装三向压电测力传感器时一定要__________。

二、判断

1. 使用环境温度对应变片没有影响。(　　)

2. 弹性敏感元件的基本特性可用长度和灵敏度来表征。(　　)

3. 应变片的栅长小一些比大一些好。(　　)

4. 压电式传感器不能用于静态测量。(　　)

5. 压电式传感器主要应用在加速度、压力和力等的测量中。(　　)

三、简答

1. 电子秤检测系统由哪几部分组成？说明各部分的作用。

2. 什么是压电效应？

3. 压电式传感器主要应用在什么地方？

四、问题探究

图 5-32 是压电式传感实验电路。它由压电元件 SP、串联的绿色和红色两路发光二极管组成。SP 用外圆直径为 27mm 的压电陶瓷片代替，发光二极管选用管壳透明、在微弱电流（0.1mA）驱动下能发光的高亮度二极管。轻轻敲击或碰撞压电陶瓷片时，SP 由于弯曲形变而产生电荷，假设 SP 两个电极聚集的电荷上正、下负，处于正向串联的红色发光二极管闪亮；在撞击结束瞬间，压电陶瓷片恢复平直产生反向电荷，使得绿色发光二极管闪亮。电路中如果只装一路发光二极管（红色、绿色均可），会出现什么现象？增加或减少发光二极管的数量，对电路有何影响？请大家实际装配试一试。

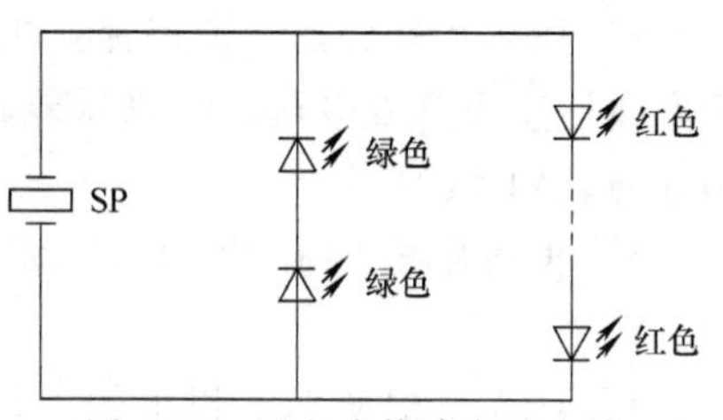

图 5-32　压电式传感实验电路

注意：电路不能单用一路串联的发光二极管，因为发光二极管的 PN 结具有单向导电特性，需要并上一只二极管，为反向电荷释放提供通路。

应知应会要点归纳

力和压力是工程实践和日常生活中经常要测量的参数，如称重、大梁承载力的测量、子弹在枪膛中击发的一瞬间对枪膛产生的压力测量等。本模块通过对电阻应变式传感器和压电式传感器的学习，介绍力和压力的一般测量原理和方法。

1）当金属丝受外力作用时，其长度和截面积都会发生变化，其电阻值也会随着变化，这就是电阻应变效应。电阻应变片就是利用这一原理制成的。

电阻应变片应用最多的是金属电阻应变片和半导体应变片两种。金属电阻应变片又有丝状应变片和金属箔状应变片两种。

电阻应变式传感器是应用电阻应变片为敏感元件制成的，它在基体材料上粘附电阻应变片使之随机械形变而产生阻值变化，通过测量电路输出电信号。

常用电阻应变式传感器有拉压式传感器、悬臂梁式传感器、称重用压力传感器、箔式压力传感器等。PE-1 型电阻应变式称重传感器的接线方法如图 5-12 所示。

2）在传感器的工作过程中常采用弹性敏感元件把力、压力、力矩、振动等被测参量转换成应变量或位移量，再通过各种转换元件或测量电路把应变量或位移量转换成电量。弹簧秤、电子秤、压力表、动圈式传声器等就是弹性敏感元件的应用实例。

3）压电式传感器是应用某些晶体材料的压电效应制成的。当这些晶体受压力作用发生机械形变时，在其相对的两个侧面上会产生异性电荷，这种现象称为压电效应。机械形变与压电材料上产生的电荷具有一定的相关性，据电荷量的变化可知力的大小。

当外力消失时，压电晶体材料会恢复不带电原状；当外力变向时，电荷极性也会随之变化。因此，压电晶体只适用于测量动态的应力，不能用于静态测量。

压电式传感器一般由基座、绝缘套、上盖、压电晶片和电极组成。绝缘套用来绝缘和定位，压电式单向测力传感器的压电晶片通常采用机械串联而电气并联的两片，三向压电测力传感器内安装有三组石英晶片，分别测量横向分力和纵向分力。

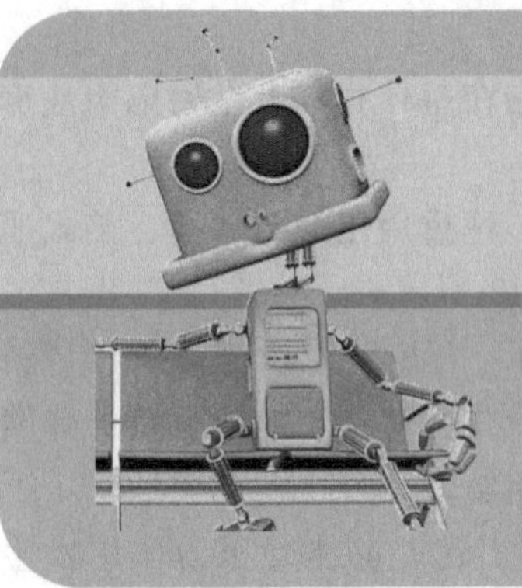

模块六

位移检测

在自动检测与控制系统中，有许多物理量如压力、流量、加速度等，常需要把它们先变换成位移，再将位移转变成电量。因此，位移测量是一种最基本的测量工作。位移传感器是用来测量位移、距离、位置、尺寸、角度、角位移等几何量的一种传感器。根据传感器的信号输出形式，可以分为模拟式和数字式两大类；根据被测物体的运动形式，可细分为线性位移传感器和角度位移传感器。位移传感器的分类如图6-1所示。

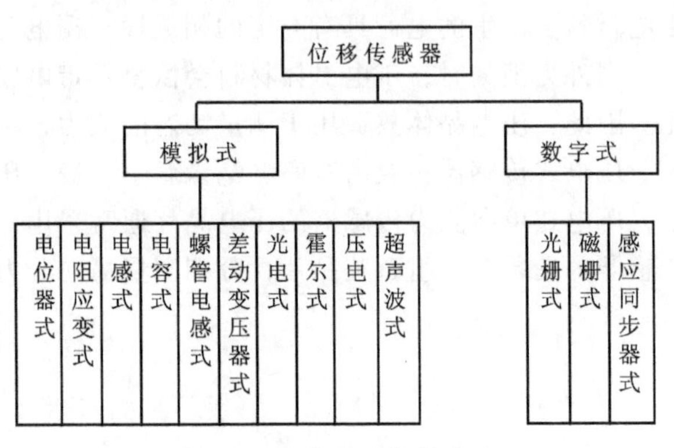

图6-1　位移传感器的分类

项目一　利用机械位移传感器检测位移

职业岗位应知应会目标

1. 了解常用位移传感器的工作原理与特性。
2. 能根据要求选择合适的位移传感器。
3. 掌握位移传感器的应用与安装接线。

任务一　利用电位器式传感器检测位移

【任务引入】

在自动检测与控制系统中，常常需要测量和控制运动物体的位移、距离、角度、角位移等物理量。电位器则能通过其转动或直线滑动将这些物理量转变为相应的电量，便于测量与控制。因此，电位器式传感器在自动检测与控制技术中占有很重要的地位，在很多领域得到广泛的应用。

【做中学】

1. 器材准备

圆盘式电位器、直线式电位器、滑线电位器、数字毫伏电压表、150mm 游标卡尺、稳压电源。

2. 电位器式传感器的结构

电位器式传感器的外形与结构如图 6-2 所示。它主要由电阻和电刷（动触点）两部分组成，可以作为可变电阻器使用，也可作为分压器使用。电位器式传感器结构简单、体积小、质量轻、价格低廉、性能稳定，对环境条件要求不高，输出信号较大，一般不需放大，并易实现函数关系的转换；但电阻元件与电刷间由于存在摩擦、磨损等，故其精度不高，动态响应较差，主要适合于测量变化较缓慢的物理量。

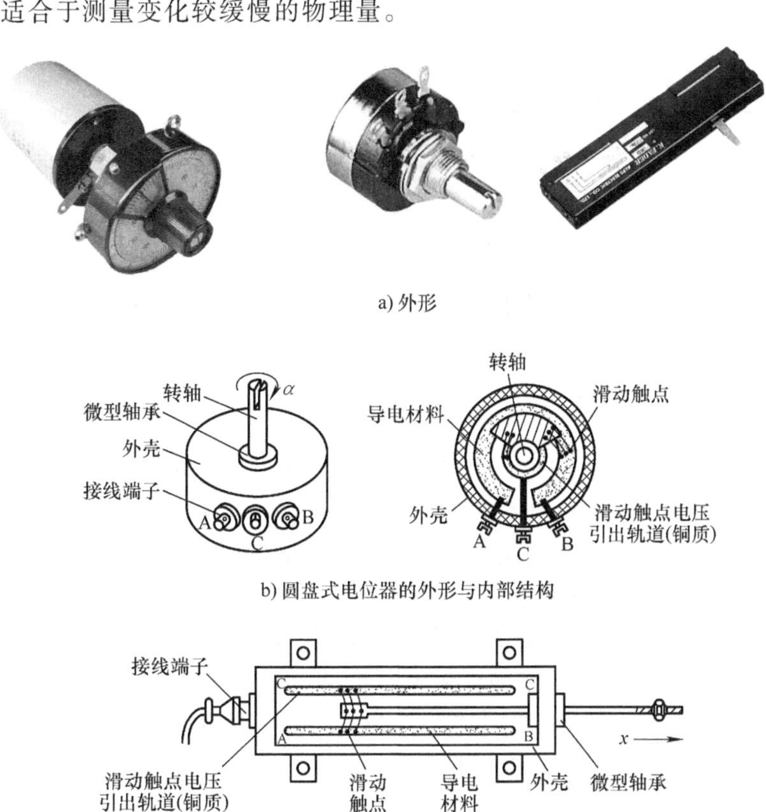

图 6-2　电位器式传感器的外形与结构

3. 测量电位器式传感器的位移与输出电压的关系

实验方法与步骤如下：

（1）按照图 6-3 所示接线图接线。滑线电位器两端接 5V 直流电源。

（2）电压表正表笔连接滑线电位器的滑动端，负表笔接电源负极。

（3）记录数据。

1）求 U_i 值：将滑动端推至电位器的起始端，记录电压表的显示值，即 U_i 值。

2）用游标卡尺定位，将滑动端推至距起始点 25mm 处，逐次增加 25mm，分别将电压显示值记录于表 6-1 中。

表 6-1 实验数据记录表

位移 x/mm							
电压 U_o/ V							

（4）将测得的电压 U_o 与位移 x 的数值画在图 6-4 所示的坐标图中，观察 U_o 与 x 是否成线性关系。

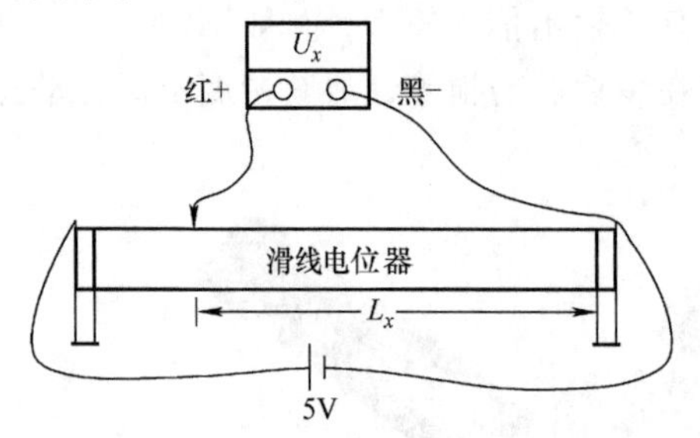

图 6-3 滑线电位器模拟电位器式传感器实验

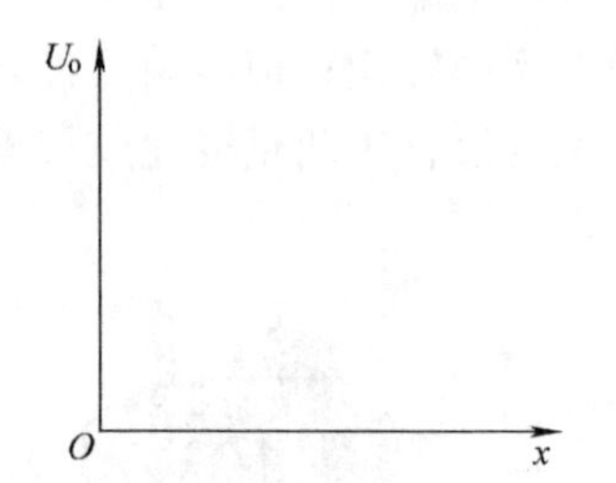

图 6-4 电压 U_o 与位移 x 的关系

（5）实验结论：输出电压与电位器式传感器的位移成正比，即成线性关系。

【知识学习】

1. 电位器式传感器概述

电位器是一种常用的机电元件，广泛应用于各类电器和电子设备中。电位器式传感器可将机械的直线位移或角位移输入量转换为与其成一定函数关系的电阻或电压输出。它除了用于线位移和角位移测量外，还广泛应用于测量压力、加速度、液位等物理量。

2. 电位器式传感器的工作原理

图 6-5 所示是电位器式传感器测量转换电路原理图。当电刷（动触点）C 点沿电阻体的接触面从 B 滑向 A 端时，电刷两边的电阻随之发生变化，设电阻体全长为 L，总电阻为 R，电刷移动距离为 x，则电位器的电阻值为

$$R_x = \frac{R}{L}x$$

如在电位器两端加上电压 U，则 R_x 两端输出电压 U_o 为

$$U_o = \frac{U}{L}x$$

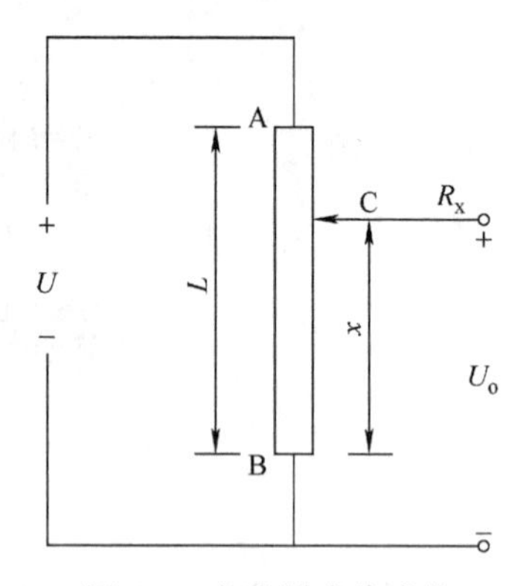

图 6-5 电位器式传感器测量转换电路原理图

由此可见，电位器式位移传感器通过电位器将机械位移转换成与之成线性关系的电阻或电压输出。因此，电位器式位移传感器可用于测量机械位移，也可以测量能转换为位移的其他物理量，如振动加速度等。

普通直线电位器和圆形电位器可分别用作直线位移和角位移传感器。

3. 电位器式传感器的种类

根据输入—输出特性的不同，电位器式传感器可分为线性电位器和非线性电位器两种；根据结构形式的不同，又可分为线绕和非线绕电位器式传感器。非线绕电位器式传感器主要有合成膜电位器、金属膜电位器、导电塑料电位器、导电玻璃釉电位器和光电电位器式传感器等。

图 6-6 是 LS10 型导电塑料线位移传感器，金属杆为测量轴（双面出轴），被测物体的运动位移通过与测量轴的连接进行检测。电缆引出线有三根，分别为黄（Y）、绿（G）、红（R）三色。黄、绿线为传感器电阻体两端出线（或接电源），红线为导电层（或电刷）引出线，作为输出信号端引线。图 6-7 所示是 KTS 型精密导电塑料线位移传感器，测量轴为单面出轴，电缆引线分别为黑、红、白三色，其中黑、红线为传感器电阻体两端引线，白线为导电层引线。LS10 和 KTS 型导电塑料线位移传感器可用于工程机械、注塑机、机器人、计算机控制运动器械等需要精密测量位移的场合。

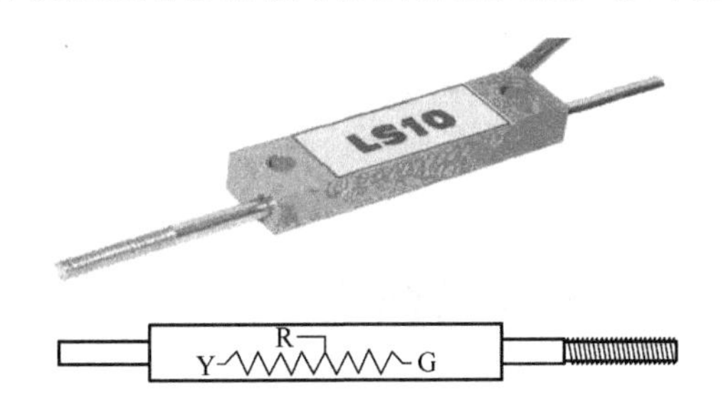

图 6-6　LS10 型导电塑料线位移传感器

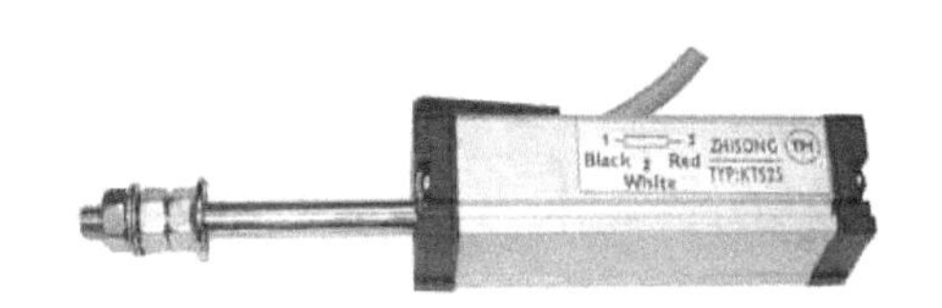

图 6-7　KTS 型精密导电塑料线位移传感器

4. 电位器式传感器的应用

（1）弹性压力计。图 6-8a 和图 1-9 是电位器式压力传感器（弹性压力计）的结构示意图，图 6-8b 为其实物。它将弹性元件的形变或位移转换为电信号输出。弹性元件的自由端处安装有滑线电位器，滑线电位器的滑动触点与自由端连接并随之移动，自由端的位移就转换为电位器的电信号输出。当被测压力 p 增大时，弹簧管撑直，通过齿条带动齿轮转动，从而带动电位器的电刷产生角位移。

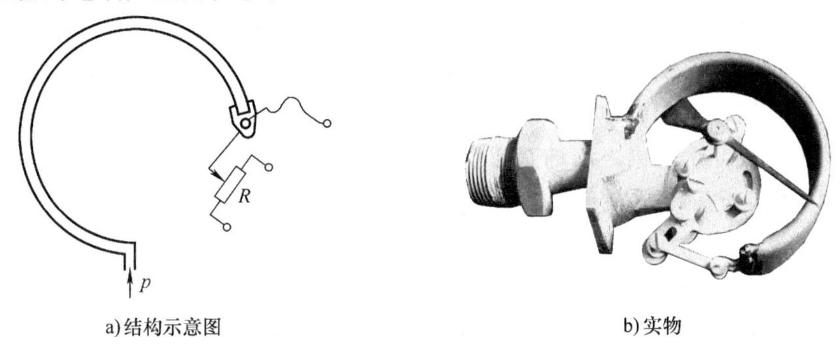

图 6-8　电位器式压力传感器

（2）液位传感器。生产中经常要检测塔、罐、箱等内部盛装液体的高度（即量的多少），如化工厂的储藏罐、车辆的油量检测等。图 6-9 所示为车辆油位传感器，其中

图 6-9b 为其工作原理，油量变化时，浮子通过杠杆带动电位器的电刷在电阻上滑动，因此，一定的油面高度就对应一定的电刷位置。油位传感器采用电桥作为电位器的测量电路，消除了负载效应对测量的影响。当电刷位置变化时，为保持电桥的平衡，两个线圈内的电流会发生变化，使得两个线圈产生的磁场发生变化，从而改变指针的位置，指示出油箱内的油量。

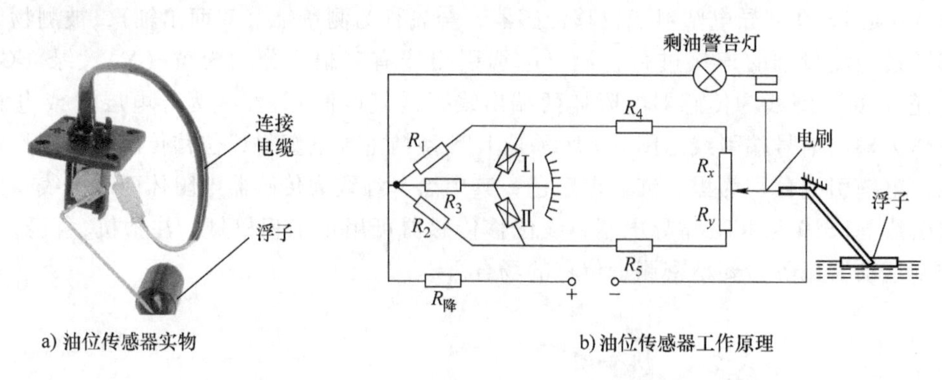

图 6-9 车辆油位传感器

任务二 利用差动变压器式传感器检测位移

【任务引入】

在机械系统中，往往需要对各种机械量进行测量，由于许多机械量能够变换成位移，选用适当的位移传感器就能测量出许多机械量。差动变压器式传感器就能将机械位移转换成与它成比例的电压或电流信号，从而可用来测量线位移或角位移。

【知识学习】

1. 差动变压器式传感器的工作原理

差动变压器式传感器的工作原理实质就是变压器的工作原理，其结构如图 6-10a 所示，它主要包括可自由移动的杆状可动铁心、一次绕组和二次绕组等。图 6-10b 是差动变压器式传感器的原理。一、二次绕组间的互感能量随可动铁心的移动而变化。使用时，铁心的一端与被测物体连接，当被测物体移动时，铁心也被带动在一、二次绕组间移动，改变其空间磁场分布，改变了一、二次绕组之间的互感量 M。当一次绕组供给一定频率的交变电压时，二次绕组就产生了感应电动势，随着铁心的位置不同，二次侧产生的感应电动势也不同。于是铁心的位移量就变成了电压量输出。

为提高传感器的灵敏度，改善其线性度，通常将两个二次绕组反向串联，两个二次绕组输出电压的极性正好相反，以差动方式输出，因此称其为差动变压器式传感器，简称差动变压器。差动变压器输出电压之和其实为两个二次绕组电压之差，如图 6-10b 所示。

$$U_o = U_{21} - U_{22} = K(M_1 - M_2) = K\Delta M$$

式中，K 是差动变压器的灵敏度，它是与差动变压器的结构、材料和一次绕组的电流频率等

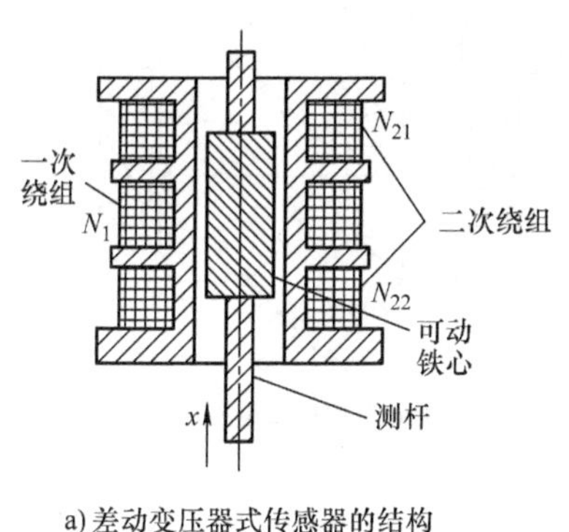

a) 差动变压器式传感器的结构

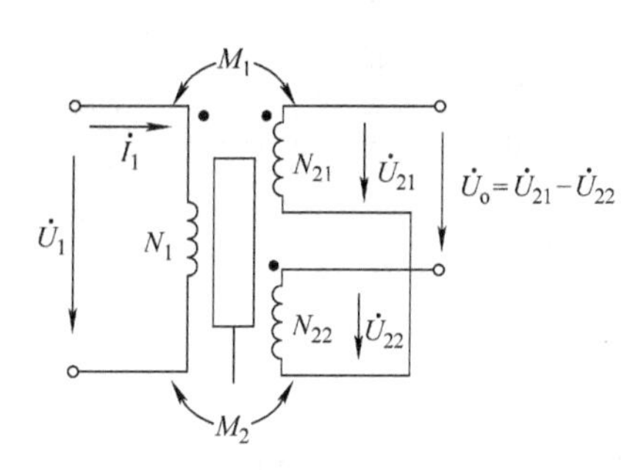

b) 差动变压器式传感器的原理

图 6-10 差动变压器式传感器的结构与原理

有关的物理量，在线性范围内可近似看作常量；ΔM 为绕组互感增量，它与可动铁心位移量 x 基本成正比关系，即

$$U_o \approx K|x|$$

1）当可动铁心位于绕组的中心位置时，$U_{21}=U_{22}$，$U_o=0$。

2）当铁心向上移动时，则 M_1 大，M_2 小，$U_{21}>U_{22}$，$U_o>0$。

3）当铁心向下移动时，则 M_1 小，M_2 大，$U_{21}<U_{22}$，$U_o<0$。

由上可知，当铁心偏离中心位置时，输出电压 U_o 的大小和相位发生改变。因此，测量输出电压的大小和相位就能知道铁心移动的距离和方向。

差动变压器式传感器的输出电压曲线如图 6-11 所示。图中零点残余电压与变压器绕组的几何尺寸或电气参数不对称，电源电压含有高次谐波，线圈具有寄生电容并与外壳、铁心间存在分布电容，和传感器具有铁损等有关。

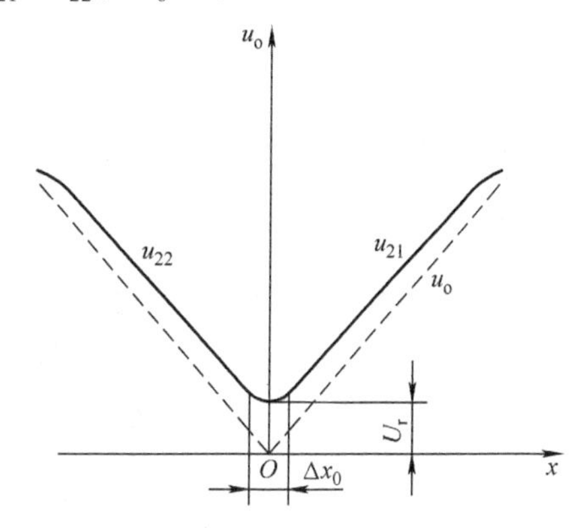

图 6-11 差动变压器式传感器的输出电压曲线

2. 测量电路

差动变压器的输入、输出电压是交流电压，它与铁心位移成正比，如果用交流电压表测量其输出电压则存在下列问题：一是总有零位电压输出，因而零位附近的小位移量的测量比较困难；二是交流电压表无法判断铁心运动方向。所以在差动变压器测量转换电路中常采用差动整流电路，如图 6-12 所示。

差动变压器两个二次绕组的电压分别整流后，以它们的差值作为输出，这样，二次绕组电压的相位和零点残余电压都不必考虑。其中图 6-12a 所示电路用于连接低阻抗负载的场合，输出电流，图中可调电阻用于调整输出电压零点。由于整流部分在差动变压器输出端一侧，所以只需两根直流输送线即可，而且可以远距离输送，因而得到广泛应用。

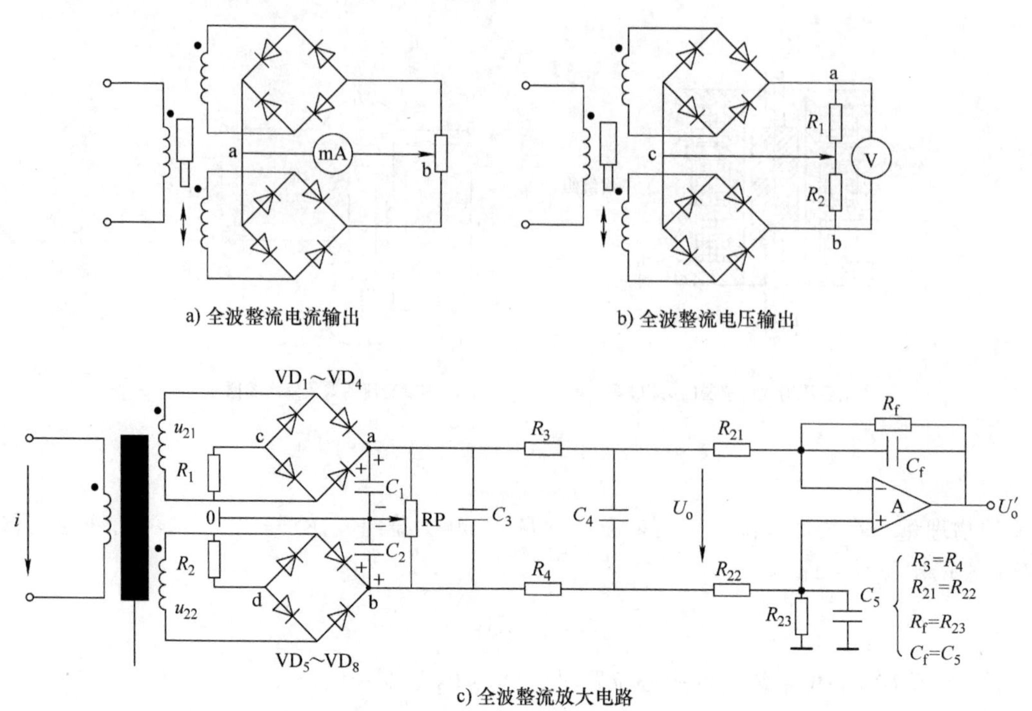

a) 全波整流电流输出　　b) 全波整流电压输出

c) 全波整流放大电路

图 6-12　差动整流电路

【技能训练】

1. 器材准备

CST-LV-DA 型差动变压器式传感器、WYDC 系列差动变压器式传感器、钢尺、DT890 型数字万用表、可调稳压电源、电工工具。

2. 阅读差动变压器式位移传感器的技术资料

认真观察图 6-13 所示的差动变压器式位移传感器的结构，阅读使用说明书。传感器的放大电路采用微电子技术，与检测头（杆）一起整体封装在不锈钢或工程塑料壳体内，检

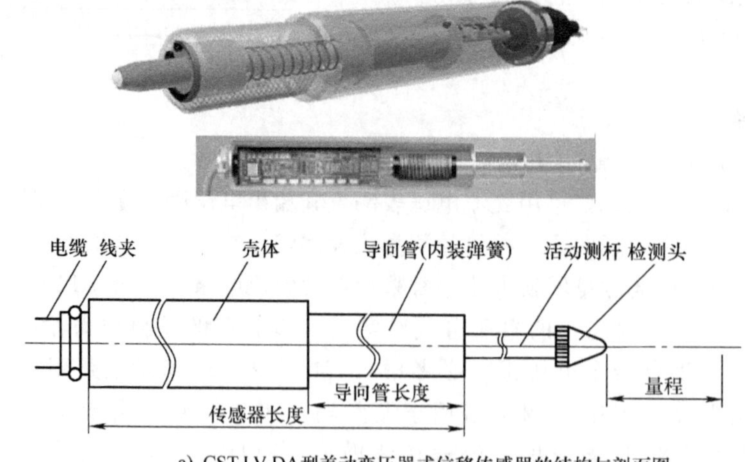

a) CST-LV-DA型差动变压器式位移传感器的结构与剖面图

图 6-13　差动变压器式位移传感器的结构及实物

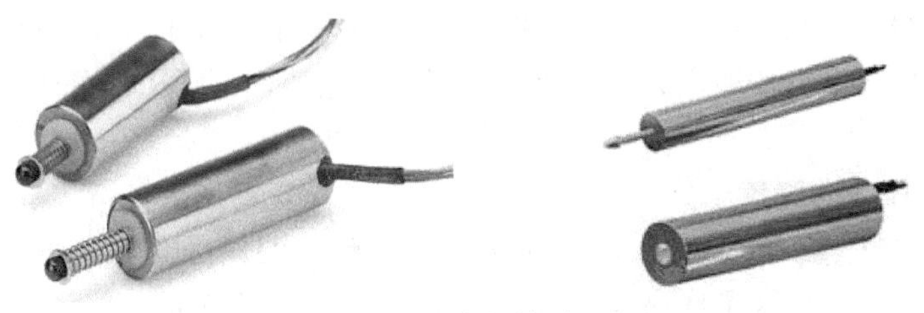

b) WYDC系列差动变压器式位移传感器实物

图 6-13 差动变压器式位移传感器的结构及实物（续）

测头为硬质合金半圆形；采用 DC±12V 供电，输出信号为标准的可被计算机或 PLC 使用的 0~5V 电压或 4~20mA 电流输出。使用时将传感器壳体固定，测杆与被测物连接，可以刚性连接（非回弹式），也可依靠传感器内置的复位弹簧顶在被测物上（回弹式）。外形尺寸上，回弹式比非回弹式多一个导向的长度。

3. 测量差动变压器式传感器的位移发生变化时的输出电压

图 6-14 是 CST-LV-DA 型差动变压器式传感器的接线图。它采用五芯屏蔽电缆中的三芯（正、负、地）供电，另两芯为信号输出，可直接接二次仪表。根据情况选用正或负电源供电以及二次仪表或设备，如 PLC 等选用高或低输出信号。

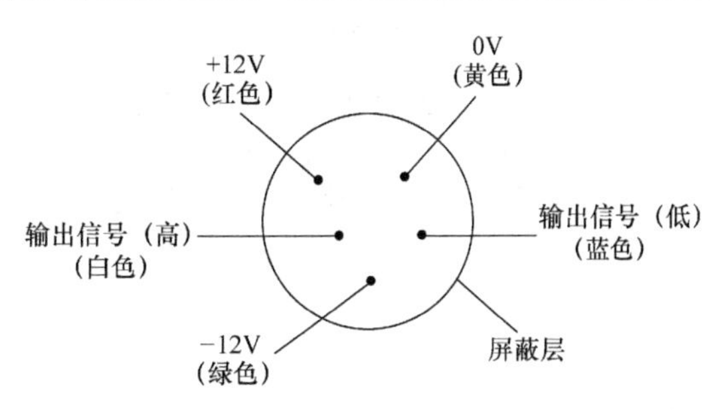

图 6-14 CST-LV-DA 型差动变压器式传感器的接线图

选择正电源供电、输出高信号方式，给传感器加上 DC12V。用手轻轻推动检测头（杆）移动一段位移，用钢尺测量位移，用数字万用表测量输出电压。松开手后，让检测头（杆）回复，观察回复过程中万用表显示的电压变化情况，将测量数据填入表 6-2，总结位移 x 与输出电压 U_o 的关系。

表 6-2 差动变压器式传感器的位移变化与输出电压实验数据

位移 x/mm							
输出电压 U_o/V							

注意，推动检测头（杆）时不可超过行程，否则会造成较大的测量误差且易损坏传感器。

【知识拓展】

线性差动变压器式传感器将直线移动的各种机械量转换成相应的电量（电压量、电流量），用于位移的自动测量和自动控制，也可测量预先被变成位移的各种物理量，如伸缩、膨胀、差压、振动、应变、流量、厚度、重量（力）、加速度等，广泛应用于机械、电力、航空航天、冶金、交通、轻工、纺织、水利等行业的自动测量与自动控制。

1. 压力测试

图 6-15 是 YST-1 型差动压力变送器，它适用于测量生产中液体、水蒸气及气体的压力。在无压力（$p_1=0$）时，固定在弹性波纹膜盒中心的可动铁心位于差动变压器的初始平衡位置，即保证传感器输出电压为零。当被测压力 p_1 由接头输入到波纹膜盒中心时，膜盒的自

由端面（图中上端面）便产生一个与 p_1 成正比的位移，且带动可动铁心在垂直方向向上移动，差动变压器则输出与被测压力成正比的电压，该电压经测量电路处理后，送给二次仪表加以显示。

2. 振动和加速度的测量

图 6-16 所示为差动变压器式振动（加速度）传感器的原理图。它由弹性支撑和差动变压器构成。测量时，将悬臂梁底座及差动变压器的线圈骨架固定，将可动铁心的 A 端与被测振动物体相连接，此时传感器作为振动（加速度）测量中的惯性元件，它的位移与被测加速度成正比，使加速度测量转变为位移的测量。当被测物体带动可动铁心以 $\Delta x(t)$ 振动时，其位移大小反映了振动的幅度和频率以及加速度的大小，其输出电压也按相同的规律变化。

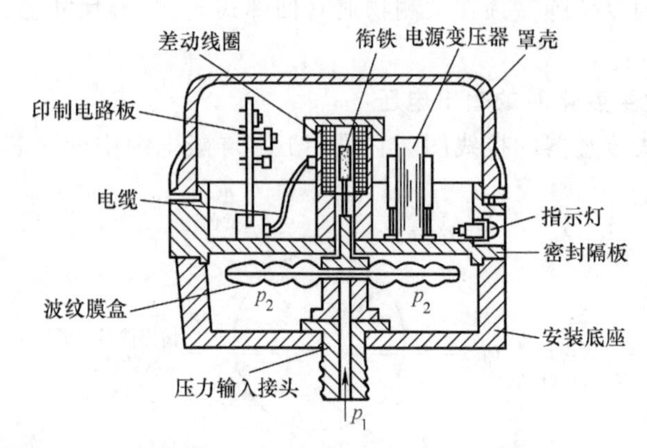

图 6-15 YST-1 型差动压力变送器

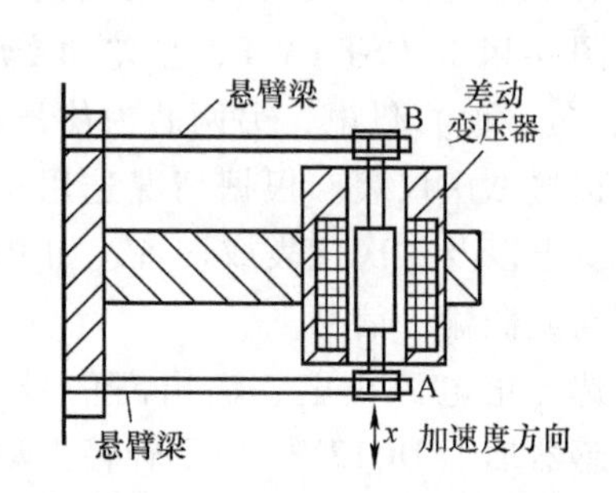

图 6-16 差动变压器式振动传感器的原理图

【项目评价】

项目评价标准见表 6-3。

表 6-3 项目评价标准

项目	配分	评价标准	得分
新知识学习	25	1. 懂得机械式传感器的原理与应用 2. 知道机械式传感器的接线方法	
电位式传感器接线与实验	30	1. 能正确接线 2. 实验方法正确、数据测试准确	
差动变压器式传感器的测试	35	1. 能对传感器正确安装与接线 2. 实验方法正确、数据测试准确	
团队协作与纪律	10	遵守纪律、团队协作好	

【思考与提高】

1. 位移传感器用来测量________，例如________、________、角度、________等几何量。根据传感器的信号输出形式，位移传感器可以分为________和________两大类，根据被测物体的运动形式可分为________和________位移传感器。

2. 电位器式位移传感器通过电位器元件将机械的________位移或________位移转换成

与其成________关系的________或________输出。因此，直线电位器和圆形电位器可分别用作位移和________位移传感器。

3. LS10 型导电塑料线位移传感器的电缆引出线有三根，其中________、________线为传感器电阻体两端出线（或接电源），________线为导电层（或电刷）引出线，作为________引线。

4. 差动变压器式传感器的工作原理实质是________________。

5. 差动变压器式传感器的输出量与可动铁心位移量 x 为________关系，因差动变压器输出量为交流量，所以在差动变压器测量转换电路中常采用________电路。

6. 线性差动变压器式传感器，可将________移动的各种机械量转换成相应的电量（电压量、电流量），用于________自动测量和自动控制，也可测量预先被变成________的各种物理量，如________、振动、________、________、加速度等，广泛应用于机械、电力、航空航天、冶金、交通、轻工、纺织、水利等行业的自动测量与自动控制。

7. 试举例说明电位器式位移传感器在生产、生活中的应用。

8. 试分析图 6-15 所示的 YST-1 型差动压力变送器的工作原理。

项目二　利用超声波传感器检测距离

职业岗位应知应会目标

1. 了解超声波及其传感器的特性。
2. 懂得超声波传感器在生产中的应用。
3. 懂得超声波传感器的结构，能对其进行安装、调试。

【任务引入】

汽车倒车时，常常要监测车尾与障碍物间的位置，防止碰撞。人们在车尾安装上超声波传感器，利用声光报警提示驾驶员车辆与障碍物间的距离，起到安全倒车的作用。超声波在医学应用上能对受检者进行无痛苦、无损害的疾病诊断。工业上利用超声波传感器进行流量检测、金属无损探伤及厚度测量等。超声波传感器已广泛应用于工业、国防、生物医学等方面。

【知识学习】

1. 认识超声波传感器的探头

图 6-17 所示是超声波传感器压电式探头的结构简图，它由外壳（盒体）、喇叭形谐振器、金属片、压电晶体、固定体（底座）和引线端子组成。其中压电晶体是其核心器件，该探头就是利用压电晶体（如压电陶瓷）的压电效应来工作的。当压电晶体的电极加上频率等于其固有振荡频率的脉冲信号时，压电晶体就会发

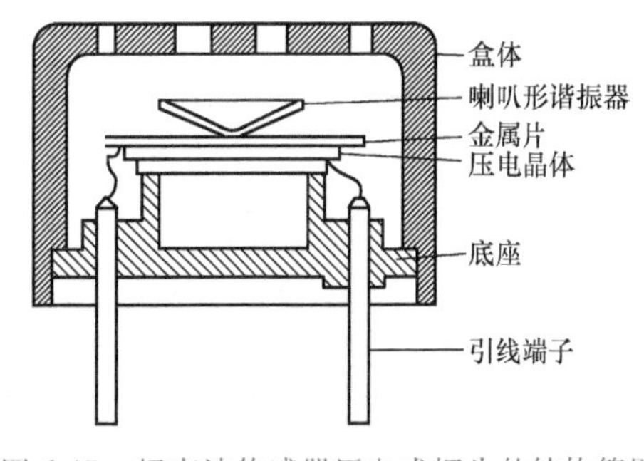

图 6-17　超声波传感器压电式探头的结构简图

生共振，带动金属片振动，产生超声波。反之，当喇叭形谐振器接收到超声波时就压迫压电晶体振动，产生电信号，此时它就成为超声波接收探头（接收器）。因此，以超声波为检测手段，必须有产生超声波和接收超声波的装置，即必须有发射探头和接收探头。超声波传感器的探头又称为超声换能器。按超声波探头结构的不同，其可分为直探头（发射、接收纵波）、斜探头（横波）、表面波探头（表面波）、兰姆波探头（兰姆波）、双探头（一个探头反射、一个探头接收）等。图 6-18 所示是各种形式的超声波探头。

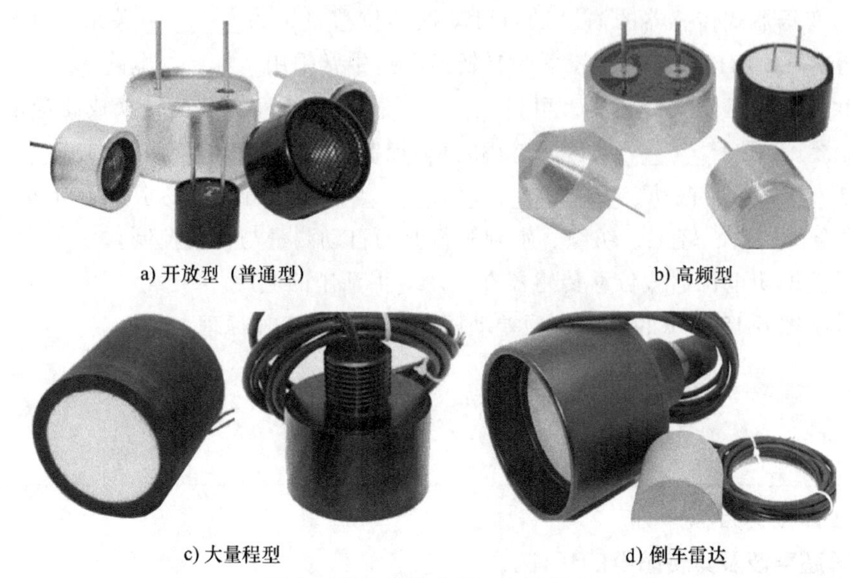

图 6-18　各种形式的超声波探头

超声波探头除了压电式外还有磁致伸缩式和电磁式等。

2. 超声波传感器的系统

超声波传感器的探头必须与测量、控制电路结合才能正常发射和接收超声波信号，通过显示电路才能观察到测量结果。超声波传感器的测量电路一般由处理单元、输出电路组成。处理单元控制超声波信号的发送和接收、串行数据发送、测距数值的计算和温度校正。输出电路对物体反射超声波的回波信号进行放大、整形和输出数据。超声波传感器的显示仪表一般由 LED 数字电路组成，LED 上直接显示被测距离。图 6-19 所示是超声波传感器系统构成框图。图 6-20 所示是超声波传感器测距基本电路实物图。

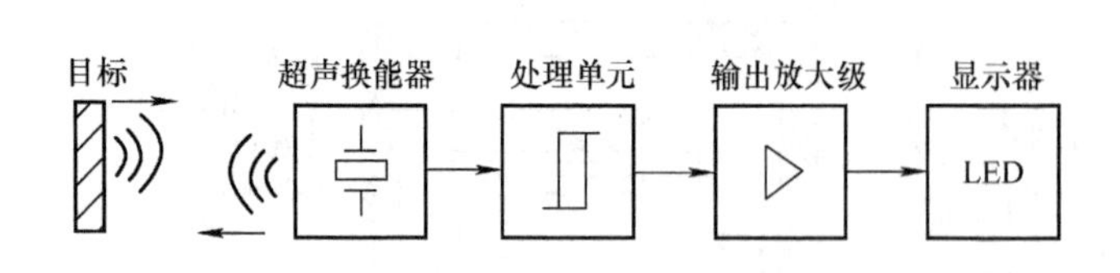

图 6-19　超声波传感器系统构成框图

图 6-20　超声波传感器测距基本电路实物

3. 超声波传感器的应用

由于超声波具有穿透性较强、衰减小（能量损失小）、反射能力强、在介质中传播距离较远、检测比较迅速、测量准确度高和易于实时控制等特性，因此经常用于距离的测量。

超声波传感器是利用回声原理进行测距的，如图 6-21 所示。超声波发射器向某一方向发射超声波（较短的超声脉冲），在发射的同时开始计时，超声波在介质（如空气、水、钢材等）中传播，碰到障碍物就立即返回来，超声波接收器收到反射波就立即停止计时。假设计时时间为 t，超声波在介质中传播速度为 c，则距离 d 为

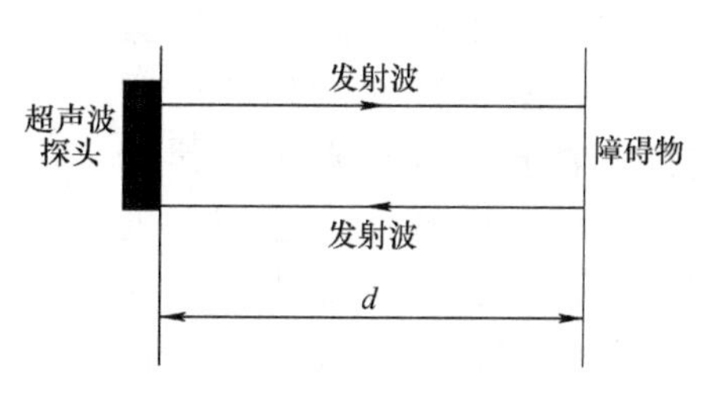

图 6-21 超声波传感器测距原理图

$$d=\frac{ct}{2}$$

超声波在空气中的传播速度一般约为 340m/s。根据计时器记录的时间，就可以计算出发射点距障碍物的距离 d，即 $d=\frac{340t}{2}$。

超声波在空气中的传播速度与温度有关，但偏差不大，各种环境温度下测距的误差值可以校正。在要求不高的场合，超声波测距很容易实现。例如，在汽车倒车防撞系统上安装的超声波倒车雷达，它能自动测量、计算出车与障碍物之间的距离，以提示驾驶员，起到安全倒车的作用。图 6-22 是汽车倒车防撞系统示意图，该系统有两对超声波传感器，并排均匀地分布在汽车的后保险杠上。其中两个为发射传感器，两个为接收传感器，该系统由微处理器进行自动检测、控制、显示及报警。

（1）利用超声波传感器测量液位。利用超声波传感器测量液位的实质是测量传感器到液面（障碍物）之间的距离，如图 6-23 所示。超声波传感器的发射波在空气中传播遇到液面后反射回来并由探头接收，再由微处理器算出距离，完成液位测量。超声波传感器特别适合检测高黏度液体和粉状物体的物位。

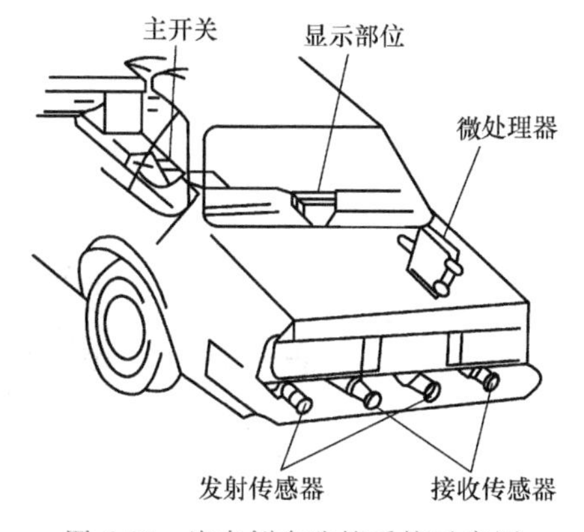

图 6-22 汽车倒车防撞系统示意图

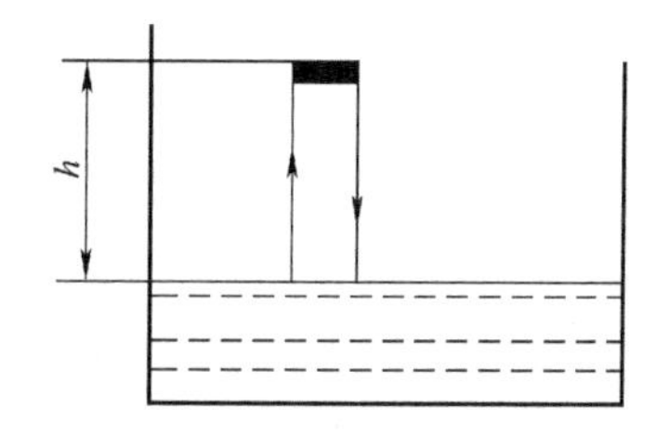

图 6-23 超声波传感器测量液位

超声波传感器具有准确度高和使用寿命长的特点，但若液体中有气泡或液面发生波动，会产生较大的测量误差。在一般使用条件下，它的测量误差为±0.1%，检测物位的范围为 $10^{-2}\sim10^{4}$m。

（2）利用超声波传感器测量厚度。图 6-24 是利用超声波传感器测量物体的厚度，其中图 6-24b 是其测量示意图。测量厚度时，超声波传感器的探头采用双晶直探头（由两个单晶探头组合而成，装配在同一壳体内，其中一个晶体片发射超声波，另一个晶体片接收超声波），左边的压电晶体片发射超声波脉冲，该脉冲进入被测试件并到达底面时被反射回来，反射回来的超声波被右边的压电晶体片接收。这样只要测出从发射超声波脉冲到接收超声波脉冲所需要的时间，就可以得到测试件的厚度。

a) 测量物体厚度时的操作

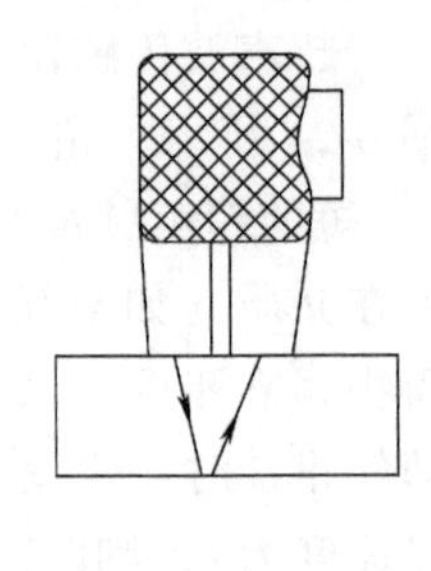

b) 测量厚度示意图

图 6-24 利用超声波传感器测量厚度

（3）超声波无损探伤。超声波无损探伤主要应用于金属工件内部的质量检测，如检测金属是否有气泡、裂纹，焊接部位是否有未焊透等缺陷等，检测原理同样是运用了超声波反射。首先把超声波发射到被测金属中，若工件中没有缺陷，则超声波传播到工件底部产生反射，在荧光屏上只显示开始脉冲 T 和底部脉冲 B；若工件中有缺陷，一部分超声波脉冲在缺陷处（如裂纹、气泡等）产生反射，另一部分继续传播到工件底部产生反射，这样超声波传感器接收到不同的反射信号，在荧光屏上除显示开始脉冲 T 和底部脉冲 B 以外，还会出现缺陷脉冲 F。图 6-25 所示是超声波探伤及显示情况示意图。

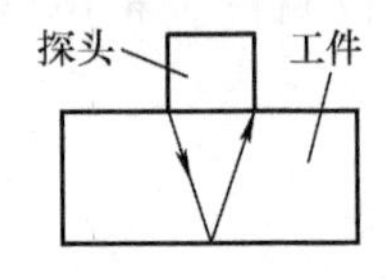

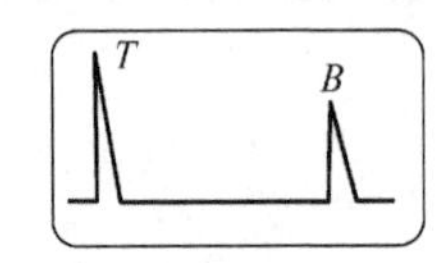

a) 无缺陷工件探伤及显示情况

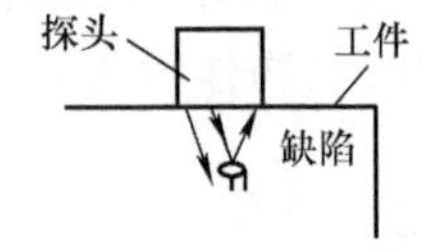

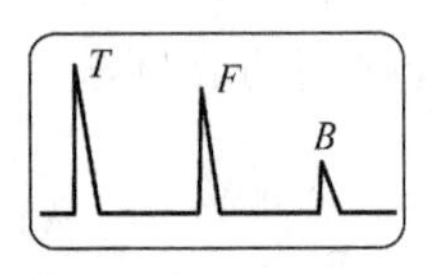

b) 有缺陷工件探伤及显示情况

图 6-25 超声波探伤及显示情况示意图

（4）利用超声波测量液体的密度。超声波不仅能用于测量距离还可以用于测量液体的密度。图 6-26 为超声波测量液体密度的原理示意图。图中采用超声波双晶直探头测量，探头安装在测量室（贮油箱）的外侧。如测量室的长度为 L，探头从发射到接收超声波所需的时间为 t，则由 $v=2L/t$ 可知超声波在液体中的传播速度。由于超声波在液体中的传播速度 v 与液体的密度有关，因此可通过时间 t 的大小来反映液体的

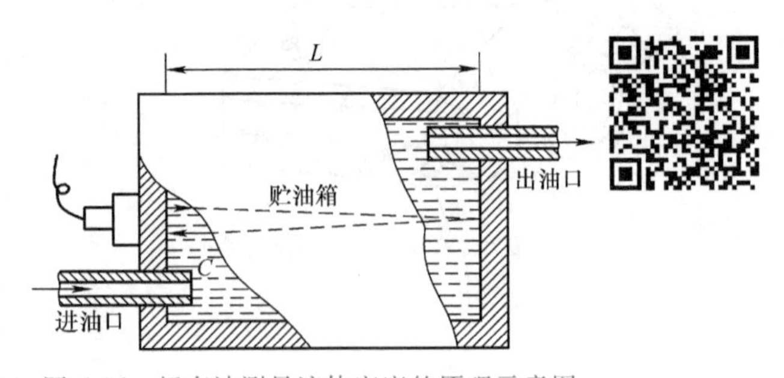

图 6-26 超声波测量液体密度的原理示意图

密度。

4. 超声波的检测方式

超声波按其检测方式可分为反射型和对射型。超声波在同一媒介中作直线传播，传播到不同媒介的临界面会出现反射，应用超声波的反射可测量距离，如移动物体间的距离、液位高度、物体的厚度等。但有些场合，如被测物体过小、回波不强或被测物体外形不规则等，就会影响超声波反射，这时需采用对射型检测方法。对射型检测是利用发射器与接收器间物体对超声波光束的衰减或遮断程度不同进行检测的方式。图 6-27 所示为超声波对物体进行对射型探伤检测与计数的示意图。一般来说，平面状物体（如液体、箱子、塑料片、纸、玻璃等）适合超声波反射型检测；下列情形适合对射型检测：①被测物体移动空间定位；②被测物体过小，回波不强；③被测物体外形不规则；④被测物体表面介质对超声波反射不佳，如吸音材质；⑤被测物体周边有其他障碍物，且其他障碍物对超声波优先反射或产生回声干扰；⑥测量环境是管状物，管径较小。值得一提的是，超声波对射型传感器能检测透明物体，而光电式传感器则不能检测透明的物体。

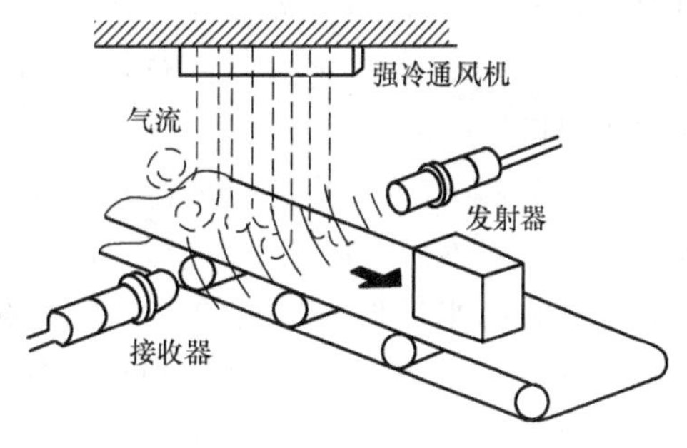

图 6-27 超声波探伤与计数

【技能训练】

应用超声波传感器检测液位或者透明物体的位移。

1. 器材准备

JCS1501 型超声波距离传感器、水桶、发光二极管、电阻（800~1000Ω）、DC 12V 学生电源、塑料瓶或玻璃板等。

2. 操作方法与步骤

（1）用 JCS1501 型超声波距离传感器检测水桶内水的液位。

1）认真阅读 JCS1501 型超声波距离传感器的技术资料，它由 DC 12V/24V 供电，输出的模拟信号电流为 4~20mA，电压为 0~5V 或 0~10V，检测距离为 0.15~1m。

2）将如图 6-28a 所示的 JCS1501 型超声波距离传感器安装在图 6-28b 上。

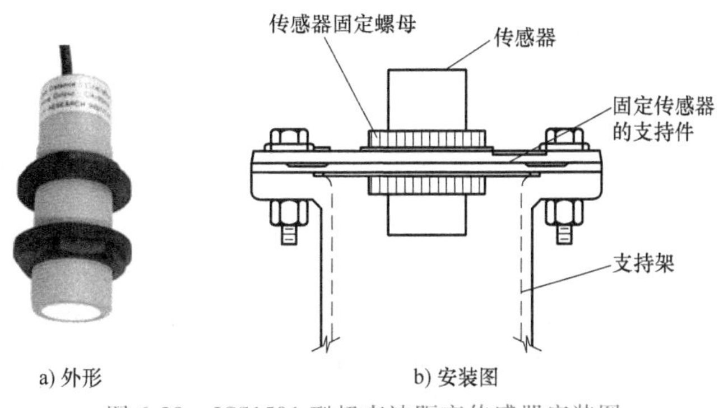

图 6-28 JCS1501 型超声波距离传感器安装图

3）按图 6-29 所示对传感器进行电气接线，图中限流电阻可据供电电压选择阻值，12V

时可选用800～1000Ω，负载可为发光二极管或报警器。当液位达到检测距离时，负载就发光或报警。检查无误后接通电源。

4）将装配好的超声波距离传感器支持架放入水桶中，调节传感器固定螺母，使之低于水桶口0.1m左右，然后向水桶加入适量的水，观察发光二极管是否发光，如果发光，说明已到达设定报警水位，必须停止加水，否则，将会溢出水桶。

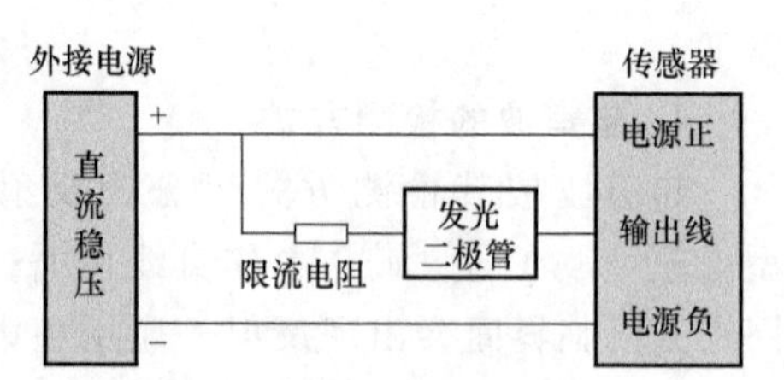

图6-29 JCS1501型超声波距离传感器电气接线图

如果负载为继电器的线圈，则该继电器可用于控制自动加水。

（2）检测传感器与透明物体之间的距离。

1）将超声波距离传感器固定在如图6-30所示的支架上，按图6-29所示的传感器电气接线图进行接线。检查无误后上电。

2）将塑料瓶或玻璃板逐渐靠近传感器，可观察到它们在靠近传感器一定的距离（该传感器检测距离）时，发光二极管发光。不同的传感器，检测距离不同，并可微调。

这说明超声波传感器可检测它与透明物体之间的距离。

图6-30 检测位移的安装支架

【项目评价】

项目评价标准见表6-4。

表6-4 项目评价标准

项　目	配分	评价标准	得分
新知识学习	40	1. 了解超声波传感器探头的结构与工作原理 2. 懂得超声波传感器检测距离、探伤的原理与在生产中的应用	
汽车车尾倒车雷达的安装及接线	30	1. 能正确安装倒车雷达 2. 接线正确	
雷达监测空中飞机的讨论	20	能积极参与到讨论中，且知识应用正确	
团队协作与纪律	10	遵守纪律、团队协作好	

【思考与提高】

1. 压电式超声波传感器的探头主要由________、喇叭形谐振器、金属片、________、固定体（底座）和引线组成。其中________是其核心器件，它利用________的压电效应来工作。

2. 以超声波为检测手段，须有________和________装置，即必须有________探头。

3. 超声波具有穿透性较强、________小、________强和在介质中传播距离________、检测比较迅速、测量________高和易于实时控制等特性。超声波传感器是利用________原理进行测距的。

4. 超声波探伤同样是运用了超声波的________原理。若检测的工件中有缺陷，一部分超声波脉冲在________，另一部分继续传播到________，这样超声波传感器就会接收到不同的反射信号并显示在荧光屏上。

5. 画图说明超声波检测液位的原理。

6. 画图说明超声波探伤原理。

7. 简述哪些情况下需选用超声波对射型检测方式。

*项目三　利用光栅位移传感器检测位移

职业岗位应知应会目标

1. 懂得光栅位移传感器的结构。
2. 了解光栅位移传感器的基本工作原理。
3. 能对光栅位移传感器检测系统进行安装、调试与维修。

任务一　认识光栅位移传感器

【任务引入】

随着数字技术的不断发展，数字式位移传感器被广泛地应用到精密检测自动控制系统中。光栅位移传感器就是广泛应用于精密机械制造中的一种数字输出测量工具，它的测量准确度高，可以进行纳米量级的位移测量，动态范围宽，易于实现数字化和自动控制。光栅位移传感器是数控机床和精密测量中应用较广的检测器件。

【知识学习】

1. 光栅的概念

由大量等宽、等间距的平行狭缝组成的光学器件称为光栅，如图 6-31 所示。根据光线走向的不同，光栅可分为透射式光栅和反射式光栅。用玻璃制成的光栅称为透射式光栅，它是在透明玻璃上刻出大量等宽、等间距的平行刻痕，每条刻痕处是不透光的，而两刻痕之间是透光的。用不锈钢制成的光栅称为反射式光栅。

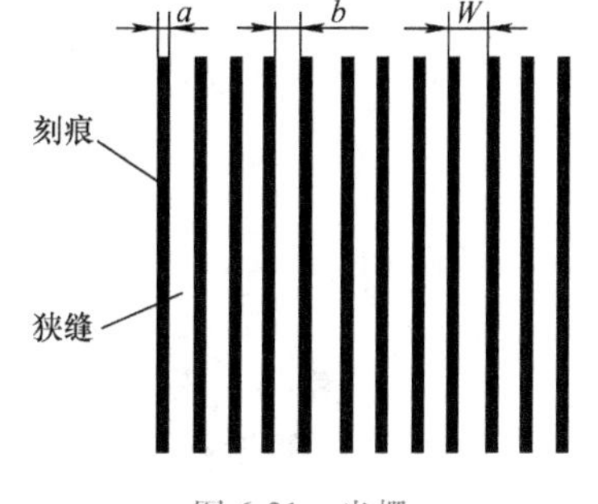

图 6-31　光栅

光栅的刻痕密度一般有 10 线/mm、25 线/mm、50 线/mm、100 线/mm、250 线/mm。设刻痕宽度为 a，狭缝宽度为 b，刻痕之间的距离（栅距）为 W，则 $W=a+b$，一般情况下取 $a=b$。

2. 光栅的工作原理

把两块栅距相同的光栅刻线面平行安装，且让它们的刻痕之间有较小的夹角 θ。在刻线的重合处，光从缝隙透过形成亮带，如图 6-32 的 $a—a'$线所示；在两光栅刻线的错开处，由于相互挡光作用而形成暗带，如图 6-32 的 $b—b'$线所示。这种亮带和暗带形成的明暗相间的条纹称为莫尔条纹。莫尔条纹的方向与刻线方向近似垂直，故又称横向莫尔条纹。相邻两莫尔条纹的间距 B_H 为

$$B_H = \frac{W}{\sin\theta} \approx \frac{W}{\theta}$$

式中 W——光栅栅距；

θ——两光栅刻线间的夹角（rad），一般很小。

由此式可知，当 W 一定时，θ 越小，则 B_H 越大。这就相当于把栅距放大了 $1/\theta$ 倍，如 $\theta=0.1°$，$1/\theta\approx573$，光栅就放大了573倍，提高了测量的灵敏度，这时若 W 制成约0.01mm，而 B_H 可以做到6~8mm；如果采用特殊电路能区分出0.25mm，则光栅可以分辨出0.0025mm的位移量。

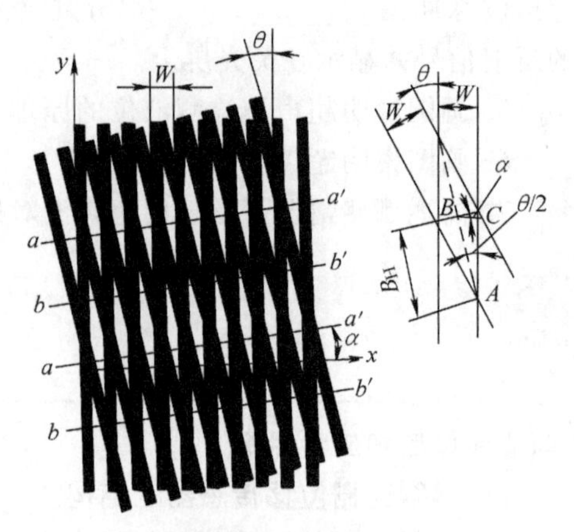

图6-32 莫尔条纹

由此可知，我们可以把肉眼看不见的光栅位移变成清晰可见的莫尔条纹移动，通过测量莫尔条纹的移动来测量光栅位移，以实现高灵敏度的位移测量。

若用光电元件接收莫尔条纹移动时光强的变化，则光信号被转换为电信号（电压或电流）输出，就可实现位移测量与数字输出。采用辨向电路可分辨出光栅移动的方向。

3. 光栅位移传感器的结构

光栅位移传感器数显测试系统包括光栅读数头、光栅数显表两大部分。光栅读数头利用光栅原理把输入量（位移量）转换成相应的电信号，即光栅位移传感器；光栅数显表是实现细分（提高光栅的分辨力）、辨向（辨别光栅移动方向）和显示功能的电子系统。

如图6-33所示，光栅位移传感器（光栅读数头）主要由光源、透镜、标尺光栅、指示

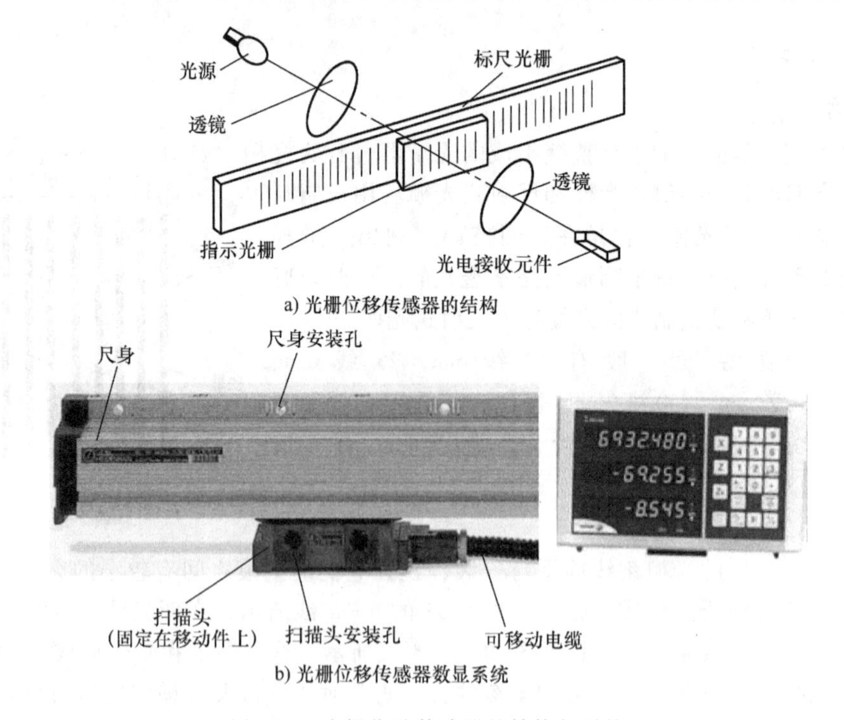

图6-33 光栅位移传感器的结构与系统

光栅和光电接收元件组成，其中标尺光栅和被测物体相连，它随着被测物体的移动而移动。当标尺光栅产生位移时，莫尔条纹便随之产生位移，若用光电接收元件记录莫尔条纹通过某点的数目，就可知标尺光栅移动的距离，也就测得了被测物体的位移量。因此，光栅位移传感器也称为光栅尺，它可实现直线位移测量和角位移测量。

光栅位移传感器常应用于数控机床的闭环伺服系统中，对刀具和工件的坐标进行检测，观察和跟踪走刀误差，起到补偿刀具运动误差的作用。

任务二　光栅位移传感器的安装与维护

【任务引入】

光栅位移传感器数显系统主要应用于移动导轨机构或精密位移量的测量，可实现移动量的高精度显示和自动控制，已广泛应用于机床加工和仪器的精密测量，也可以用于旧机床如车床、铣床、镗床、电火花切割机等的改造，以提高加工精度和效率。本任务通过光栅位移传感器的安装熟悉光栅位移传感器数显系统的结构，掌握其安装、维护方法。

【技能训练】

1. 器材准备

BG1 型光栅位移传感器系统一套，电工工具一套，万用表、绝缘电阻表各一块。

2. 观察 BG1 型光栅位移传感器数显系统

BG1 型闭式光栅位移传感器数显系统的外形如图 6-34 所示。它的光栅尺为 50 线/mm，发光器件、光电转换器件和光栅尺封装在紧固的铝合金型材里。在铝合金型材下部有柔性的密封胶条，可以防止铁屑、切屑和冷却剂等污染物进入尺体中。电气连接线经过缓冲电路进入传感头，通过防干扰的电缆线送进光栅数显仪，显示位移的变化。

图 6-34　BG1 型闭式光栅位移传感器数显系统的外形

BG1 型闭式光栅位移传感器的传感头分为下滑体和读数头两部分。下滑体上固定有 5 个精确定位的微型滚动轴承，这些轴承沿导轨运动，保证运动中指示光栅与标尺光栅（也称主光栅）之间保持准确的夹角和正确的间隙。读数头内装有前置放大和整形电路。读数头与下滑体之间采用刚柔结合的连接方式，保证了很高的可靠性和灵活性。读数头有两个连接孔，标尺光栅体两端有安装孔，将其分别安装在两个相对运动的部件上，可实现标尺光栅与指示光栅相对运动的线性测量。

3. BG1 型光栅位移传感器系统的安装

一般将主尺（标尺光栅）安装在机床的工作台（滑板）上，随机床走刀而动，读数头固定在床身上，尽可能使读数头安装在主尺的下方，安装方式的选择必须注意避开切屑、切削液及油液的溅落方向。如果由于安装位置限制必须采用读数头朝上的方式时，则必须增加辅助密封装置。另外，读数头应尽量安装在相对机床静止的部件上，此时输出导线不移动且易固定，而尺身则应安装在相对机床运动的部件（如滑板）上。

（1）安装基面。安装光栅位移传感器时，不能直接将传感器安装在粗糙不平的机床身上，更不能安装在打底涂漆的机床身上。光栅主尺及读数头应分别安装在机床相对运动的两个部件上。用千分表检查机床工作台的主尺安装面与导轨运动方向的平行度。要求达到0.1mm/1000mm以内。如果不能达到这个要求，则需设计光栅尺基座或设法调整。安装时，调整读数头位置，达到读数头与光栅尺尺身的平行度为0.1mm左右，读数头与光栅尺尺身之间的间距为1~1.5mm。

（2）主尺安装。将光栅主尺用M4螺钉拧在机床的工作台安装面上，先不要拧紧，把千分表固定在床身上，移动工作台（主尺与工作台同时移动）。用千分表测量主尺平面与机床导轨运动方向的平行度，调整主尺M4螺钉位置，当主尺的平行度在0.1mm/1000mm以内时，把M4螺钉彻底拧紧。安装光栅主尺时，应注意如下三点：

1）如安装超过1.5m以上的光栅尺时，不能只安装两端头，还要在整个主尺尺身中加上支撑。

2）在有基座的情况下安装好后，最好用一个卡子卡住尺身中点（或几点）。

3）不能安装卡子时，最好用玻璃胶粘住光栅尺身，使基座与主尺固定好。

（3）安装读数头。在保证读数头的基面达到安装要求后，才能安装读数头，其安装方法与主尺相似。调整读数头，使读数头与主尺的平行度保证在0.1mm/1000mm以内，并使读数头与主尺的间隙控制在1~1.5mm。

（4）安装限位装置。光栅位移传感器全部安装完以后，一定要在机床导轨上安装限位装置，以免机床加工产品移动时读数头冲撞到主尺两端，损坏光栅尺。另外，用户在选购光栅位移传感器时，应尽量选用超出机床加工尺寸100mm左右的光栅尺，以留有余量。

（5）数显系统的安装与接线。根据要求安装数显表，对照电气图连接各部分线路并核查有无错漏。

（6）检查。光栅位移传感器安装完毕，电气线路检查无误后通电，移动工作台，观察数显表计数是否正常。在机床上选取一个参考位置，来回移动工作点至该参考位置，数显表读数应相同（或回零）。另外也可使用千分表（或百分表），将千分表与数显表同时调至零（或记忆起始数据），往返多次后回到初始位置，观察数显表与千分表的数据是否一致。

光栅位移传感器应附加保护罩，保护罩的尺寸是按照将光栅位移传感器的外形截面，放大后再留出一定空间尺寸的原则确定的，保护罩通常采用橡皮密封，使其具备一定的防水、防油能力。

4. 光栅位移传感器的使用注意事项

1）插拔光栅位移传感器与数显表的插头或插座时应关闭电源后进行。

2）尽可能外加保护罩，并及时清理溅落在尺上的切屑和油液，严格防止任何异物进入光栅位移传感器壳体内部。

3）定期检查各安装连接螺钉是否松动。

4）为延长防尘密封条的寿命，可在密封条上均匀地涂一薄层硅油，注意勿溅落在玻璃光栅刻划面上。

5）为保证光栅位移传感器使用的可靠性，可每隔一定时间用乙醚和无水乙醇混合液（各50%）或无水乙醇清洗擦拭光栅尺面及指示光栅面，保持光栅尺面的清洁。

6）光栅位移传感器严禁剧烈振动及摔打，以免破坏光栅尺，如光栅尺断裂，光栅位移传感器就会失效。

7）不要自行拆开光栅位移传感器，更不能任意改动主栅尺与副栅尺的相对间距，否则一方面可能破坏光栅位移传感器的精度；另一方面还可能造成主栅尺与副栅尺的相对摩擦，损坏铬层也就损坏了栅线，从而造成光栅尺报废。

8）应注意防止油及水污染光栅尺面，以免破坏光栅尺线条纹分布，引起测量误差。

9）光栅位移传感器应尽量避免在有严重腐蚀性的环境中工作，以免腐蚀光栅铬层及光栅尺表面，破坏光栅尺质量。

5. 常见故障现象及判断方法

常见故障现象及判断方法见表 6-5。

表 6-5 常见故障现象及判断方法

序号	故障现象	判断方法
1	接通电源后数显表无显示	1. 检查电源线是否断线，插头接触是否良好 2. 数显表电源的熔丝是否熔断 3. 供电电压是否符合要求
2	数显表不计数	1. 将传感器插头换至另一台数显仪，若传感器能正常工作，说明原数显表有问题 2. 检查传感器电缆有无断线、破损
3	数显表间断计数	1. 检查光栅尺安装是否正确，光栅尺所有固定螺钉是否松动，光栅尺是否被污染 2. 插头与插座是否接触良好 3. 光栅尺移动时是否与其他部件刮碰、摩擦 4. 检查机床导轨运动的精度是否过低，造成光栅工作间隙变化
4	数显表显示报警	1. 是否接光栅位移传感器 2. 光栅位移传感器移动速度是否过快 3. 光栅尺是否被污染
5	光栅位移传感器移动后只有末位显示器闪烁	1. A 相或 B 相是否无信号或不正常（只有一相信号） 2. 是否有一路信号线不通 3. 光电晶体管是否损坏
6	移动光栅位移传感器只有一个方向计数，而另一个方向不计数（即单方向计数）	1. 光栅传感器 A、B 信号输出是否短路 2. 光栅传感器 A、B 信号移相是否正确 3. 数显表是否有故障
7	读数头移动时发出“吱吱”声或移动困难	1. 密封胶条是否有裂口 2. 指示光栅是否脱落，标尺光栅严重接触摩擦 3. 下滑体滚珠是否脱落 4. 上滑体是否严重变形
8	新光栅位移传感器安装后，其显示值不准	1. 安装基面是否不符合要求 2. 光栅尺尺体和读数头安装是否符合要求 3. 是否发生严重碰撞使光栅的位置变化

【项目评价】

项目评价标准见表 6-6。

表 6-6 项目评价标准

项　目	配分	评价标准	得分
新知识学习	30	1. 懂得光栅位移传感器的结构与工作原理 2. 知道光栅位移传感器的使用注意事项 3. 会对光栅位移传感器的常见故障进行分析、判断	
光栅位移传感器的安装及接线	45	1. 能正确安装基面并调整至满足要求 2. 主尺安装与调整达到要求 3. 读数头的安装符合要求 4. 接线正确	
限位装置	10	限位装置安装正确，不得漏装	
整机检查	10	检查、调试方法正确	
团队协作与纪律	5	遵守纪律、团队协作好	

【思考与提高】

1. 由大量________的平行狭缝组成的光学器件称为光栅。用________可制成透射式光栅，用________可制成反射式光栅。

2. 我们可以通过测量莫尔条纹的移动来测量________位移，以实现高灵敏度的位移测量。

3. 光栅位移传感器主要由光源、透镜、________、________和________元件组成，其中________和被测物体相连，它随着被测物体的移动而移动。

4. 光栅位移传感器数显系统的安装顺序为________、________、________、数显表、接线与检查。

5. 简述光栅位移传感器数显系统安装完毕后系统的检查方法。

6. 简述光栅位移传感器高灵敏度测量位移的原理。

7. 试分析读数头移动时发出“吱吱”声或移动困难的原因。

应知应会要点归纳

位移测量是工业生产过程中应用较多的检测技术，主要是线位移、角位移、距离、位置、尺寸等物理量的检测。通过本模块的学习，我们懂得了利用线位移、角位移传感器和超声波传感器测量位移的方法和原理。

1）电位器式传感器可将机械直线位移（直线滑动）或角位移（转动）输入量转换为与其成一定函数关系的电阻或电压输出，以便测量、显示和控制。若位移量为 x，则输出电阻 R_x 与电压 U_o 分别为

$$R_x = \frac{R}{L}x \qquad U_o = \frac{U}{L}x$$

工程实践中常用的电位器式传感器有线位移传感器和角位移传感器，用于测量线位移、角位移、压力、加速度、液位等物理量。LS10 型导电塑料线位移传感器和 KTS 型精密导电塑料线位移传感器及其接线方法如图 6-6、图 6-7 所示，它们主要用于工程机械、注塑机、机器人、计算机控制运动器械等需要精密测量位移的场合。

2）差动变压器式传感器是二次侧的两个绕组按差动方式连接的开口变压器。活动铁心能在变压器开口中自由移动使磁路改变，从而使输出的差动电压和相位随移动产生的位移改变而改变。因此，测量输出电压的大小和相位就能知道铁心移动的距离和方向，输出电压和铁心位移呈线性关系且十分灵敏。

差动变压器式传感器可测量线位移和角位移。CST-LV-DA 型差动变压器式位移传感器的接线方法如图 6-14 所示，它采用五芯屏蔽电缆中的三芯（正、负、地），DC12V 供电，另两芯为信号输出，可直接接二次仪表。

3）超声波传感器是以超声波为检测手段的传感器，它必须有产生和接收超声波的探头，超声波探头主要有压电式、磁致伸缩式和电磁式等。

超声波压电式探头是利用压电晶体的谐振来产生和接收超声波的。在压电式探头内有两个并联的晶片和一个共振金属片，当压电晶体的电极加上频率等于其固有振荡频率的脉冲信号时，压电晶体就会发生共振带动金属片振动，产生超声波。反之，当喇叭形谐振器吸收到超声波时就压迫压电晶体振动，产生电信号，实现超声波的接收。

利用超声波测量位移的原理是，超声波发射器向某一方向发射超声波，碰到障碍物就立即返回，若反射超声波和接收到此超声波的时间为 t，超声波在空气中的传播速度一般约为 340m/s，则发射点距障碍物的距离为 $d=340t/2$。

应用超声波测量位移的原理，可用超声波传感器测量液位、物体的厚度以及用于无损探伤等。在日常生活中，人们应用这一原理在汽车倒车防撞系统上安装超声波倒车雷达，它能自动测量、计算出车与障碍物之间的距离，以提示驾驶员，起到安全倒车的作用。

应用超声波对射型传感器能检测透明的物体（如玻璃等）是否存在，而光电式传感器则不能检测到透明的物体。

4）光栅位移传感器广泛应用于数控机床和精密测量设备中，其测量精度高，可测量纳米量级的位移。它主要由光源、透镜、标尺光栅、指示光栅和光电接收元件组成。

光栅位移传感器通过测量莫尔条纹（亮带和暗带形成明暗相间的条纹）的移动来测量光栅位移，从而实现高灵敏度的位移测量。莫尔条纹对光栅栅距有放大作用。

光栅位移传感器系统的安装主要包括基面安装、主尺安装、读数头的安装、限位装置安装、数显系统的安装与接线等。

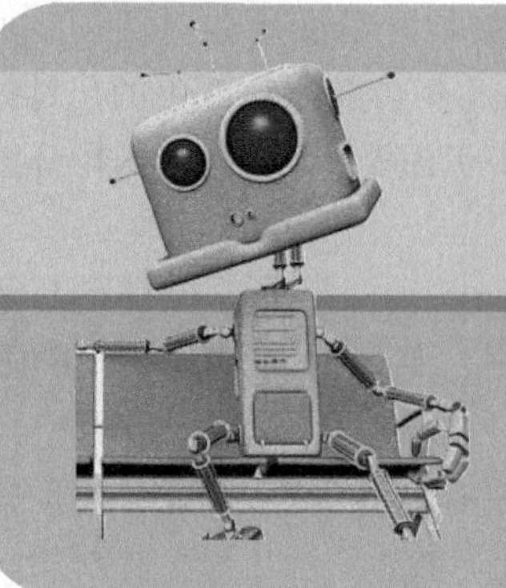

*模块七 新型传感器

职业岗位应知应会目标

1. 了解新型传感器的发展。
2. 了解新型传感器的工作原理。
3. 了解新型传感器的特性及在工程实践中的应用。

任务一　CCD 图像传感器的认识与应用

【任务引入】

外出游玩时，你使用过数码照相机或者数码摄像机吗？这些数码设备的输入部件也是一种传感器，是目前应用较广泛的 CCD 图像传感器。

【知识学习】

1. CCD 的原理及分类

电荷耦合器件（CCD）是在半导体硅片上制作成百上千个光敏元形成的，一个光敏元又称一个像素，在半导体硅平面上光敏元按线阵或面阵有规则地排列。当物体通过物镜成像时，这些光敏元就产生与照在它们上面的光强成正比的光生电荷（光生电子—空穴对），同一面积上光敏元越多，分辨率越高，得到的图像越清楚。电荷耦合器件具有自扫描能力，能将光敏元上产生的光生电荷依次有规律地串行输出，输出的幅值与对应的光敏元上的电荷量正比。然后通过模-数转换芯片将输出的电信号转换成数字信号，数字信号经过压缩处理后，通过 USB 接口传输到计算机上，形成所采集的图像。基于 CCD 光耦合器件的典型输入设备有数码摄像机、数码照相机、平板扫描仪、指纹机等。

CCD 主要由光敏单元、输入单元和输出单元等构成。它具有光电转换、信息存储和延时等功能。CCD 集成度高、功耗小，已经在摄像、信号处理和存储三大领域中得到了广泛的应用，尤其是在图像传感器应用方面取得了令人瞩目的发展。

CCD 有面阵和线阵之分，面阵是把 CCD 像素排成一个平面的器件；而线阵是把 CCD 像素排成一条直线的器件。

面阵 CCD 的结构一般有三种：

第一种是帧转移型 CCD。它由上、下两部分组成，上半部分是集中了像素的光敏区域，

下半部分是被遮光而集中了垂直寄存器的存储区域。帧转移型 CCD 的优点是结构较简单并容易增加像素数，缺点是 CCD 尺寸较大，易产生垂直拖影。

第二种是行间转移型 CCD。它是目前 CCD 的主流产品，它们的像素群和垂直寄存器在同一平面上，其特点是在一个单片上，价格低，容易获得良好的摄影特性。

第三种是帧行间转移型 CCD。它是第一种和第二种的复合型，结构复杂，但具有能大幅减少垂直拖影并容易实现可变速电子快门等优点。

2. CCD 传感器的应用

CCD 传感器应用时是将不同光源与透镜、镜头、光导纤维、滤光镜及反射镜等各种光学元件结合起来，主要应用在以下领域：

（1）摄录一体化 CCD 摄像机，这是面阵 CCD 应用最广泛的领域。随着住宅商品化，各种现代化住宅楼像雨后春笋般拔地而起，民用住宅的安全防范已提到日程上来，摄录一体化 CCD 摄像机能使许多住宅可在室内及时看到来访客人的实时图像和室外区域的情况，为防范坏人入室作案起到有效的监控作用。

（2）工业检测。工业检测是传感器应用范围很广的一个领域，如在钢铁、木材、纺织、粮食、医药、机械等领域做零件尺寸的动态检测，以及产品质量、包装、形状识别，表面缺陷或粗糙度检测。

1）管径测量。CCD 诞生后，工业检测领域首先制成了测量长度的光电式传感器，用于测量拉丝过程中丝的线径、轧钢的直径、机械加工的轴类直径等。

2）高度自动检测。利用 CCD 传感器非接触测量物体的高度，尤其是在检测流水线上动态测量缓冲器的自由高度，精度可达到±0.2mm。

3）工业尺寸检测。在自动化生产线上，经常需要进行物体尺寸的在线检测。例如，零件的尺寸检验、轧钢厂钢板宽度的在线检测和控制等。利用物体通过物镜在 CCD 光敏阵列元上形成影像，即可实现物体尺寸的高精度非接触检测。尺寸测量的结构如图 7-1 所示。

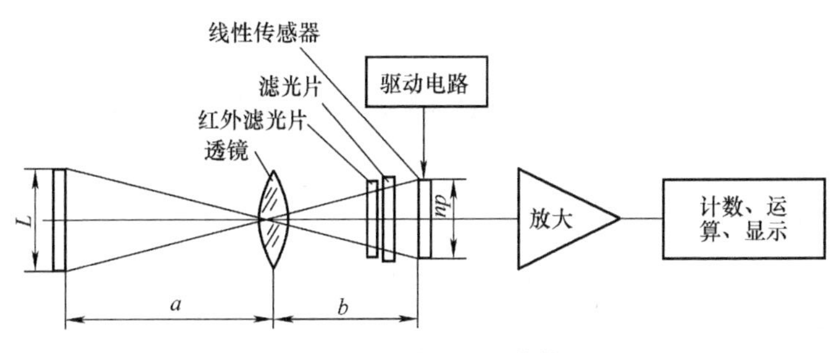

图 7-1 尺寸测量的结构

对于尺寸较小的物体目标（2~30mm），可以采用平行光（理想光源）成像法。这种测试方法的精度取决于平行光的垂直程度和 CCD 像元尺寸的大小。在实际应用中，常常利用计算机对测量值进行修正，以使测量结果更接近实际值，这在一定程度上降低了对光源的苛求。

对于尺寸较大的物体目标，可采用光学成像法。在前面或背面有光照射的情况下，被测物经透镜在 CCD 上成像，像的尺寸与被测尺寸成正比。光学成像法适用于冶金线材的直径或机械产品的在线尺寸检测。为了保证测量精度，通常采用背面光照射方式。对于自发光被测物，如热轧钢管，常用窄带滤光片滤除钢管的可见光和红外光辐射，再选用较短波长的光源作照明，以适应 CCD 光谱响应特性的要求。这种照明消除了因被测目标辐射变化对测量精度的影响。由于输出信号是以脉冲计数表示的，其测量精度与边缘信号检测精度有关，而对光源的稳定性要求不高。当光源的光强在 20% 范围内变化时，对其测量结果没有明显影响。

4）文字和图像检测。利用线阵 CCD 的自扫描特性，可以实现文字和图像识别，从而组成一个功能很强的扫描/识别系统。图 7-2 为光学文字识别装置（OCR）的工作原理。

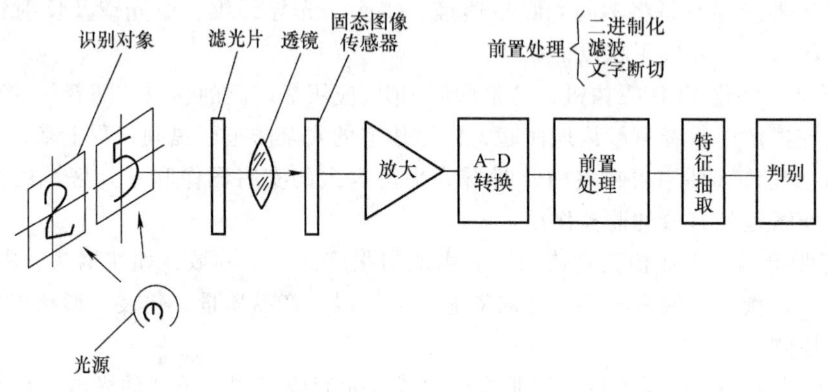

图 7-2 光学文字识别装置（OCR）的工作原理

【思考与提高】

1. CCD 图像传感器由哪些部分构成？
2. CCD 图像传感器的工作原理是什么？
3. CCD 图像传感器可应用于________________，________________。

任务二 智能传感器的认识与应用

【任务引入】

随着科技和现代工业生产的迅猛发展，人们越来越希望检测设备能小型化、智能化。自 20 世纪 70 年代诞生智能传感器以来，它与微处理器（MCU）的信息处理功能有机结合，具有一定的人工智能技术。

【知识学习】

智能传感器是具有信息处理功能的传感器，它带有微处理器，具有采集、处理、交换信息的能力，是传感器集成化与微处理器相结合的产物。一般智能机器人的感觉系统由多个传感器集合而成，采集的信息需要计算机进行处理，而使用智能传感器就可将信息分散处理，从而降低成本。与一般传感器相比，智能传感器具有以下三个优点：通过软件技术可实现高精度的信息采集，而且成本低；具有一定的编程自动化能力；功能多样化。

自动化领域所取得的一项最大进展就是智能传感器的发展与广泛使用。但究竟什么是

“智能”传感器？

智能传感器必须具备通信功能。“最起码，除了满足最基本应用的反馈信号，‘智能’传感器必须能传输其他信息。”这可以是叠加在标准4~20mA输出信号、总线系统或无线安排上的HART（可寻址远程传感器高速通道的开放通信协议）信号。该领域正在增长的因素是IEEE 1451——一系列旨在为传感器的不同生产厂家提供即插即用的智能传感器接口标准的不断完善。

智能传感器可对其运行的各个方面进行自监控，包括摄像头的污浊、超容限或不能开关等。很多智能传感器都能安装到控制现场，通过提供可设置参数，使用户能替换一些“标准”传感器。智能传感器拥有很多优势，随着嵌入式计算功能的成本继续减少，“智能”器件将被更多地应用。独立的内部诊断功能可避免代价高昂的宕机，从而迅速收回投资。

智能传感器系统是一门现代综合技术，是当今世界正在迅速发展的高新技术，至今还没有形成规范化的定义。早期，人们简单、机械地强调在工艺上将传感器与微处理器两者紧密结合，认为“传感器的敏感元件及其信号调理电路与微处理器集成在一块芯片上就是智能传感器”。概括而言，智能传感器的主要功能是：

1）具有自校零、自标定、自校正功能。

2）具有自动补偿功能。

3）能够自动采集数据，并对数据进行预处理。

4）能够自动进行检验、自选量程、自寻故障。

5）具有数据存储、记忆与信息处理功能。

6）具有双向通信、标准化数字输出或者符号输出功能。

7）具有判断、决策处理功能。

8）微型化和结构一体化。

与传统传感器相比，智能传感器的特点是：

1）精度高。

2）高可靠性与高稳定性。

3）高信噪比与高的分辨力。

4）强的自适应性。

5）高的性能价格比。

电子自动化产业的迅速发展与进步促使传感器技术，特别是集成智能传感器技术日趋活跃发展。近年来随着半导体技术的迅猛发展，国外一些著名的公司和高等院校正在大力开展有关集成智能传感器的研制，国内一些著名的高校、研究所以及公司也积极跟进，集成智能传感器技术取得了令人瞩目的发展。国产智能传感器逐渐在智能传感器领域迈开步伐，西安中星测控生产的PT600系列传感器，采用国际上一流的传感器芯体、变送器专用集成电路和配件，运用军工产品的生产线和工艺，精度高、稳定性好、成本低，采用高性能微控制器（MCU），同时具备数字和模拟两种输出方式，同时针对用户的特定需求（如组网式测量、自定义通信协议），均可在原产品基础上进行二次开发，周期极短，为用户节省时间、提高效率，已广泛应用于航空、航天、石油、化工、矿山、机械、地质、水文等行业中测量各种气体和流体的压力、压差、流量和流体的高度和重量。

【思考与提高】

1. 与传统传感器相比，智能传感器的特点是________、________、________、________、________。

2. 智能传感器的主要功能有哪些？

任务三 生物传感器的认识与应用

【任务引入】

人体的感觉器官是一套完美的传感系统，通过眼、耳、皮肤来感知外界的光、声、温度、压力等物理信息，通过鼻、舌感知气味和味道，人的感觉器官就是一个个生物敏感单元。生物传感器就是一类以生物敏感单元构成的特殊传感器，它能代替人感知外界的信息。

【知识学习】

生物传感器是对生物物质敏感并将其浓度转换为电信号进行检测的仪器。它是以固定化的生物敏感材料作为识别元件（包括酶、抗体、抗原、微生物、细胞、组织、核酸等生物活性物质）并与适当的理化换能器（如氧电极、光电管、场效应晶体管、压电晶体等）及信号放大装置一起构成的分析工具或系统。生物传感器具有接收器与转换器的功能。

1967 年 S. J. 乌普迪克等制造出了第一个生物传感器——葡萄糖传感器。将葡萄糖氧化酶包含在聚丙烯酰胺胶体中加以固化，再将此胶体膜固定在隔膜氧电极的尖端上，便制成了葡萄糖传感器。若改用其他的酶或微生物等固化膜，便可制得检测其对应物的其他传感器。

生物传感器是一类特殊的传感器，它是以生物活性单元（如酶、抗体、核酸、细胞等）作为生物敏感单元，对目标检测物具有高度选择性的检测器。生物传感器是一门由生物、化学、物理、医学、电子技术等多种学科互相渗透成长起来的高新技术装置，具有选择性好、灵敏度高、分析速度快、成本低、在复杂的体系中进行在线连续监测的优点，特别是它的高度自动化、微型化与集成化的特点，使其在近几十年获得了蓬勃而迅速的发展。生物传感器在国民经济的各个部门如食品、制药、化工、临床检验、生物医学、环境监测等方面有广泛的应用前景，特别是分子生物学与微电子学、光电子学、微细加工技术及纳米技术等新学科、新技术结合，正改变着传统医学、环境科学和动植物学的面貌。生物传感器的研究开发，已成为世界科技发展的新热点，形成 21 世纪新兴的高技术产业的重要组成部分，具有重要的战略意义。

生物传感器由分子识别部分（敏感元件）和转换部分（换能器）构成。分子识别部分用于识别被测目标，是可以引起某种物理变化或化学变化的主要功能元件，是生物传感器选择性测定的基础。生物体中能够选择性地分辨特定物质的物质有酶、抗体、组织、细胞等。这些分子识别功能物质通过识别过程可与被测目标结合成复合物，如抗体和抗原的结合、酶与基质的结合。在设计生物传感器时，选择适合于测定对象的识别功能物质，是极为重要的前提，要考虑到所产生的复合物的特性。根据分子识别功能物质制备的敏感元件所引起的化

学变化或物理变化，去选择换能器，是研制高质量生物传感器的另一重要环节。敏感元件中光、热、化学物质的生成或消耗等会产生相应的变化量。根据这些变化量，可以选择适当的换能器。

生物化学反应过程产生的信息是多元化的，微电子学和现代传感技术的成果已为检测这些信息提供了丰富的手段。

1. 生物传感器的应用领域

（1）在食品工业中的应用。生物传感器在食品分析中的应用包括食品成分、食品添加剂、有害毒物及食品鲜度等的测定分析。

1）食品成分分析。在食品工业中，葡萄糖的含量是衡量水果成熟度和贮藏寿命的一个重要指标。酶电极型生物传感器可用来分析白酒、苹果汁、果酱和蜂蜜中的葡萄糖。其他糖类，如果糖，啤酒、麦芽汁中的麦芽糖，也有成熟的测定传感器。

科学家研制出了一种安培生物传感器（见图 7-3），可用于检测饮料中乙醇的含量。这种生物传感器是将一种配蛋白醇脱氢酶埋在聚乙烯中，酶和聚合物的比例不同可以影响该生物传感器的性能。

图 7-3　安培生物传感器

2）食品添加剂的分析。亚硫酸盐通常用作食品工业的漂白剂和防腐剂，采用亚硫酸盐氧化酶为敏感材料制成的电流型二氧化硫酶电极可用于测定食品中的亚硫酸盐含量；又如饮料、布丁、奶昔等食品中的甜味素，可采用天冬氨酶结合氨电极测定。此外，也有用生物传感器测定色素和乳化剂的报道。

3）农药残留量分析。近年来，人们对食品中的农药残留问题越来越重视，各国政府也不断加强对食品中的农药残留的检测工作。

研究人员发明了一种使用人造酶测定有机磷杀虫剂的电流式生物传感器，利用有机磷杀虫剂水解酶，对硝基酚和二乙基酚进行测定，在 40℃ 下测定只要 4min。用戊二醛交联法将乙酰胆碱醋酶固定在铜丝碳糊电极表面，可用于直接检测自来水和果汁样品中两种农药的残留。

4）微生物和毒素的检验。食品中病原性微生物的存在会给消费者的健康带来极大的危害，食品中毒素不仅种类很多而且毒性大，大多有致癌、致畸、致突变作用，因此，加强对食品中的病原性微生物及毒素的检测至关重要。

食用牛肉很容易被大肠杆菌所感染，因此，需要快速灵敏的方法检测和防御大肠杆菌一类的细菌。卡拉姆等人研究的光纤生物传感器可以在几分钟内检测出食物中的病原体（如大肠杆菌），而传统的方法则需要几天。这种生物传感器从检测出病原体到从样品中重新获得病原体并使它在培养基上独立生长只需 1 天时间，而传统方法需要 4 天。

还有一种快速灵敏的免疫生物传感器可以用于测量牛奶中双氢除虫菌素的残余物，它是基于细胞质基因组的反应，通过光学系统传输信号。这种生物传感器一天可以检测 20 个牛奶样品。

5）食品鲜度的检测。食品工业中对食品鲜度尤其是鱼类、肉类的鲜度检测是评价食品质量的一个主要指标。以黄嘌呤氧化酶为生物敏感材料，结合过氧化氢电极，可通过测定鱼降解过程中产生的一磷酸腺苷（AMP）、肌苷酸（IMP）、肌苷（INO）和次黄嘌呤（HX）

的浓度，从而评价鱼的鲜度。

（2）在环境监测中的应用。近年来，环境污染问题日益严重，人们迫切希望拥有一种能对污染物进行连续、快速、在线监测的仪器，生物传感器满足了人们的要求。目前，已有相当部分的生物传感器应用于环境监测中。

1）水环境监测。生化需氧量（BOD）是一种广泛采用的表征有机污染程度的综合性指标。在水体监测和污水处理厂的运行控制中，生化需氧量也是最常用、最重要的指标之一。常规的 BOD 测定需要 5 天的培养期，而且操作复杂、重复性差、耗时耗力、干扰性大，不适合现场监测。研究人员利用一种毛孢子菌和芽孢杆菌制作出一种微生物 BOD 传感器，该 BOD 生物传感器能同时精确测量葡萄糖和谷氨酸的浓度。该生物传感器稳定性好，在 58 次实验中，标准偏差仅为 0.0362，所需反应时间仅为 5~10min。

此外，还有报道研究人员将假单胞菌固定在抓离子电极上，实时监测工业废水中三氯乙烯，检测范围为 0.1~4mg/L，检测时间在 10min 内。

2）大气环境监测。二氧化硫（SO_2）是酸雨、酸雾形成的主要原因，传统的检测方法很复杂。将亚细胞类脂类（含亚硫酸盐氧化酶的肝微粒体）固定在醋酸纤维膜上，和氧电极制成安培型生物传感器，对 SO_2 形成的酸雨、酸雾样品溶液进行检测，10min 就可以得到稳定的测试结果。

NO_x 不仅是造成酸雨、酸雾的原因之一，同时也是光化学烟雾的罪魁祸首。现在，用多孔渗透膜、固定化硝化细菌和氧电极组成的微生物传感器可以方便地测定样品中亚硝酸盐的含量，从而推知空气中 NO_x 的浓度。图 7-4 为气体检测传感器。

图 7-4 气体检测传感器

（3）在发酵工业中的应用。在各种生物传感器中，微生物传感器具有成本低、设备简单、不受发酵液混浊程度的限制、可能消除发酵过程中干扰物质的干扰等特点。因此，发酵工业中广泛地采用微生物传感器作为一种有效的测量工具。

1）原材料及代谢产物的测定。微生物传感器可用于测量发酵工业中的原材料（如糖蜜、乙酸等）和代谢产物（如头孢霉素、谷氨酸、甲酸、醇类、乳酸等）。测量的装置基本上都是由适合的微生物电极与氧电极组成，原理是利用微生物的同化作用耗氧，通过测量氧电极电流的变化量来测量氧气的减少量，从而达到测量底物浓度的目的。

2）微生物细胞数目的测定。发酵液中细胞数的测定是非常重要的，细胞数（菌体浓度）即单位发酵液中的细胞数量。一般情况下，需取一定的发酵液样品，采用显微计数方法测定，这种测定方法耗时较多，不适于连续测定。在发酵控制方面迫切需要直接测定细胞数目的简单而连续的方法。人们发现：在阳极（Pt）表面上，菌体可以直接被氧化并产生电流。这种电化学系统可以应用于细胞数目的测定，测定结果与常规的细胞计数法测定的数值相近。利用这种电化学微生物细胞数传感器可以实现菌体浓度连续、在线的测定。

（4）在医学上的应用。在医学领域中，生物传感器正在发挥着越来越大的作用。生物传感技术不仅为基础医学研究及临床诊断提供了一种快速简便的新型方法，而且因为其专一、灵敏、响应快等特点，在军事医学方面，也具有广泛的应用前景。

1）临床医学。在临床医学中，酶电极是最早研制且应用最多的一种传感器，目前，已成功地应用于血糖、乳酸、维生素 C、尿酸、尿素、谷氨酸、转氨酶等物质的检测。其原理是：用固定化技术将酶装在生物敏感膜上，检测样品中若含有相应的酶底物，则可反应产生可接收的信息物质，指示电极发生可转换成电信号的变化，根据这一变化，就可测定某种物质的有无和多少。利用具有不同生物特性的微生物代替酶，可制成不同的微生物传感器。在临床中应用的微生物传感器有葡萄糖、乙醉、胆固醇等传感器。选择适宜的含某种酶较多的组织来代替相应的酶而制成的传感器称为生物电极传感器，如用猪肾、兔肝、牛肝、甜菜、南瓜和黄瓜叶制成的传感器，可分别用于检测谷酰胺、鸟嘌呤、过氧化氢、酪氨酸、维生素 C 和胱氨酸等。

DNA 传感器最大的优势是可用于临床疾病诊断，它可以帮助医生从 DNA、RNA、蛋白质及其相互作用层次上了解疾病的发生、发展过程，有助于对疾病的及时诊断和治疗。此外，进行药物检测也是 DNA 传感器的一大亮点。利用 DNA 传感器可对常用铂类抗癌药物的作用机理进行研究并测定血液中该类药物的浓度。

2）军事医学。军事医学中，对生物毒素的及时快速检测是防御生物武器的有效措施。生物传感器已应用于监测多种细菌、病毒及其毒素，如炭疽芽孢杆菌、鼠疫耶尔森菌、埃博拉出血热病毒、肉毒杆菌类毒素等。

据报道，目前已研制出可检测葡萄球菌肠毒素 B、蓖麻素、土拉弗氏菌和肉毒杆菌 4 种生物战剂的免疫传感器。

此外，在法医学中，生物传感器可用于 DNA 鉴定和亲子认证等。

2. 生物传感器的特点

1）采用固定化生物活性物质作催化剂，价值昂贵的试剂可以重复多次使用，克服了过去酶法分析试剂费用高和化学分析繁琐复杂的缺点。

2）专一性强，只对特定的底物起反应，而且不受颜色、浊度的影响。

3）分析速度快，可以迅速得到结果。

4）准确度高，一般相对误差可以达到 1%。

5）操作系统比较简单，容易实现自动分析。

6）成本低，在连续使用时，每例测定仅需要几分钱人民币。

7）有的生物传感器能够可靠地指示微生物培养系统内的供氧状况和副产物的产生。

3. 前景与展望

近年来，随着生物科学、信息科学和材料科学发展成果的推动，生物传感器技术飞速发展。但是，目前生物传感器的广泛应用仍面临着一些困难，今后一段时间里，生物传感器的研究工作将主要围绕选择活性强、选择性高的生物传感元件；提高信号检测器的使用寿命；提高信号转换器的使用寿命；生物响应的稳定性和生物传感器的微型化、便携式等问题。可以预见，未来的生物传感器将具有以下特点。

（1）功能多样化。未来的生物传感器将进一步涉及医疗保健、疾病诊断、食品检测、环境监测、发酵工业的各个领域。目前，生物传感器研究的重要内容之一就是研究能代替生物视觉、嗅觉、味觉、听觉和触觉等感觉器官的生物传感器，即仿生传感器，也称为以生物系统为模型的生物传感器。

（2）微型化。随着微加工技术和纳米技术的进步，生物传感器将不断地微型化，各种便携式生物传感器的出现将使人们在家中进行疾病诊断、在市场上直接检测食品成为可能。

（3）智能化、集成化。未来的生物传感器必定与计算机紧密结合，自动采集数据、处理数据，更科学、更准确地提供结果，实现采样、进样、结果一条龙，形成检测的自动化系统。同时，芯片技术将愈加进入传感器领域，实现检测系统的集成化、一体化。

（4）低成本、高灵敏度、高稳定性、高寿命。生物传感器技术的不断进步，必然要求不断降低产品成本，提高灵敏度、稳定性和寿命。这些特性的改善也会加速生物传感器市场化、商品化的进程。在不久的将来，生物传感器会给人们的生活带来巨大的变化，它具有广阔的应用前景，必将在市场上大放异彩。

【思考与提高】

1. 生物传感器的定义是什么？
2. 生物传感器的应用领域有哪些？

应知应会要点归纳

随着人类活动领域的扩大和探索过程的深化，人们对传感器提出了更多的要求，如多品种、高性能、智能化等。本模块介绍了一些新型传感器及其应用。

（1）CCD 图像传感器的核心是 CCD 电荷耦合器件，它由一种高感光度的半导体材料制成，能把光线转变成电荷，通过模-数转换芯片将电信号转换成数字信号，压缩处理后，通过 USB 接口传输到计算机上就形成所采集的图像。CCD 电荷耦合器件作为典型输入设备常用于数码摄像机、数码相机、平板扫描仪、指纹机等。CCD 电荷耦合器件有面阵和线阵两种。

（2）CCD 传感器的应用。

1）CCD 图像传感器已走入了千家万户，如数码相机、住宅安全防范系统的图像传感器。

2）工业检测。例如管径测量、高度自动检测、工业尺寸检测、文字和图像检测等。

（3）智能传感器带有微处理器，具有采集、处理、交换信息的能力，是传感器集成化与微处理器相结合的产物，具有了一定的人工智能，如记忆能力、自学习能力等。

（4）生物传感器是一类特殊的传感器，它是以生物活性单元（包括酶、抗体、抗原、微生物、细胞、组织、核酸等生物活性物质）作为生物敏感单元，对目标检测物的浓度进行检测并通过电路或转换器件转换为电信号的检测仪器。每种生物传感器的敏感材料（活性单元）是固定的，因此，它具有高度的选择性。

（5）生物传感器的应用。

1）在食品工业中的应用：①食品成分分析；②食品添加剂的分析；③农药残留量分析；④微生物和毒素的检验；⑤食品鲜度的检测。

2）在环境监测中的应用：①水环境监测；②大气环境监测。

3）在发酵工业中的应用：①原材料及代谢产物的测定；②微生物细胞数目的测定。

4）在医学上的应用：①临床医学；②军事医学。

（6）生物传感器的特点。

1）采用固定化生物活性物质作催化剂。

2）专一性强、分析速度快、准确度高，一般相对误差可以达到 1%。

3）操作系统比较简单，成本低。

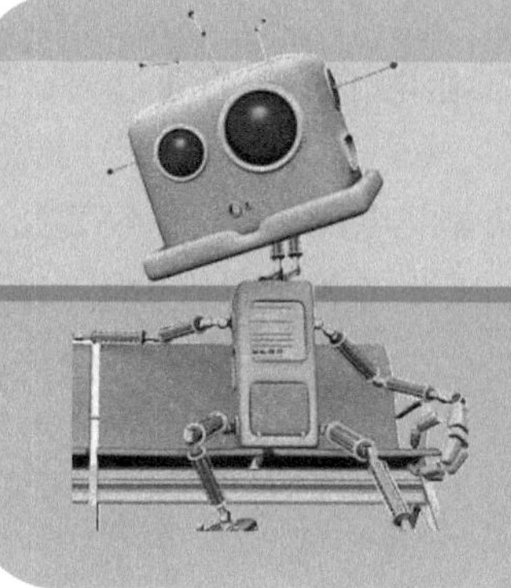

*模块八 传感器抗干扰技术

职业岗位应知应会目标

1. 了解干扰源的来源与途径。
2. 掌握抗干扰技术。
3. 能采取有效措施排除工程实践中的干扰信号。

任务一　认识干扰的来源与途径

【任务引入】

“干扰”在测量中是一种无用信号。工业生产过程检测的环境往往是非常恶劣的，声、光、电、磁、振动，以及化学腐蚀、高温、高压等的干扰都可能存在。这些干扰，轻则影响测量精度，重则使检测仪表无法正常工作。在利用测量结果进行控制的系统中，干扰的影响，轻则降低控制精度，重则导致控制失灵，降低产品质量，甚至损坏设备，造成事故。

有效的抗干扰措施，必须“对症下药”才能收到良好效果，如果盲目采用抗干扰措施，误认为措施越多越好，则不仅会效果不明显，甚至会事与愿违。为了有效地抑制干扰，必须清楚地了解干扰的来源及其传输途径，有针对性地正确运用抗干扰措施。

【知识学习】

1. 干扰的来源

干扰有来自内部和外部两种，内部干扰来自设备本身，制造时技术人员已采取抗干扰措施，消除内部干扰。外部干扰主要有以下几种：

（1）放电干扰。由各种放电现象产生的干扰，称为放电干扰。它是对电子设备影响最大的一种干扰。常见的放电现象有电晕放电、辉光放电、弧光放电等持续放电现象和火花放电等过度放电现象。例如，雷电、电器触点在闭合和断开时产生的电火花、电器设备绝缘不良而引起的闪烁放电、点火装置产生的电火花等都是过度放电现象。火花放电对电器的干扰较大。

（2）电气设备干扰。

1）工频干扰。大功率输电线甚至就是一般室内交流电源线，对于输入阻抗高和灵敏度很高的测量装置来说都是威胁很大的干扰源。电子设备内部会由于工频感应而产生干扰。如果波形失真，则干扰更大。

2）射频干扰。高频感应加热、高频介质加热、高频焊接等工业电子设备会通过辐射或通过电源线给附近的测量装置带来干扰。

3）电子开关通断干扰。电子开关、电子管、晶闸管等大功率电子开关虽然不产生火花，但因通断速度极快，会使电路电流和电压发生急剧变化，形成冲击脉冲而成为干扰源。在一定电路参数下还会产生阻尼振荡，构成高频干扰。

2. 干扰的传输途径

干扰的途径有“路”和“场”两种形式。

（1）通过“路”的干扰。

1）泄漏电阻：元器件支架、探头、接线柱、印制电路以及电容器内部介质或外壳等绝缘不良都可能产生漏电流，引起干扰。

2）共阻抗耦合干扰：两个以上电路共有一部分阻抗，一个电路的电流流经共阻抗所产生的电压降就成为其他电路的干扰源。在电路中的共阻抗主要有电源内阻（包括引线寄生电感和电阻）和接地线阻抗。对多级放大器来说，共阻抗耦合干扰轻则造成电子设备工作不稳定，重则引起自激振荡，因此不可掉以轻心。

3）经电源线引入干扰：交流供电线路在现场的分布很自然地构成了吸收各种干扰的网络，而且十分方便地以电路传导的形式传遍各处，并通过电源引线进入各种电子设备造成干扰。

（2）通过“场”的干扰。

1）通过电场耦合的干扰：电场耦合是由于两支路（或元器件）之间存在着寄生电容，使一条支路上的电荷通过寄生电容传送到另一支路上去，因此又称电容性耦合。

2）通过磁场耦合的干扰：当两个电路之间有互感存在时，一个电路中电流的变化就会通过磁场耦合到另一个电路中。例如变压器及线圈的漏磁、两根平行导线间的互感都会产生这样的干扰。

3）通过辐射电磁场耦合的干扰：辐射电磁场通常来自大功率高频用电设备、广播发射台、电视发射台等。

3. 干扰的作用方式

外部噪声源对测量装置的干扰一般都作用在输入端，根据其作用方式及与有用信号的关系，可分为串模和共模干扰两种形态。

（1）串模干扰。凡干扰信号和有用信号按电压源的形式串联（或按电流源的形式并联）起来作用在输入端的称为串模干扰，其等效电路如图 8-1 所示。

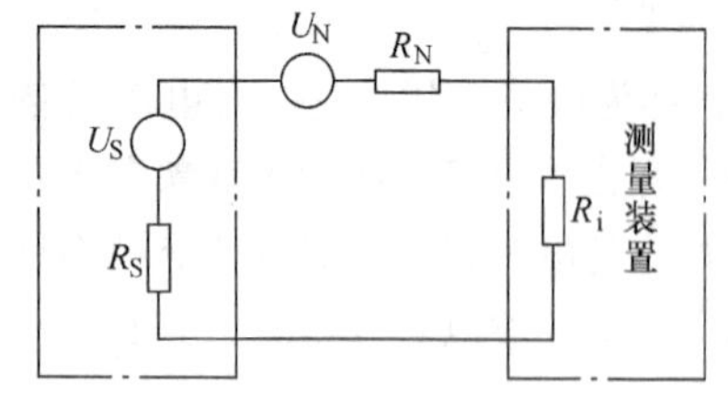

a) 电压源串联形式

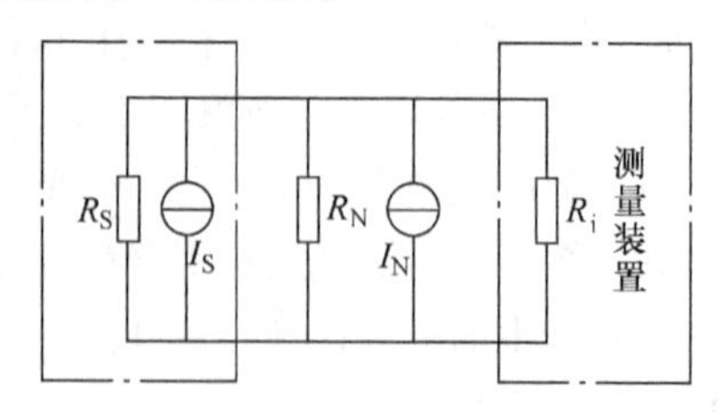

b) 电流源并联形式

图 8-1 串模干扰等效电路

串模干扰又常称差模干扰，它会使测量装置的两个输入端电压发生变化，所以影响很大。常见的串模干扰有交变磁场耦合干扰（它由交变磁场通过测量装置信号输入线产生）、漏电阻耦合干扰、共阻抗耦合干扰等，如图 8-2 所示。

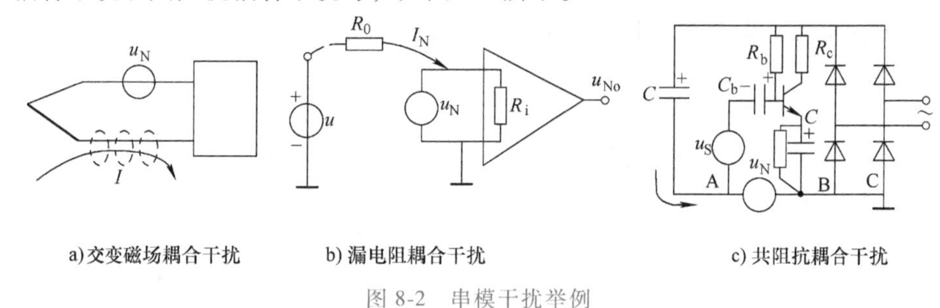

a) 交变磁场耦合干扰　　b) 漏电阻耦合干扰　　c) 共阻抗耦合干扰

图 8-2　串模干扰举例

（2）共模干扰。干扰信号使两个输入端的电位相对于某一公共端一起变化，这种干扰称为共模干扰，其等效电路如图 8-3 所示。共模干扰本身不会使两输入端电压产生变化，但在一定条件下，如输入回路两端不对称，便会转化为串模干扰。因共模电压一般都比较大，有时对测量的影响更为严重。

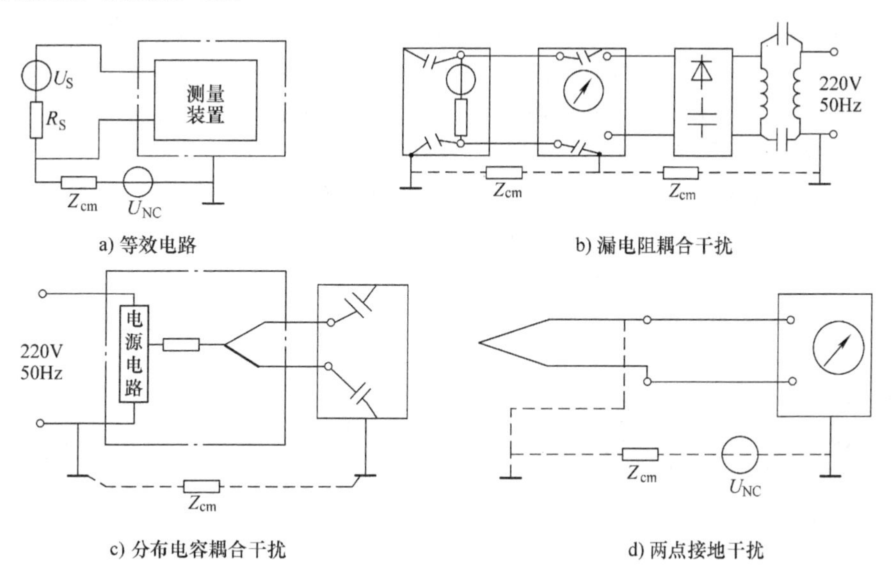

a) 等效电路　　b) 漏电阻耦合干扰

c) 分布电容耦合干扰　　d) 两点接地干扰

图 8-3　共模干扰的等效电路及实例

共模干扰的例子有漏电阻耦合干扰、分布电容耦合干扰、两点接地的地电流干扰。在远距离测量中，因使用长电缆使传感器的地端与仪表地端的存在电位差也会引起干扰。

任务二　干扰的抑制技术

【任务引入】

知道了工业生产现场设备的干扰源后，就能有针对性地采取措施抑制干扰，以保证设备的正常运行和测量装置检测的准确性。本任务主要学习干扰的抑制方法。

【知识学习】

1. 抑制干扰的方法

干扰的形成必须同时具备干扰源、干扰途径和对干扰信号敏感的接收电路三个条件，因此，抑制干扰可以分别采取相应措施。

1）消除或抑制干扰源：使产生干扰的电气设备远离检测装置；对继电器、接触器、断路器等采取触点灭弧措施或改用无触点开关；消除虚焊、假焊等。

2）破坏干扰途径。提高绝缘性能，采用变压器、光耦合器隔离以切断“路”径；利用退耦、滤波、选频等电路手段引导干扰信号转移；改变接地形式，消除共阻抗耦合干扰途径；对数字信号可采用鉴别、限幅、整形等信号处理方法或选通控制方法切断干扰途径。

3）削弱接收电路对干扰信号的敏感性。例如电路中的选频措施可以削弱对全频带噪声的敏感性，负反馈可以有效削弱内部干扰源。其他措施如对信号采用绞线传输或差动输入电路等也能有效地削弱接收电路对干扰信号的敏感性。

常用的抑制干扰技术有屏蔽、接地、滤波、隔离、浮置技术等。

2. 屏蔽技术

屏蔽技术是抑制电、磁场干扰的有效措施，正确的屏蔽技术可抑制干扰源（如变压器等）或阻止干扰进入测量装置内部。根据屏蔽的目的可分为静电屏蔽、电磁屏蔽和磁屏蔽。

（1）静电屏蔽。众所周知，在静电场作用下，导体内部各点等电位，即导体内部无电力线。因此，若将金属屏蔽盒接地，则屏蔽盒内的电力线不会传到外部，外部的电力线也不会穿透屏蔽盒进入内部。前者可抑制干扰源，后者可阻截干扰的传输途径。所以静电屏蔽也叫电场屏蔽，可以抑制电场干扰。静电屏蔽的原理如图 8-4 所示。

削弱分布电容的方法是在两个导体 A、B 之间设置一个接地导体 G，可使 A、B 之间的分布电容 C_N 耦合大大减弱，如图 8-5 所示。变压器一、二次绕组间的屏蔽就是基于这一原理。

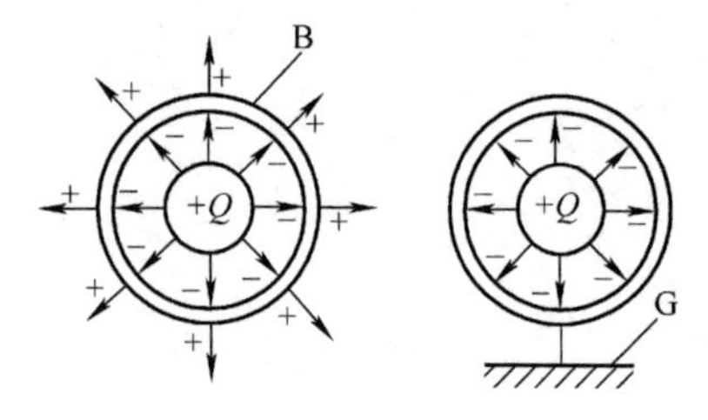

图 8-4 静电屏蔽的原理图

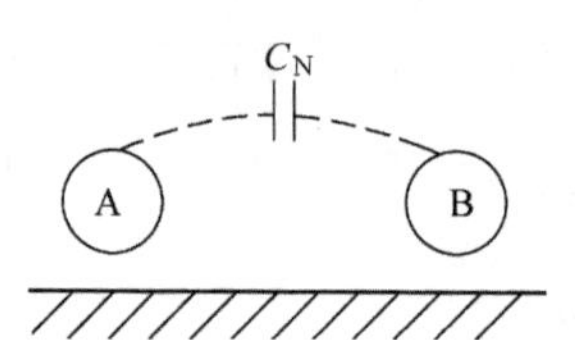

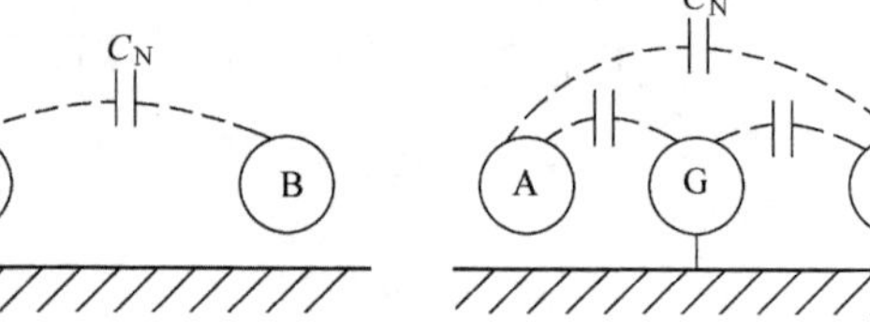

图 8-5 接地线减弱耦合作用图

为了达到较好的静电屏蔽效果，应注意以下几个问题：

1）选用铜、铝等低电阻金属材料作屏蔽盒。

2）屏蔽盒要良好接地。

3）尽量缩短被屏蔽电路伸出屏蔽盒之外的导线长度。

（2）电磁屏蔽。电磁屏蔽主要是抑制高频电磁场的干扰。电磁屏蔽采用良导体材料（铜、铝或镀银铜板），利用高频电磁场在屏蔽导体内产生涡流的效应，一方面消耗电磁场能量，另一方面涡流可产生反磁场抵消高频干扰磁场，从而达到磁屏蔽的效果。当屏蔽体上必须开孔或开槽时，应注意避免切断涡流的流通途径。若把屏蔽体接地，则可兼顾静电屏

蔽。若对电磁线圈进行屏蔽，屏蔽罩直径必须大于线圈直径一倍以上，否则会使线圈电感量减小，Q 值降低。

在电磁场的频率较低时，屏蔽效果很小（因涡流较小），因此，电磁屏蔽仅适用于高频。

（3）磁屏蔽。低频磁场的屏蔽，要用高导磁材料，使干扰磁力线在屏蔽体内构成回路，屏蔽体外漏磁通很少，从而抑制了低频磁场的干扰作用，如图 8-6 所示。为保证屏蔽效果，屏蔽板应有一定厚度，以免磁饱和或部分磁通穿过屏蔽层。

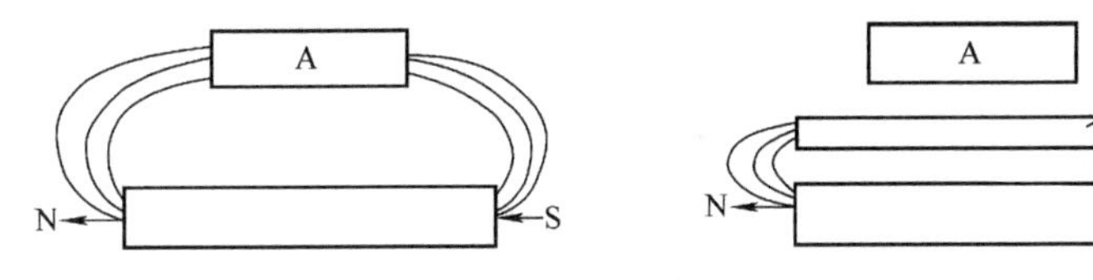

图 8-6　磁屏蔽的原理

3. 接地技术

在抑制干扰的措施中，接地技术与屏蔽紧密相关，如果接地不当，不仅不能抑制干扰，有时还会引入干扰。因此，必须重视接地方法。

（1）电气、电子设备中的接地。接地起源于强电技术，为保障安全，将电网中性线和设备外壳接大地。在以电能作为信号的通信、测量、计算控制等技术中，电信号的基准电位点也称为“地”，它可能与大地是隔绝的，称为信号地线。信号地线分为模拟信号地线和数字信号地线两种。另外从信号特点看，还有信号源地线和负载地线。

（2）一点接地原则。一点接地，就是将各种具有不同信号电平的信号地线、干扰信号地线和金属件地线分别在电路适当的一点接地，而不应相互串接。

1）机内一点接地。单级电路有输入与输出及电阻、电容、电感等不同电平和性质的信号地线；多级电路中的前级和后级的信号地线；在 A-D、D-A 转换的数、模混合电路中有模拟信号地线和数字信号地线；整机中有产生噪声的继电器、电动机等高功率电路和引导或隔离干扰源的屏蔽机构以及机壳、机箱、机架等金属件地线，这些地线均应分别一点接地，然后再总的一点接地。

2）系统一点接地。对于一个包括传感器（信号源）和测量装置的检测系统，也应考虑一点接地。如图 8-7 所示，图 8-7a 中采用两点接地，因两点接地点电位差产生的共模信号电流要流经信号中性线，转换为差模干扰，造成严重影响。图 8-7b 中改为在信号源处一点接

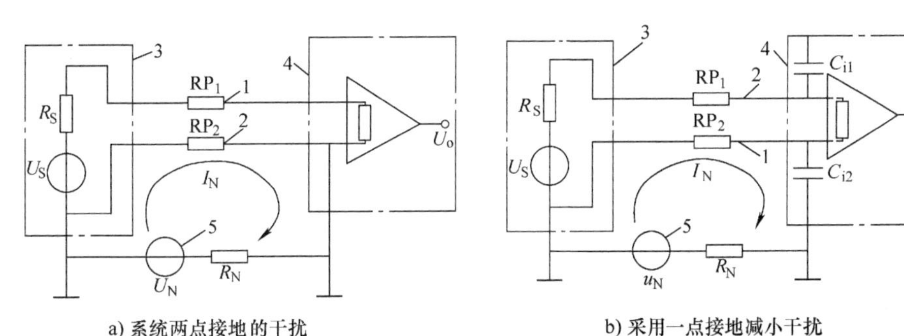

图 8-7　检测系统的一点接地

1、2—信号传输线　3—传感器外壳　4—测量系统外壳　5—大地电位差

地，干扰信号流经屏蔽层和输入端与外壳的分布电容，主要是容性漏电流，影响很小。

3）电缆屏蔽层的一点接地。如果测量电路是一点接地，电缆屏蔽层也应一点接地。

① 信号源不接地，测量电路接地，电缆屏蔽层应接到测量电路的地端，如图 8-8a 中的 C，其余 A、B、D 接法均不正确。

② 信号源接地，测量电路不接地，电缆屏蔽层应接到信号源的地端，如图 8-8b 中的 A，其余 B、C、D 接法均不正确。

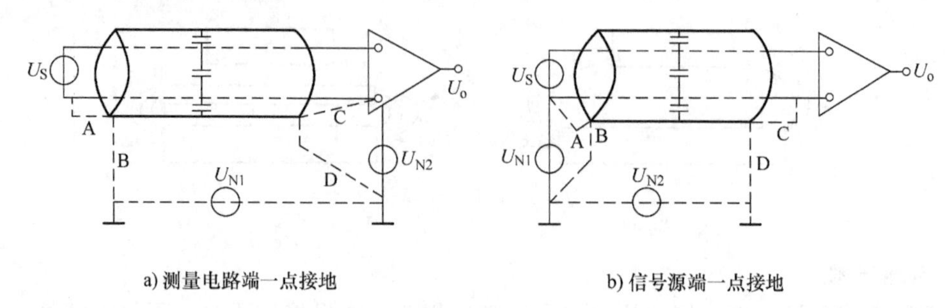

图 8-8　电缆屏蔽层的一点接地示意图

4. 浮置技术

如果测量装置电路的公共线不接机壳也不接大地，即与大地之间没有任何导电性的直接联系（仅有寄生电容存在），就称为浮置。

图 8-9 所示为检测系统被浮置屏蔽的前置放大器。它有两层屏蔽，内层屏蔽（保护屏蔽）与外层屏蔽（机壳）绝缘，通过变压器与外界联系。电源变压器屏蔽的好坏对检测系统的抗干扰能力影响很大。在检测装置中，往往采用带有三层静电屏蔽的电源变压器，各层接法如下：

1）一次侧屏蔽层及电源变压器外壳与测量装置的外壳连接并接大地。

2）中间屏蔽层与保护屏蔽层连接。

3）二次侧屏蔽层与测量装置的零电位连接。

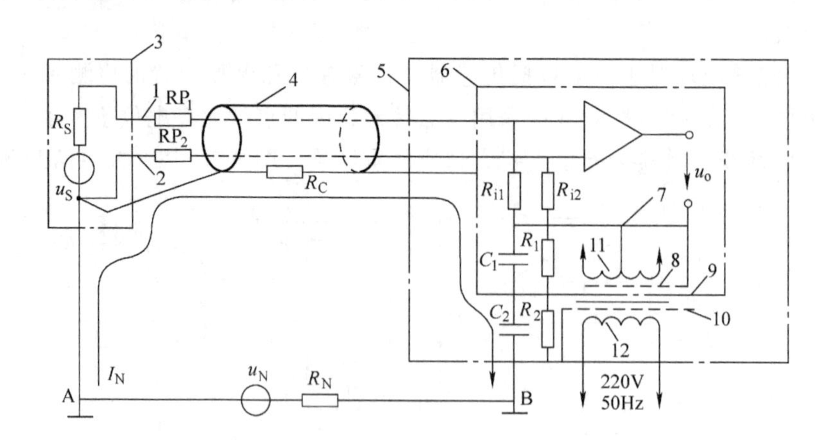

图 8-9　带有浮置屏蔽的检测系统

1、2—信号传输线　3—传感器外壳　4—双芯屏蔽线　5—测量装置外壳　6—保护屏蔽　7—测量装置的零电位　8—二次侧屏蔽层　9—中间屏蔽层　10—一次侧屏蔽层　11—电源变压器二次绕组　12—电源变压器一次绕组

必须指出，浮置屏蔽是一种十分复杂的技术，在设计、安装检测系统时，必须注意不使屏蔽线外皮与测量装置的外壳短路；应尽量减小各不同类型屏蔽间的分布电容及漏电；尽量保证电路对地的对称性等，否则“浮置”的结果有时反而会引起意想不到的严重干扰。

5. 其他抑制干扰的措施

在仪表中还经常采用调制、解调技术，滤波技术和隔离技术（一般用变压器作前隔离，光耦合器作后隔离），通过调制—选频放大—解调—滤波，只放大输出有用信号，抑制无用的干扰信号。滤波的类型有低通滤波、高通滤波、带通滤波、带阻滤波等，起选频作用。隔离主要防止后级对前级的干扰。这些都是电子技术中常用的方法。

【思考与提高】

1. 外部干扰源有哪两类?
2. 通过“路”和“场”的干扰各有哪些？它们是通过什么方式造成干扰的?
3. 什么叫串模干扰和共模干扰？试举例说明。
4. 屏蔽有哪几种？它们各对哪些干扰起抑制作用?
5. 什么叫一点接地原则?
6. 三层静电屏蔽的电源变压器，各层都是如何接的?

应知应会要点归纳

“干扰”在测量中是一种无用信号。轻则影响测量精度，重则使检测仪表无法正常工作。有效的抗干扰措施，必须“对症下药”才能收到良好效果。

（1）干扰的来源。干扰来自内部和外部两种，设备制造时已采取抗干扰措施，消除内部干扰。外部干扰主要有：

1）放电干扰。

2）电气设备干扰，如工频干扰、射频干扰、电子开关通断干扰等。

（2）干扰的传输途径有“路”和“场”两种形式：

1）通过“路”的干扰主要是通过泄漏电阻、共阻抗耦合干扰、经电源线引入干扰等。

2）通过“场”的干扰主要是通过电场耦合干扰、磁场耦合干扰、辐射电磁场耦合干扰。

（3）干扰的作用方式分为串模和共模干扰两种形态。凡干扰信号和有用信号按电压源的形式串联（或按电流源的形式并联）起来作用在输入端的称为串模干扰。干扰信号使两个输入端的电位相对于某一公共端一起变化的称为共模干扰。

（4）抑制干扰的方法主要是消除或抑制干扰源，破坏干扰途径，削弱接收电路对干扰信号的敏感性。常用的抑制干扰技术有屏蔽、接地、滤波、隔离、浮置技术等。

（5）屏蔽技术主要有静电屏蔽、电磁屏蔽、磁屏蔽。

（6）接地技术：

1）电气、电子设备中的接地。

2）一点接地原则，包括机内一点接地、系统一点接地、电缆屏蔽层的一点接地。

（7）浮置技术

1）一次侧屏蔽层及电源变压器外壳与测量装置的外壳连接并接大地。

2）中间屏蔽层与“保护屏蔽”层连接。

3）二次侧屏蔽层与测量装置的零电位连接。

附　录

附录A　常用传感器的性能比较

传感器类型	典型示值范围	优点	缺点	应用场合与领域
电位器	500mm 以下 或 360°以下	结构简单、输出信号大、测量电路简单	摩擦力大、需要较大的输入能量、动态响应差	应用于无腐蚀性气体的环境中，用于直线和角位移测量
应变片	2000μm 以下	体积小、价格低廉、精度高、频率特性较好	输出信号小、测量电路较复杂、易损坏	力、应力、应变、小位移、振动、速度、加速度及扭矩测量
电感	0.001~20mm	结构简单、分辨力高、输出电压高	体积大、动态响应较差、需要较大的激励功率、易受环境振动的影响	小位移、液体及气体压力测量、振动测量
电涡流	100mm 以下	体积小、灵敏度高、非接触测量、使用方便、频响好、应用领域宽	标定复杂、须远离非被测金属物体	小位移、振动、加速度、振幅、转速、表面温度及状态测量，无损探伤
电容	0.001~0.5mm	体积小、动态响应好、能在恶劣条件下工作、需要的激励功率小	测量电路复杂、对湿度影响较敏感、需要良好屏蔽	小位移、气体及液体压力测量，湿度、含水量、液位测量
压电	0.5mm 以下	体积小、高频响应好，属发电型传感器，测量电路简单	受潮后易漏电	振动、加速度、速度测量
光电	视应用情况定	非接触式测量、动态响应好、精度高、应用范围广	易受杂光干扰、需要防光护罩	亮度、温度、转速、位移、振动、透明度测量，其他特殊领域应用
霍尔	5mm 以下	体积小、灵敏度高、线性好、动态响应好、非接触式、测量电路简单、应用范围广	易受外界磁场和温度影响	磁场强度、角度、位移、振动、转速、压力测量，其他特殊场合应用
热电偶	-200~1300℃	体积小、精度高、安装方便，属发电型传感器，测量电路简单	冷端补偿复杂	测温
超声波	视应用情况定	灵敏度高、动态响应好、非接触测量、应用范围广	测量电路复杂、标定复杂	距离、速度、位移、流量、流速、厚度、液位、物位测量和无损探伤
光栅	1×10^{-3}~ 1×10^{4}mm	测量结果易数字化、精度高、温度影响小	成本高、不耐冲击、易受油污及灰尘影响、需要遮光防尘护罩	大位移、静动态测量，多应用于自动化机床
磁栅	1×10^{-3}~ 1×10^{4}mm	测量结果易数字化、精度高、温度影响小、录磁方便	成本高、易受外界磁场影响、需要磁屏蔽	大位移、静动态测量，多应用于自动化机床
感应同步器	0.005mm 至几米	测量结果易数字化、精度较高、受温度影响小、对环境要求低	易产生感应同步器定尺接长误差	大位移、静动态测量、多应用于自动化机床

附录B 热电偶分度表

表 B-1 镍铬—镍铝热电偶分度表 （分度号为K，参考端温度为0℃）

工作端温度/℃	0	10	20	30	40	50	60	70	80	90
	热电动势/mV									
-0	-0.000	-0.392	-0.777	-1.156	-1.527	-1.889	-2.243	-2.586	-2.920	3.242
0	0.000	0.397	0.798	1.203	1.611	2.022	2.436	2.850	3.266	3.681
100	4.095	4.508	4.919	5.327	5.733	6.137	6.539	6.939	7.338	7.737
200	8.137	8.537	8.938	9.341	9.745	10.151	10.560	10.969	11.381	11.793
300	2.207	12.623	13.039	13.456	13.874	14.292	14.712	15.132	15.552	15.974
400	6.395	16.818	17.241	7.6164	18.088	18.513	18.938	19.363	19.788	0.214
500	20.640	21.066	21.493	21.919	22.346	22.772	23.198	23.624	24.050	24.476
600	24.902	25.327	25.751	26.176	26.599	27.022	27.445	27.867	28.288	28.709
700	29.128	29.547	29.965	30.383	30.799	31.214	31.629	32.012	32.455	32.866
800	3.277	33.686	34.095	34.502	34.909	35.314	35.718	36.121	36.524	36.925
900	37.325	37.724	38.122	38.519	38.915	39.310	39.703	40.096	40.488	40.897
1000	41.269	41.657	42.045	42.432	42.817	43.202	43.585	43.968	44.349	4.729
1100	45.108	45.486	45.863	46.238	46.612	46.985	47.356	47.726	48.095	48.462
1200	48.828	49.192	49.555	49.916	50.276	50.633	50.990	51.344	51.697	52.049
1300	52.398	52.747	53.093	53.439	53.782	54.125	54.466	54.807		

表 B-2 铂铑$_{10}$—铂热电偶分度表 （分度号为S，参考端温度为0℃）

工作端温度/℃	0	10	20	30	40	50	60	70	80	90
	热电动势/mV									
0	0.000	0.055	0.113	0.173	0.235	0.299	0.365	0.432	0.502	0.573
100	0.645	0.719	0.795	0.872	0.950	1.029	1.109	1.109	1.273	1.356
200	1.440	1.525	1.611	1.698	1.785	1.873	1.962	2.051	2.141	2.232
300	2.323	2.414	2.506	2.599	2.692	2.786	2.880	2.974	3.069	3.164
400	3.260	3.356	3.452	3.549	3.645	3.743	3.840	3.938	4.036	4.135
500	4.234	4.333	4.432	4.532	4.632	4.732	4.832	4.933	5.034	5.136
600	5.237	5.339	5.442	5.544	5.648	5.751	5.855	5.960	6.065	6.169
700	6.274	6.380	6.486	6.592	6.699	6.805	6.913	7.020	7.128	7.236
800	7.345	7.454	7.563	7.672	7.782	7.892	8.003	8.114	8.255	8.336
900	8.448	8.560	8.673	8.786	8.899	9.012	9.126	9.240	9.355	9.470
1000	9.585	9.700	9.816	9.932	10.048	10.165	10.282	10.400	10.517	10.635
1100	10.754	10.872	10.991	11.110	11.229	11.348	11.467	11.587	11.707	11.827

（续）

工作端温度/℃	0	10	20	30	40	50	60	70	80	90
	热电动势/mV									
1200	11.947	12.067	12.188	12.308	12.429	12.550	12.671	12.792	12.912	3.034
1300	13.155	13.397	13.397	13.519	13.640	13.761	13.883	14.004	14.125	14.247
1400	14.368	14.610	14.610	14.731	14.852	14.973	15.094	15.215	15.336	15.456
1500	15.576	15.697	15.817	15.937	16.057	16.176	16.296	16.415	16.534	16.653
1600	16.771	16.890	17.008	17.125	17.243	17.360	17.477	17.594	17.711	7.826
1700	17.942	18.056	18.170	18.282	18.394	18.504	18.612			

表 B-3 铂铑$_{30}$—铂铑$_{6}$ 热电偶分度表 （分度号为 B，参考端温度为 0℃）

工作端温度/℃	0	10	20	30	40	50	60	70	80	90
	热电动势/mV									
0	-0.000	-0.002	-0.003	0.002	0.000	0.002	0.006	0.11	0.017	0.025
100	0.033	0.043	0.053	0.065	0.078	0.092	0.107	0.123	0.140	0.159
200	0.178	0.199	0.220	0.243	0.266	0.291	0.317	0.344	0.372	0.401
300	0.431	0.462	0.494	0.527	0.516	0.596	0.632	0.669	0.707	0.746
400	0.786	0.827	0.870	0.913	0.957	1.002	1.048	1.095	1.143	1.192
500	1.241	1.292	1.344	1.397	1.450	1.505	1.560	1.617	1.674	1.732
600	1.791	1.851	1.912	1.974	2.036	2.100	2.164	2.230	2.296	2.363
700	2.430	2.499	2.569	2.639	2.710	2.782	2.855	2.928	3.003	3.078
800	3.154	3.231	3.308	3.387	3.466	3.546	2.626	3.708	3.790	3.873
900	3.957	4.041	4.126	4.212	4.298	4.386	4.474	4.562	4.652	4.742
1000	4.833	4.924	5.016	5.109	5.202	5.300	5.391	5.487	5.583	5.680
1100	5.777	5.875	5.973	6.073	6.172	6.273	6.374	6.475	6.577	6.680
1200	6.783	6.887	6.991	7.096	7.202	7.038	7.414	7.521	7.628	7.736
1300	7.845	7.953	8.063	8.172	8.283	8.393	8.504	8.616	8.727	8.839
1400	8.952	9.065	9.178	9.291	9.405	9.519	9.634	9.748	9.863	9.979
1500	10.094	10.210	10.325	10.441	10.588	10.674	10.790	10.907	11.024	11.141
1600	11.257	11.374	11.491	11.608	11.725	11.842	11.959	12.076	12.193	12.310
1700	12.426	12.543	12.659	12.776	12.892	13.008	13.124	13.239	13.354	13.470
1800	13.585	13.699	13.814							

表 B-4 铜—铜镍热电偶分度表 （分度号为 T，参考端温度为 0℃）

工作端温度/℃	0	10	20	30	40	50	60	70	80	90
	热电动势/mV									
-200	-5.603	—	—	—	—	—	—	—	—	—
-100	-3.378	-3.378	-3.923	-4.177	-4.419	-4.648	-4.865	-5.069	-5.261	-5.439
-0	0.000	0.383	-0.757	-1.121	-1.475	-1.819	-2.152	-2.475	-2.788	-3.089

（续）

工作端温度/℃	0	10	20	30	40	50	60	70	80	90
	热电动势/mV									
0	0. 000	0. 391	0. 789	1. 196	1. 611	2. 035	2. 467	2. 980	3. 357	3. 813
100	4. 277	4. 749	5. 227	5. 712	6. 204	6. 702	7. 207	7. 718	8. 235	8. 757
200	9. 268	9. 820	10. 360	0. 9ID5	11. 456	12. 011	12. 572	13. 137	13. 707	14. 281
300	14. 860	15. 443	16. 030	16. 621	17. 217	17. 816	18. 420	19. 027	19. 638	20. 252
400	20. 869									

附录 C　热电阻分度表

表 C-1　铂热电阻 Pt100 分度表

t/℃	-200	-190	-180	-170	-160	-150	-140	-130	-120	-110	-100
R/Ω	18. 52	22. 83	27. 10	31. 34	35. 54	39. 72	43. 88	48. 00	52. 11	56. 19	60. 26
t/℃	-90	-80	-70	-60	-50	-40	-30	-20	-10	0	
R/Ω	64. 30	68. 33	72. 33	76. 33	80. 31	84. 27	88. 22	92. 16	96. 09	100. 00	
t/℃	0	10	20	30	40	50	60	70	80	90	100
R/Ω	100. 00	103. 90	107. 79	111. 67	115. 54	119. 40	123. 24	127. 08	130. 90	134. 71	138. 51
t/℃	110	120	130	140	150	160	170	180	190	200	210
R/Ω	142. 29	146. 07	149. 83	153. 58	157. 33	161. 05	164. 77	168. 48	172. 17	175. 86	179. 53
t/℃	220	230	240	250	260	270	280	290	300	310	320
R/Ω	183. 19	186. 84	190. 47	194. 10	197. 71	201. 31	204. 90	208. 48	212. 05	215. 61	219. 15
t/℃	330	340	350	360	370	380	390	400	410	420	430
R/Ω	222. 68	226. 21	229. 72	233. 21	236. 70	240. 18	243. 64	247. 09	250. 53	253. 96	257. 38
t/℃	440	450	460	470	480	490	500	510	520	530	540
R/Ω	260. 78	264. 18	267. 56	270. 93	274. 29	277. 64	280. 98	284. 30	287. 62	290. 92	294. 21
t/℃	550	560	570	580	590	600	610	620	630	640	650
R/Ω	297. 49	300. 75	304. 01	307. 25	310. 49	313. 71	316. 92	320. 12	323. 30	326. 48	329. 64
t/℃	660	670	680	690	700	710	720	730	740	750	760
R/Ω	332. 79	335. 93	339. 06	342. 18	345. 28	348. 38	351. 46	354. 53	357. 59	360. 64	363. 67
t/℃	770	780	790	800	810	820	830	840	850		
R/Ω	366. 70	369. 71	372. 71	375. 70	378. 68	381. 65	384. 60	387. 55	390. 48		

表 C-2　铜电阻 Cu50 分度表

t/℃	-50	-40	-30	-20	-10	0		
R/Ω	39. 242	41. 400	43. 555	45. 706	47. 854	50. 000		
t/℃	0	10	20	30	40	50	60	70
R/Ω	50. 000	52. 144	54. 285	56. 426	58. 565	60. 704	62. 842	64. 981
t/℃	80	90	100	110	120	130	140	150
R/Ω	67. 120	69. 259	71. 400	73. 542	75. 686	77. 833	79. 982	82. 134

参考文献

[1] 刘水平，杨寿智. 传感器与检测技术应用 [M]. 北京：人民邮电出版社，2009.

[2] 常健生. 检测与转换技术 [M]. 3版. 北京：机械工业出版社，2011.

[3] 胡向东，等. 传感器与检测技术 [M]. 3版. 北京：机械工业出版社，2018.

[4] 韩向可，孙晓红. 传感器与检测技术 [M]. 广州：华南理工大学出版社，2015.

[5] 郁有文，常健，等. 传感器原理及工程应用 [M]. 4版. 西安：西安电子科技大学出版社，2018.

[6] 吴旗. 传感器及应用 [M]. 2版. 北京：高等教育出版社，2010.

[7] 于彤. 传感器原理及应用 [M]. 3版. 北京：机械工业出版社，2015.

[8] 陈圣林，侯成晶. 图解传感器技术及应用电路 [M]. 2版. 北京：中国电力出版社，2016.

[9] 王煜东，传感器及应用 [M]. 2版. 北京：机械工业出版社，2011.

[10] 宋雪臣. 传感器与检测技术 [M]. 2版. 北京：人民邮电出版社，2012.